計算科学のための基本数理アルゴリズム

金田行雄・笹井理生［監修］　張　紹良［編］

共立出版

執筆者一覧

第 1 章，第 3 章，第 4 章，第 7 章
山本有作　電気通信大学大学院情報理工学研究科

第 2 章，第 5 章，第 6 章，第 8 章〜第 10 章
曽我部知広　名古屋大学大学院工学研究科

編　者　**張　紹良**

「計算科学講座」刊行のことば

日進月歩の急速なコンピュータ技術の進歩により，シミュレーションやデータ解析など，コンピュータを使って研究することのできる対象は大きく拡がりつつある．特に，いまだかつて無いような超多自由度を持つシステムを，計算によって理解，予測，設計することができるようになり，基礎科学から応用科学，そして社会的実践にいたるまで，深くて広いインパクトが生まれている．また，将来の科学と技術の大きな牽引力になると予想されている．このとき，従来の個別分野ごとのシミュレーションツールとしての枠を超えて，計算とは何か，何をどのように計算すべきか，という問題に系統的に取り組む計算科学の発展に強い期待が寄せられている．本講座は，計算科学の基盤分野と応用展開分野の密接な連携を軸にして計算科学を体系的に解説し，その最前線を展望しようとする講座である．

本講座は全10巻からなり，3つの部分で構成されている．第1部は第1巻から第4巻までに相当し，数値計算のためのアルゴリズムおよびその数学的理論について，アルゴリズムの現代的方法について，超多自由度系解析のための多変量解析とソフトコンピューティングの方法について，そして並列計算の方法について解説し，計算科学の基盤をなす方法について体系的な説明を行なっている．第2部は第5巻から第8巻までであり，応用展開分野のフロンティアを紹介して計算科学の魅力を伝えている．不規則・複雑に見える乱流，分子のダイナミクスと反応，さらに生物のゲノム情報について，原理的な問題を考えるための議論を行ない，またプラズマのマクロとミクロが織り成す非線形現象について解説して，計算科学の応用展開を紹介している．第3部は第9巻と第10巻からなり，計算科学の広範な分野にまたがる共通の考え方を探り，将来への発展の方向を探っている．もとより，急速に拡大しつつある計算科学の全貌を本講座で紹介することはできず，たとえば，ハードウェアについて，グラフィクス技術について，素粒子，固体物性，地球科学における広く多様なテーマへの応用展開についてなど，本講座では紹介しきれない大事な分野も多い．しかし，本講座の第1部から第3部に取り上げたのは，どれも計算科学の重要な側面であり，本講座を通して計算科学の現代的な姿を描き出すことができたのではないかと考えている．

本講座は幅広い読者を対象としている．計算機を用いて自然科学と技術の研究を志す学部上級生，大学院修士課程学生の自習用として，あるいは教室でのテキストや参考書として使うために適した記述がされている．さらに，計算科学の研究を始めようとする研究者にも，よい手引きとなるように企図されている．また，機械，情報，電気，材料，化学，医薬など企業の研究者，技術者にとっても役立つことを期待している．

本講座の完成までには，多くの方々や組織の支援を得た．特に，本講座の刊行の直接のきっかけとなったのは，名古屋大学における21世紀COEプログラム「計算科学フロンティア」における研究と教育の実践であった．COEプログラムへの日本学術振興会の支援に感謝するとともに，プログラムに参加された教員，学生，若手研究者，事務補佐員，そして名古屋大学の教職員の方々の直接，間接の支援に謝意を表したい．また本講座は，研究会や相互訪問などを通じての国内外の計算科学者との交流に大きく負っている．本講座の編集を担当していただいた共立出版の石井徹也，酒井美幸両氏の忍耐強い支援がなければ本講座の刊行はできなかった．

本講座を通じて，基盤と応用展開分野が協力しながら，ダイナミックに発展する計算科学の息吹を感じ取っていただければ幸いである．

監修者　金田行雄・笹井理生

まえがき

数値計算法は計算科学を支える重要な基盤技術の一つである．流体計算や電子状態計算のような大規模シミュレーションはもちろんのこと，データの統計的解析や最適化，可視化においても数値計算が活躍する．近年では，様々な種類の数値計算についてライブラリが用意され，大規模な計算を高速・高精度に行える環境が整いつつある．しかし，多種多様なライブラリの中から自分の解きたい問題に合った解法を選ぶには，各解法の特徴について概観的な知識を持っておく必要がある．また，もし解法がうまく働かない場合，その原因を究明し，問題を解決するには，解法の動作原理と適用範囲を十分理解しておくことが不可欠である．

本書では，計算科学で使われる代表的な数値計算アルゴリズムについて，その原理と特徴を解説する．具体的には，数値表現と誤差，線形方程式，行列の固有値問題，線形最小二乗問題，非線形方程式，関数近似，数値微分，数値積分，常微分方程式，偏微分方程式の 10 の分野について，広く使われている数値計算アルゴリズムを取り上げ，それらを数学的原理に基づき導出するとともに，収束性，安定性，数値誤差などについても議論する．

本書の特徴を挙げると，以下のようになる．

- 計算科学の各分野で使われているアルゴリズムを，幅広く取り上げるようにした．たとえば偏微分方程式の解法としては，差分法，有限要素法，境界要素法に加えて，流体計算で広く使われるスペクトル法も紹介している．また，分子動力学などで重要な常微分方程式の解法については，線形多段法とルンゲ・クッタ法の両方を詳しく解説した．
- これまでの数値解析の入門書ではあまり取り上げられなかったアルゴリ

ズムでも，実用性の高い優れた解法については積極的に取り上げた．固有値計算のための分割統治法，代数方程式のための平野法，高速自動微分法などはその例である．

- 各アルゴリズムのアイディアの説明と解法の導出を，なるべくわかりやすく初等的に行うように心がけた．最良近似多項式に関するルメの第2算法の導出や，行列表現を用いたガウス型積分公式の導出は，特に工夫した点である．
- 各アルゴリズムの収束性，安定性，数値誤差などの理論的側面についても，できるだけ紹介するようにした．特に，代表的な固有値計算法である QR 法（対称行列向け）の収束解析では，反復過程における各変数の値を初期値を用いた明示的な式で表し，その結果を用いて収束定理を導出した．この解析法は，QR 法の収束過程に関して豊富な情報が得られるという長所を持ち，類書に見られない本書の一つの特徴となっている．
- 第2巻「20 世紀のトップテンアルゴリズム」との重複を避け，内容が相補的になるように心がけた．たとえば，線形方程式の解法のうち，本書では直接法と定常反復法を扱い，第2巻ではもう一つの重要なクラスであるクリロフ部分空間法を扱っている．固有値計算のための QR 法については，本書では対称行列向け解法を扱い，第2巻では別の（より標準的な）解析法により，非対称行列向け解法を扱っている．また，全般的に，本書ではアルゴリズムの原理と理論的解析を重視し，第2巻では各アルゴリズムの歴史的経緯や最近の発展を重視した記述になっている．

本書は，大学初年級程度の線形代数学と解析学の予備知識があれば，十分読み進められるものと考えている．また，第1章は数値計算全般に関わる基礎知識であるが，その後の章は比較的独立に読めるようになっている．前の章の知識が必要な部分については，明示的に参照するようにした．

計算科学を志す大学院生，研究者にとって本書が数値計算アルゴリズムの学習と利用に役立つならば，著者らにとって大きな喜びである．

最後に，本書の原稿に対して多くの貴重なコメントを下さった久保田光一，谷口隆晴，中務佑治，宮武勇登の各先生に感謝したい．監修者の金田行雄先生と笹井理生先生，および三浦拓馬氏と石井徹也氏をはじめとする共立出版編集部の方々には，本書の完成を忍耐強く待っていただくとともに，多くのご支援を頂いた．ここに謝意を表したい．

2019 年 4 月

編著者一同

目　次

第1章
数値計算における誤差

山本有作

1.1　計算機における実数の表現

物理学の実験などでは，数字の有効桁を明示したい場合，

$$0.504 \times 10^3 \quad (= 504)$$
$$0.123 \times 10^{-1} \quad (= 0.0123)$$

のような書き方をすることがよくある．このように表現された数を（10進）浮動小数点数と呼ぶ．

計算機の中では，実数は**2進浮動小数点数**で表現される．2進浮動小数点数の一般形は

$$\pm(0.d_1 d_2 \cdots d_t) \times 2^n \quad \left(= \sum_{i=1}^{t} d_i 2^{-i} \times 2^n\right) \tag{1.1}$$

となる．ここで，$d_1, d_2, \ldots, d_t$ はそれぞれ0または1である．$\pm$ を**符号部**，$0.d_1 d_2 \cdots d_t$ を**仮数部**，2^n を**指数部**と呼ぶ．通常，指数 n は小数点のすぐ右の数字 d_1 が1になるように決める．このときの表現を**正規化表現**と呼ぶ．たとえば，0.001101×2^{-5} は正規化表現では 0.1101×2^{-7} となる．

2進浮動小数点数 (1.1) は，計算機の中で図1.1のように格納される．指数部の表現に k ビットを使う場合，ここで表現できる数は 2^k 通りとなる．したがって，指数の範囲を $L\,(<0)$ から $U\,(>0)$ までと決めた場合，$U - L + 1 < 2^k$ ならば，この k ビットですべての指数が表現できる．また，仮数部の格納では，

表 1.1　IEEE 方式の2進浮動小数点数に関する各種パラメータ

項目	単精度型	倍精度型
全ビット数	32	64
指数部ビット数	8	11
仮数部ビット数	23 ($t = 24$)	52 ($t = 53$)
L	-125	-1021
U	128	1024
絶対値最大の数	3.4×10^{38}	1.8×10^{308}
絶対値最小の数	1.2×10^{-38}	2.2×10^{-308}

正規化表現で $d_1 = 1$ であることを用いて d_1 の格納を省略する（ケチ表現）．したがって格納に必要なビット数は $t-1$ ビットとなる．以上の約束の下では，表現できる絶対値最大の数値，絶対値最小の数値はそれぞれ

$$(0.111\cdots1) \times 2^U = (1 - 2^{-t}) \times 2^U, \tag{1.2}$$

$$(0.100\cdots0) \times 2^L = 2^{L-1} \tag{1.3}$$

となる．なお，0 は上記の約束の範囲では表せない（常に $d_1 = 1$ だから）ので，すべてのビットが 0 の場合は 0 を表すと特別に約束するのが普通である．この場合，指数のとりうる範囲 $U - L + 1$ は 2^k より小さくなる．

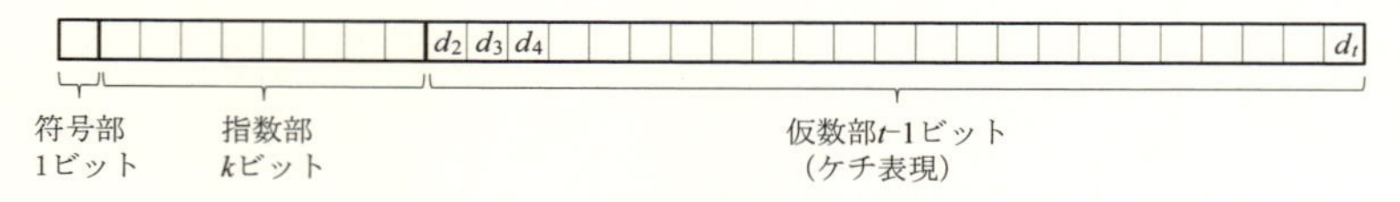

図 1.1　2進浮動小数点数の格納

最近のコンピュータでは，2進浮動小数点数の表現に IEEE 方式を使うのが普通である．IEEE 方式では，32 個のビットで 1 個の浮動小数点数を表す**単精度型**と 64 個のビットで 1 個の浮動小数点数を表す**倍精度型**とがある．それぞれについて，各部のビット数，L，U，表現できる絶対値最大・最小の数は表 1.1 のようになっている．

浮動小数点数に対して計算機内で演算を行った場合，結果の絶対値が表現できる最大の数より大きくなることがある．たとえば，非常に大きい数どうしの

掛け算を行った場合，大きい数に対する指数関数の計算を行った場合などにこのようなことが起こりうる．これを**オーバーフロー**と呼ぶ．オーバーフローが起こると，プログラムは異常終了するのが普通である．一方，演算結果の絶対値が表現できる最小値より小さくなることがある．これを**アンダーフロー**と呼ぶ．アンダーフローが起こった場合，通常，計算機は演算結果を 0 で置き換えて計算を続行する．

1.2　丸め誤差

1.2.1　丸めと丸め誤差

計算機に入力の数値を与える場合，その数値が 2 進浮動小数点数として正確に表されるとは限らない．$\sqrt{2}$ のような無理数や，有効桁数が（2 進数換算で）仮数部の桁数より大きい数などはもちろん，10 進数では有限桁で表せる 0.2 のような数も，2 進数では $0.0011001100110011\cdots$ のような循環小数になり，有限桁では表せない．これらの数を，それに近い 2 進浮動小数点で近似することを**丸め**と呼ぶ．10 進数の場合と同様，丸めの方式には**切り捨て**，**切り上げ**，**四捨五入**（2 進数の場合は 0 捨 1 入）などがある．丸めによって生じる誤差を**丸め誤差**と呼ぶ．丸めは演算を行った後でも必要になる．これは，仮数部が t 桁の浮動小数点数に対して演算を行った結果は，一般に仮数部 t 桁では正確に表せないからである．たとえば，（わかりやすくするため 10 進数で考えるが）0.123×10^0 と 0.567×10^{-3} という 2 つの仮数部 3 桁の浮動小数点数を加える場合，まず指数部を揃えるために桁ずらしを行うことにより，結果は

$$
\begin{array}{rl}
 & 0.123000 \times 10^0 \\
+) & 0.000567 \times 10^0 \\
\hline
 & 0.123567 \times 10^0
\end{array}
$$

となり，仮数部は 6 桁になる．この場合，四捨五入による丸めを行うことにより，結果を 0.124×10^0 のように表示できる．

いま，$x = (0.d_1 d_2 \cdots d_t d_{t+1} \cdots) \times 2^n$ という数を 0 捨 1 入により仮数部 t 桁

の2進浮動小数点数に丸める場合を考える．隣り合う2個の浮動小数点数 $\underline{x}$, $\overline{x}$ を

$$\underline{x} = (0.d_1 d_2 \cdots d_t) \times 2^n$$
$$\overline{x} = (0.d_1 d_2 \cdots d_t + 2^{-t}) \times 2^n$$

とおくと，

$$\underline{x} \leq x \leq \overline{x} \tag{1.4}$$

であり，x は $\underline{x}$, $\overline{x}$ のうち，近い方に丸められる（図 1.2）．丸めた結果を $\tilde{x}$ とすると，丸め誤差の上限は明らかに

$$| x - \tilde{x} | \leq 2^{-t+n-1}$$

となる．また，x は

$$2^{n-1} \leq x < 2^n \tag{1.5}$$

の範囲にあるから，丸めによる相対誤差は常に

$$\frac{| x - \tilde{x} |}{| x |} \leq \frac{2^{-t+n-1}}{2^{n-1}} = 2^{-t} \tag{1.6}$$

を満たす．

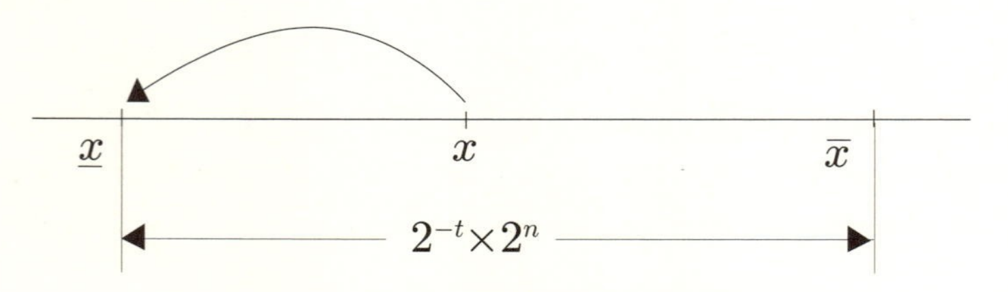

図 1.2　もっとも近い浮動小数点数への丸め

1.2.2　情報落ち

丸め誤差が原因となって生じる現象のうちで，数値計算上特に注意しなくてはならないものとして，情報落ちと桁落ちがある．ここでは，まず情報落ちについて説明する．

浮動小数点数に対する加算で，２つの数の指数部が異なる場合，たとえば

$$x = (0.d_1 d_2 \cdots d_t) \times 2^n,$$
$$y = (0.c_1 c_2 \cdots c_t) \times 2^m$$

の加算を行う場合には，まず桁ずらしを行って２つの数の指数部を合わせる必要がある．たとえば $m = n - 3$ のときは，

$$\begin{array}{lll} & 0.d_1 d_2 d_3 d_4 \cdots d_t & \times 2^n \\ +) & 0.0\ 0\ 0\ c_1 \cdots c_{t-3} c_{t-2} c_{t-1} c_t & \times 2^n \\ \hline \end{array}$$

のように，y の仮数部を３桁右にずらす必要がある．

いま，y が x に比べて極端に小さく，$m = n - t - 1$ となる場合を考えると，桁ずらしをして加算を行った結果は

$$\begin{array}{lll} & 0.d_1 d_2 \cdots d_t 0\ 0\ 0 \cdots 0 & \times 2^n \\ +) & 0.0\ 0\ \cdots 0\ 0\ c_1 c_2 \cdots c_t & \times 2^n \\ \hline & 0.d_1 d_2 \cdots d_t 0\ c_1 c_2 \cdots c_t & \times 2^n \end{array}$$

となる．ところが，結果を仮数部 t 桁になるよう０捨１入で丸めると，第 $t+1$ 桁の０以下の数値は省略されてしまい，結果は $0.d_1 d_2 \cdots d_t \times 2^n$ で x そのものとなってしまう．このような現象を，（y に入っている情報が完全に抜け落ちてしまうという意味で）**情報落ち**という．

情報落ちが問題となる場合として，級数の計算が挙げられる．たとえば

$$S_n = \sum_{i=1}^{n} \frac{1}{i^2} = 1 + \frac{1}{4} + \frac{1}{9} + \cdots + \frac{1}{n^2} \tag{1.7}$$

を計算する場合，$\lim_{n\to\infty} S_n = \frac{\pi^2}{6}$ だから，部分和は一定値 $\frac{\pi^2}{6} = 1.644931\ldots$ に近づいていく．一方，足される項は $\frac{1}{i^2}$ で，どんどん小さくなる．したがって，n が非常に大きい場合，ある i より後では，情報落ちが生じ，加算を行っても部分和は変化しなくなってしまう．この計算を単精度で行った結果を表 1.2 に示す．下線部は真の値と一致する桁である．$n = 5000$ のときの結果は $\underline{1.644}725$ であるが，それ以上 n を増やしても，結果は変化しないことがわかる．また，

表 1.2　$S_n = \sum_{i=1}^{n} \frac{1}{i^2}$ の計算結果（単精度）

n	計算結果	計算結果（逆順）
1000	1.643935	1.643934
2000	1.644432	1.644434
3000	1.644595	1.644600
5000	1.644725	1.644734
10000	1.644725	1.644834
100000	1.644725	1.644924
1000000	1.644725	1.644933
∞	1.644931	1.644931

非常に長い2本のベクトル $\boldsymbol{a}, \boldsymbol{b}$ の内積を計算する場合も，情報落ちにより小さな要素の値が内積に反映されなくなることが起こりうる．

級数の計算で情報落ちの影響を少なくするには，数列の各項の大きさがわかっている場合，小さい項から順に足していくことが有効である．たとえば，上の例では

$$S_n = \frac{1}{n^2} + \frac{1}{(n-1)^2} + \frac{1}{(n-2)^2} + \cdots + \frac{1}{4} + \frac{1}{9} + 1 \tag{1.8}$$

と計算することにより，部分和と足される項との大きさの差が小さくなり，情報落ちが起きる可能性が減少する．実際，表1.2から明らかなように，こちらの計算法ではより真の値に近い結果が得られている．しかし，ベクトルの内積の場合には，一般には各項の大きさに規則性がないため，このような方法はとりにくい．このような場合に情報落ちを避けるには，計算の精度を上げ，倍精度型あるいは4倍精度型を使うことが有効である．

1.2.3　桁落ち

浮動小数点数に対する減算（あるいは正の数と負の数との加算）で，両方の数が非常に近い場合，たとえば仮数部の上位 k 桁が等しい場合を考える．このとき，減算の結果は

$$
\begin{array}{rrl}
 & x & = 0.d_1 d_2 \cdots d_k d_{k+1} \cdots d_t \times 2^n \\
-) & y & = 0.d_1 d_2 \cdots d_k c_{k+1} \cdots c_t \times 2^n \\
\hline
 & x - y & = 0.0\ 0\ \cdots 0\ b_{k+1} \cdots b_t \times 2^n \\
 & & = 0.b_{k+1} \cdots b_t \times 2^{n-k}
\end{array}
$$

となり，結果の有効数字は $t-k$ 桁で2個の入力の有効数字から大きく減少する．これを**桁落ち**と呼ぶ．

桁落ちは，入力に含まれる相対誤差を大きく拡大する．これを見るため，減算の入力となるべき真の値を x, y，それぞれに加わった誤差を $\Delta x, \Delta y$ として，減算の入力を

$$
\begin{aligned}
\tilde{x} &= x + \Delta x \\
\tilde{y} &= y + \Delta y
\end{aligned}
$$

と書く．さらに，結果の真の値を $z = x - y$，その誤差を Δz と書く．すると減算の結果は（丸める前の時点で）

$$
\begin{aligned}
\tilde{z} &= \tilde{x} - \tilde{y} \\
&= (x + \Delta x) - (y + \Delta y) \\
&= (x - y) + (\Delta x - \Delta y) \\
&= z + \Delta z \qquad (1.9)
\end{aligned}
$$

となる．これより

$$
\begin{aligned}
&\Delta z = \Delta x - \Delta y \\
&\frac{\Delta z}{z} = \frac{\Delta x}{z} - \frac{\Delta y}{z} = \frac{x}{z} \cdot \frac{\Delta x}{x} - \frac{y}{z} \cdot \frac{\Delta y}{y} \\
&\left|\frac{\Delta z}{z}\right| \leq \left|\frac{x}{z}\right| \left|\frac{\Delta x}{x}\right| + \left|\frac{y}{z}\right| \left|\frac{\Delta y}{y}\right| \qquad (1.10)
\end{aligned}
$$

が成り立つ．式 (1.10) は，結果 z の相対誤差が入力 x の相対誤差の $|x/z|$ 倍程度に拡大されうることを示す．いま，桁落ちが起こる状況のときは x と y が非常に近くて $|z| \ll |x|$ であるから，相対誤差の拡大率は非常に大きくなりうる．

桁落ちが起こりやすい例として，2次方程式 $ax^2+bx+c=0$ の解の公式

$$x_1 = \frac{-b+\sqrt{b^2-4ac}}{2a} \tag{1.11}$$

$$x_2 = \frac{-b-\sqrt{b^2-4ac}}{2a} \tag{1.12}$$

がある．いま，$b>0$ かつ $b^2 \gg 4ac$ とすると，$\sqrt{b^2-4ac} \approx b$ だから，x_1 の計算においては分子で桁落ちが起こる．一方，x_2 の計算では，分子が負の数 $-b$ と正の数 $\sqrt{b^2-4ac} \approx b$ との差だから，桁落ちは生じず，精度上の問題は起こらない．x_1 の計算において桁落ちを避けるには，次のように「分子の有理化」を行う．

$$\begin{aligned} x_1 &= \frac{(-b+\sqrt{b^2-4ac})(-b-\sqrt{b^2-4ac})}{2a(-b-\sqrt{b^2-4ac})} \\ &= \frac{4ac}{2a(-b-\sqrt{b^2-4ac})} \\ &= \frac{2c}{-b-\sqrt{b^2-4ac}}. \end{aligned} \tag{1.13}$$

変形した式では，分母は符号が違う数どうしの引き算だから，桁落ちの問題は生じない．

桁落ちが起こるもう一つの例として，テイラー展開による指数関数 e^{-x} の計算が挙げられる．この場合，たとえば $x=20$ とすると e^{-x} は 10^{-9} 程度のオーダーの非常に小さい数になる．ところが，テイラー展開の式

$$e^{-x} = 1 - \frac{x}{1!} + \frac{x^2}{2!} - \frac{x^3}{3!} + \cdots \tag{1.14}$$

において最初のほうの項は1のオーダーであるから，計算の過程で結果が0に近くなるような引き算が生じ，そこで桁落ちが生じて精度が悪くなると予想される．これを防ぐには，

$$\begin{aligned} e^{-x} &= \frac{1}{e^x} \\ &= \frac{1}{1+\frac{x}{1!}+\frac{x^2}{2!}+\frac{x^3}{3!}\cdots} \end{aligned} \tag{1.15}$$

のように変形すればよい．式(1.15)では分母の級数はすべての項が正であるか

ら，桁落ちは起こらず，精度の良い計算が可能となる．

数値計算を行うに当たっては，なるべく上記のような式変形を行い，値が近い数どうしの減算を避けるようにすることが，精度を保つ上で重要である．ただし，このような工夫はいつでも可能とは限らないため，必要に応じて倍精度計算，4 倍精度計算などを併用することも重要である．

1.3　打ち切り誤差

1.3.1　打ち切り誤差

無限または数多くの回数の演算をある有限回の演算で打ち切るときに発生する誤差を，**打ち切り誤差**という．例えば，ある関数 $f(x)$ が，無限級数で表されるとき，有限項で打ち切ることにより発生する．また，数値積分において，積分値を微小面積の足し合わせで近似する際にも発生する．

【例 1.1】　無限級数の計算を考える．例えば，

$$\sum_{i=1}^{\infty} \frac{1}{i^2} = 1 + \frac{1}{2^2} + \frac{1}{3^2} + \cdots + \frac{1}{n^2} + \cdots = \frac{\pi^2}{6} \tag{1.16}$$

によって π^2 を計算することを考える．計算機では無限回の演算を行うことはできないので，適当な項 n で和を打ち切る必要がある．このとき，第 $n+1$ 項以降からの寄与が計算結果に入らないことになる．この部分が打ち切り誤差となる．

同様に，指数関数 e^x を級数で計算する場合も，

$$e^x = 1 + \frac{x}{1!} + \frac{x^2}{2!} + \frac{x^3}{3!} + \cdots \tag{1.17}$$

$$\simeq 1 + \frac{x}{1!} + \frac{x^2}{2!} + \frac{x^3}{3!} \tag{1.18}$$

のように，和を途中までで打ち切って計算することになる．

【例 1.2】　区間 $[a, b]$ における $f(x)$ の積分は，図 1.3 に示すように区間 $[a, b]$ を n 等分し，各区間を底辺とする微小な長方形の面積を足し合わせることで近似

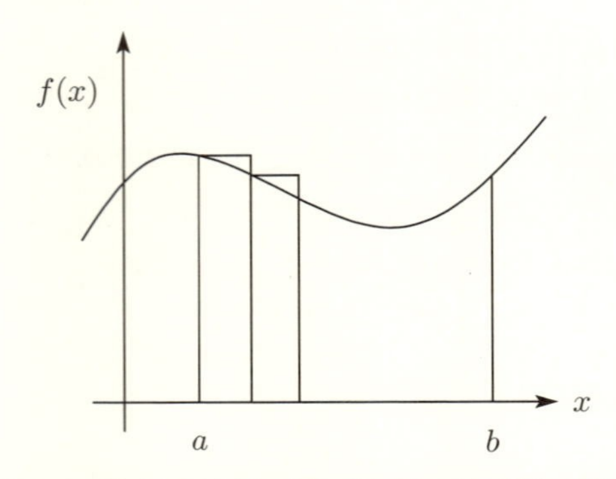

図 1.3　微小な長方形の足し合わせによる積分の近似

できる．

$$\int_a^b f(x)dx \simeq \sum_{i=1}^{n} \frac{b-a}{n} \cdot f\left(a + \frac{b-a}{n}(i-1)\right) \tag{1.19}$$

ここで $n \to \infty$ とすると，右辺の近似値は真の積分値に収束する（$f(x)$ がRiemann 積分可能な場合）．しかし数値計算においては，n を有限で止める必要があるため，誤差が生じる．これも打ち切り誤差の一種である．

1.3.2　打ち切り誤差の緩和

打ち切り誤差を減らすには，式変形により，もとの数列（あるいは級数）よりも速く収束する数列（級数）に変形すればよい．

【例 1.3】　$e^{10.5}$ を計算する．式 (1.17) を用いると，

$$e^{10.5} = 1 + \frac{10.5}{1!} + \frac{10.5^2}{2!} + \frac{10.5^3}{3!} + \cdots \tag{1.20}$$

となる．この級数は収束するが，分子が指数関数的に増加するため，途中で打ち切ったときの誤差が大きい．例えば，第5項は $(10.5)^4/4! \simeq 506$ であるから，第4項までで打ち切ると少なくともこれだけの誤差が生じる．そこで，

$$\begin{aligned} e^{10.5} &= e^{10} \cdot e^{0.5} \\ &= e^{10}\left(1 + \frac{0.5}{1!} + \frac{0.5^2}{2!} + \frac{0.5^3}{3!} + \cdots\right) \end{aligned} \tag{1.21}$$

のように計算する．式 (1.21) の級数は分子が指数関数的に減少するため，収束が速く，打ち切り誤差が小さい．このことを利用して，$e^{10.5}$ の値を少ない項数で精度良く求めることができる．

同様に，他の級数の計算についても，より速く収束する級数に変換することで打ち切り誤差を減らすことができる場合がある（第 7 章「数値微分法と加速法」を参照）．

【例 1.4】 数値積分については，より良い近似の公式を使うことで，誤差を減らすことができる．式 (1.19) では，微小な長方形の足し合わせで積分値を近似したが，微小な台形の足し合わせで近似すると，

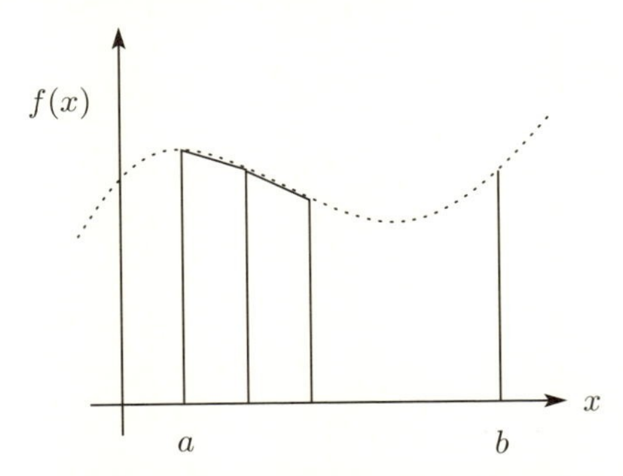

図 1.4 微小な台形の足し合わせによる積分の近似

$$\int_a^b f(x)dx \simeq \sum_{i=1}^{n} \frac{b-a}{n} \cdot \frac{1}{2} \left\{ f\left(a + \frac{b-a}{n} i\right) + f\left(a + \frac{b-a}{n}(i-1)\right) \right\} \tag{1.22}$$

となる．図 1.3 と図 1.4 の比較からわかるように，式 (1.19) の代わりに式 (1.22) を用いることで，誤差は大幅に減ると考えられる．さらに，台形上部の直線を 2 次関数で置き換えることで，より誤差の少ない積分公式を作ることも可能である．これらについては，第 8 章「数値積分」で詳しく説明する．

1.4　誤差の伝播

ここでは，繰り返し計算により，初期データの誤差がどう伝わっていくか（拡大されていくか）を取り上げる．例として，漸化式の計算を考えてみよう．

❖ 漸化式の計算❖

次の式により，x_0 から始めて，$x_1, x_2, \ldots$ を順に計算するアルゴリズムを考える．

$$x_{n+1} = a_n x_n + b_n$$

ただし，初期値 x_0 と数列 $\{a_n\}, \{b_n\}$ は与えられているとする．

このとき，$|a_n|$ の大きさにより，数値計算という立場から見たアルゴリズムの性質は大きく異なる．

1. $|a_n| \geq c > 1$（c はある定数）のとき
   n が大きくなるに連れ，初期誤差は指数的に拡大されていく．これを**不安定なアルゴリズム**という．不安定なアルゴリズムは，数値計算上は役に立たないことが多い．
2. $|a_n| \leq c < 1$ のとき
   初期誤差は縮小されていくので，**安定なアルゴリズム**となる．

【例 1.5】　$n = 0, 1, \ldots, 12$ のそれぞれについて，

$$I_n = \int_0^1 \frac{x^{2n}}{x^2 + 10}\, dx \tag{1.23}$$

を数値計算により求めることを考える．

まず，$n = 0$ のときは，$x = \sqrt{10}\tan\theta$ とおくことにより，

$$\begin{aligned} I_0 &= \int_0^1 \frac{1}{x^2 + 10}\, dx \\ &= \int_0^{\tan^{-1}(1/\sqrt{10})} \frac{1}{10(1 + \tan^2\theta)} \cdot \frac{\sqrt{10}}{\cos^2\theta}\, d\theta \end{aligned}$$

$$
\begin{aligned}
&= \frac{1}{\sqrt{10}} \int_0^{\tan^{-1}(1/\sqrt{10})} d\theta \\
&= \frac{1}{\sqrt{10}} \tan^{-1}\left(\frac{1}{\sqrt{10}}\right) \qquad (1.24)
\end{aligned}
$$

となり，積分は解析的に計算できる．次に，I_{n-1} がわかったとすると，

$$
\begin{aligned}
I_n &= \int_0^1 \frac{(x^{2n} + 10\,x^{2n-2}) - 10\,x^{2n-2}}{x^2+10}\,dx \\
&= \int_0^1 x^{2n-2}\,dx - 10\int_0^1 \frac{x^{2n-2}}{x^2+10}\,dx \\
&= \frac{1}{2n-1} - 10 I_{n-1} \qquad (1.25)
\end{aligned}
$$

となるから，I_n も求められることになる．したがって，初期値 (1.24) から始めて，漸化式 (1.25) を用いて $I_1, I_2, I_3, \ldots, I_{12}$ を順に計算していくアルゴリズム（前進型の漸化式）が考えられる．

しかし，$|a_n| = 10 > 1$ であるから，このアルゴリズムは数値計算的には不安定である．特に，初期値 (1.24) は無理数 $\frac{1}{\sqrt{10}}\tan^{-1}\left(\frac{1}{\sqrt{10}}\right)$ を 2 進浮動小数点数で表すことによる誤差を含むから，この誤差が各ステップで 10 倍ずつ拡大されてしまう．

そこで，次のように式 (1.25) を変形する．

$$
I_{n-1} = \frac{1}{10}\left(\frac{1}{2n-1} - I_n\right) \qquad (1.26)
$$

さらに，I_{12} を数値積分で高精度に求め，これを初期値とすれば，漸化式 (1.26) より，$I_{11}, I_{10}, I_9, \ldots, I_0$ の順に計算できる（後退型の漸化式）．このとき，$|a_n| = 1/10 < 1$ であるから，アルゴリズムは数値的に安定となる．

この 2 つの方法を用いて，単精度で $I_0, I_1, \ldots, I_{12}$ を計算した結果を表 1.3 に示す．ここで，$I_n^{(f)}$, $I_n^{(b)}$ がそれぞれ前進型，後退型の漸化式による結果である．また，I_n は高精度の数値積分法である二重指数関数型数値積分公式（8.4.2 項参照）を用い，積分 (1.23) を各 n に対して直接計算した結果である．$I_n^{(f)}$, $I_n^{(b)}$ では，下線の部分が I_n と一致する桁を示す．表より，$I_n^{(b)}$ ではすべての n に対して 7 桁まで数値が一致するのに対し，$I_n^{(f)}$ では n が増えるごとに有効な数字がほぼ 1 桁ずつ減り，$n = 6$ 以上では全くでたらめな結果になってしまう

ことがわかる．これは，この場合に前進型の漸化式が不安定であり，1ステップごとに誤差が10倍に拡大されることの結果である．

表 1.3　漸化式による積分 I_n の計算

n	$I_n^{(f)}$	$I_n^{(b)}$	I_n
0	$\underline{9.685340} \times 10^{-2}$	$\underline{9.685340} \times 10^{-2}$	9.685340×10^{-2}
1	$\underline{3.14659}4 \times 10^{-2}$	$\underline{3.146591} \times 10^{-2}$	3.146591×10^{-2}
2	$\underline{1.867}385 \times 10^{-2}$	$\underline{1.867415} \times 10^{-2}$	1.867415×10^{-2}
3	$\underline{1.32}6142 \times 10^{-2}$	$\underline{1.325843} \times 10^{-2}$	1.325843×10^{-2}
4	$\underline{1.02}4290 \times 10^{-2}$	$\underline{1.027281} \times 10^{-2}$	1.027281×10^{-2}
5	$\underline{8}.682028 \times 10^{-3}$	$\underline{8.382945} \times 10^{-3}$	8.382945×10^{-3}
6	4.088806×10^{-3}	$\underline{7.079637} \times 10^{-3}$	7.079637×10^{-3}
7	3.603500×10^{-2}	$\underline{6.126699} \times 10^{-3}$	6.126699×10^{-3}
8	-2.936834×10^{-1}	$\underline{5.399674} \times 10^{-3}$	5.399674×10^{-3}
9	2.995657×10^{0}	$\underline{4.826784} \times 10^{-3}$	4.826784×10^{-3}
10	-2.990394×10^{1}	$\underline{4.363733} \times 10^{-3}$	4.363733×10^{-3}
11	2.990870×10^{2}	$\underline{3.981709} \times 10^{-3}$	3.981709×10^{-3}
12	-2.990827×10^{3}	$\underline{3.661163} \times 10^{-3}$	3.661163×10^{-3}

以上ではもっとも簡単な漸化式の場合を例にとって説明したが，数値計算アルゴリズムの多くは同様な繰り返し計算を含むため，誤差の伝播や安定性について十分な注意を払うことが必要となる．

第2章
線形方程式の数値アルゴリズム

曽我部　知広

本章では，線形方程式（連立一次方程式）

$$Ax = \boldsymbol{b} \tag{2.1}$$

の数値解法を取り扱う．ここで $A := (a_{ij})$ を正則な n 次正方行列，$\boldsymbol{b} := (b_1, b_2, \ldots, b_n)^\top$ を右辺ベクトル，$\boldsymbol{x} := (x_1, x_2, \ldots, x_n)^\top$ を解ベクトルとする．

式 (2.1) を解くためにクラーメルの公式の使用や A^{-1} を求めて $A^{-1}\boldsymbol{b}$ を計算することは，計算量と所要記憶容量の観点で実用的でない．その代わり現在では，有限回の四則演算で解を得る**直接法**（LU 分解法等）と解に収束する近似解列を逐次生成する**反復法**（定常反復法，クリロフ部分空間法等）が状況に応じて使い分けられている．本章では，LU 分解法と定常反復法を中心に述べる．

2.1　ノルム

2.1.1　ベクトルノルム

実数を成分に持つ 2 次元数ベクトル $\boldsymbol{x} := (x_1, x_2)^\top \in \mathbb{R}^2$ の長さは $(x_1^2 + x_2^2)^{1/2}$ である．ノルムとは“長さ”の概念の拡張であり，写像 $\|\cdot\| : \mathbb{R}^n \to \mathbb{R}$ が任意の $\boldsymbol{x}, \boldsymbol{y} \in \mathbb{R}^n, \alpha \in \mathbb{R}$ に対して次式を満たすとき，これを**ベクトルノルム**という[†1]．

(Nv1)　$\|\boldsymbol{x}\| \geq 0;\quad \|\boldsymbol{x}\| = 0 \Leftrightarrow \boldsymbol{x} = \boldsymbol{0},$　（非負性）

(Nv2)　$\|\alpha\boldsymbol{x}\| = |\alpha|\ \|\boldsymbol{x}\|,$　（正斉次性）

---

†1 一般に，線形空間 $\mathcal{V}$ から $\mathbb{R}$ への写像 $\|\cdot\| : \mathcal{V} \to \mathbb{R}$ が任意の $\boldsymbol{x}, \boldsymbol{y} \in \mathcal{V}, \alpha \in \mathcal{K}$（$\mathcal{K} = \mathbb{R}$ または $\mathbb{C}$）に対して (Nv1)〜(Nv3) を満たすとき，これをノルムという．

(Nv3)　$\|\boldsymbol{x}+\boldsymbol{y}\| \leq \|\boldsymbol{x}\|+\|\boldsymbol{y}\|$.　　　　（三角不等式）

例としてベクトルの **$\boldsymbol{p}$ ノルム**があり，これは $p \geq 1$ に対して次式で定義される．

$$\|\boldsymbol{x}\|_p := (|x_1|^p + |x_2|^p + \cdots + |x_n|^p)^{\frac{1}{p}}.$$

特に，$p = 1, 2, \infty$ はよく使用される．

- $\|\boldsymbol{x}\|_1 := \sum_{i=1}^{n} |x_i|$.
- $\|\boldsymbol{x}\|_2 := (\sum_{i=1}^{n} |x_i|^2)^{\frac{1}{2}}$ $(= (\boldsymbol{x}^\top \boldsymbol{x})^{1/2})$.
- $\|\boldsymbol{x}\|_\infty := \max_{1 \leq i \leq n} |x_i|$.

このようにノルムには多くの種類があるが，次の意味でノルム間の同値性がある．

定理 2.1.1　異なる2つのノルム $\|\cdot\|_\alpha, \|\cdot\|_\beta$ が与えられたとき，ある正定数 m, M が存在し，任意の $\boldsymbol{x} \in \mathbb{R}^n$ に対して $m\|\boldsymbol{x}\|_\alpha \leq \|\boldsymbol{x}\|_\beta \leq M\|\boldsymbol{x}\|_\alpha$ となる．

この定理は，ベクトル列 $\{\boldsymbol{y}_n\}$ が $\boldsymbol{y}$ にどれか1つのノルムに関して収束すれば，他のノルムに関しても収束することを意味する．すなわち，$\lim_{n\to\infty} \|\boldsymbol{y}-\boldsymbol{y}_n\|_\alpha = 0$ ならば $\lim_{n\to\infty} \|\boldsymbol{y}-\boldsymbol{y}_n\|_\beta = 0$ となる．具体例 $(p = 1, 2, \infty)$ を示しておこう．

定理 2.1.2　任意の $\boldsymbol{x} \in \mathbb{R}^n$ に対して，以下が成り立つ．

(1)　$\|\boldsymbol{x}\|_2 \leq \|\boldsymbol{x}\|_1 \leq n^{1/2}\|\boldsymbol{x}\|_2$.

(2)　$\|\boldsymbol{x}\|_\infty \leq \|\boldsymbol{x}\|_1 \leq n\|\boldsymbol{x}\|_\infty$.

(3)　$\|\boldsymbol{x}\|_\infty \leq \|\boldsymbol{x}\|_2 \leq n^{1/2}\|\boldsymbol{x}\|_\infty$.

2.1.2　行列ノルム

行列に関しても同様にノルムが定義される．すなわち，写像 $\|\cdot\| : \mathbb{R}^{m\times n} \to \mathbb{R}$ が任意の $A, B \in \mathbb{R}^{m\times n}$, $\alpha \in \mathbb{R}$ に対して次式を満たすとき，これを**行列ノルム**という．

(Nm1)　$\|A\| \geq 0$;　$\|A\| = 0 \Leftrightarrow A = O$　(O：ゼロ行列),

(Nm2) $\|\alpha A\| = |\alpha|\|A\|$,
(Nm3) $\|A + B\| \leq \|A\| + \|B\|$.

行列ノルムの定義に加えて次の性質

(Nm4) $\|AB\| \leq \|A\|\|B\|, \quad A \in \mathbb{R}^{m\times n},\ B \in \mathbb{R}^{n\times q}$

を満たすとき，行列ノルムは**劣乗法的**という．文献によっては，性質 (Nm1)〜(Nm4) を満たすものを行列ノルムと定義されていることがあるので注意されたい．

劣乗法的な行列ノルムとして次の**従属ノルム**[†2]

$$\|A\|_p := \sup_{\boldsymbol{x}\neq\boldsymbol{0}} \frac{\|A\boldsymbol{x}\|_p}{\|\boldsymbol{x}\|_p} \tag{2.2}$$

がよく知られている[†3]．従属ノルムはこのようにベクトルノルムから作られる．特に $p = 1, 2, \infty$ のとき，$\|A\|_p$ は次の公式で与えられる．

- $\|A\|_1 = \max_j \sum_{i=1}^n |a_{ij}|$, (最大列和)
- $\|A\|_2 = (A^\top A$ の最大固有値$)^{1/2} =A$ の最大特異値,
- $\|A\|_\infty = \max_i \sum_{j=1}^n |a_{ij}|$. (最大行和)

この他に，**フロベニウスノルム**

- $\|A\|_{\mathrm{F}} := (\sum_{i=1}^m \sum_{j=1}^n |a_{ij}|^2)^{1/2}$

も劣乗法的である．フロベニウスノルムは，行列 $A \in \mathbb{R}^{m\times n}$ の全ての成分 a_{ij} を持つベクトル $\boldsymbol{x} \in \mathbb{R}^{mn}$ の 2 ノルム $\|\boldsymbol{x}\|_2$ に対応する．

劣乗法的でない行列ノルムとして，**max ノルム**

$$\|A\|_{\max} := \max_{i,j} |a_{ij}|$$

があり，劣乗法的でないことは次の例から明らかである．全ての成分が 1 の 2×2 行列に対して $\|A^2\|_{\max} = 2$ であるが，$\|A\|_{\max}^2 = 1$ なのでこの場合

[†2] 作用素ノルム (operator norm) ともよばれる．
[†3] sup を max で置き換えてもよい．

$\|A^2\|_{\max} > \|A\|_{\max}^2$ となり (Nm4) が満たされていない．行列ノルムの有用な性質を次にまとめておく．

定理 2.1.3　次が成り立つ．

(1) $\|A\boldsymbol{x}\|_p \leq \|A\|_p\|\boldsymbol{x}\|_p, \|A\boldsymbol{x}\|_2 \leq \|A\|_{\mathrm{F}}\|\boldsymbol{x}\|_2$.
(2) $\|AB\|_p \leq \|A\|_p\|B\|_p, \quad \|AB\|_{\mathrm{F}} \leq \|A\|_{\mathrm{F}}\|B\|_{\mathrm{F}}$.　(劣乗法性)
(3) $\|QA\tilde{Q}\|_2 = \|A\|_2, \qquad \|QA\tilde{Q}\|_{\mathrm{F}} = \|A\|_{\mathrm{F}}$.　($Q, \tilde{Q}$：直交行列)

定理 2.1.4　A を $n \times n$ の正方行列とすると，次が成り立つ．

(1) $n^{-1/2}\|A\|_2 \leq \|A\|_1 \leq n^{1/2}\|A\|_2$.
(2) $n^{-1/2}\|A\|_2 \leq \|A\|_\infty \leq n^{1/2}\|A\|_2$.
(3) $n^{-1}\|A\|_\infty \leq \|A\|_1 \leq n\|A\|_\infty$.
(4) $\|A\|_1 \leq \|A\|_{\mathrm{F}} \leq n^{1/2}\|A\|_2$.

以降，本書では特に断りがない限り $\|\cdot\|$ と書かれた場合は 2 ノルム $\|\cdot\|_2$ を意味する．

2.2　条件数

方程式 (2.1) の行列 A と右辺ベクトル $\boldsymbol{b}$ を少し変えたときに解がどのくらい変化するかを見てみよう．$A, \boldsymbol{b}$ の変化量をそれぞれ $\Delta A, \Delta\boldsymbol{b}$ とすると

$$(A + \Delta A)(\boldsymbol{x} + \Delta\boldsymbol{x}) = \boldsymbol{b} + \Delta\boldsymbol{b}$$

を満たす $\Delta\boldsymbol{x}$ が解の変化量に対応する．$A\boldsymbol{x} = \boldsymbol{b}$ を用いて上式を変形すると

$$\Delta\boldsymbol{x} = A^{-1}[-\Delta A(\boldsymbol{x} + \Delta\boldsymbol{x}) + \Delta\boldsymbol{b}]$$

となる．定理 2.1.3-(1) と三角不等式 (Nv3) を用いて $\|\Delta\boldsymbol{x}\|_p$ を評価すると

$$\|\Delta\boldsymbol{x}\|_p \leq \|A^{-1}\|_p(\|\Delta A\|_p \cdot \|\boldsymbol{x} + \Delta\boldsymbol{x}\|_p + \|\Delta\boldsymbol{b}\|_p)$$

となるので

$$\frac{\|\Delta \boldsymbol{x}\|_p}{\|\boldsymbol{x}+\Delta \boldsymbol{x}\|_p} \leq \|A\|_p \cdot \|A^{-1}\|_p \cdot \left(\frac{\|\Delta A\|_p}{\|A\|_p} + \frac{\|\Delta \boldsymbol{b}\|_p}{\|A\|_p \cdot \|\boldsymbol{x}+\Delta \boldsymbol{x}\|_p} \right) \tag{2.3}$$

が得られる．ここで

$$\kappa_p(A) := \|A\|_p \cdot \|A^{-1}\|_p \tag{2.4}$$

を p ノルムに関する A の**条件数**といい，式 (2.3) より，条件数が大きいと少しの入力の変化で解が大きく変化する可能性がある．このため，条件数が大きいとき方程式 (2.1) を**悪条件**であるという．

2.3 グラム–シュミットの直交化法

グラム–シュミットの直交化法は，線形独立なベクトル列 $\{\boldsymbol{a}_1, \boldsymbol{a}_2, \ldots, \boldsymbol{a}_m\}$ と同じ部分空間を張る正規直交基底 $\{\boldsymbol{q}_1, \boldsymbol{q}_2, \ldots, \boldsymbol{q}_m\}$ の生成法であり，ここでは**古典的グラム–シュミット法**と**修正グラム–シュミット法**を述べる．

2.3.1 古典的グラム–シュミット法

古典的グラム–シュミット法は線形代数学の本などに記述されており，そのアルゴリズムは以下の通りである．

❖ アルゴリズム 2.1： 古典的グラム–シュミット法❖

$\langle 1 \rangle$ **set** $r_{1,1} = \|\boldsymbol{a}_1\|_2$, $\boldsymbol{q}_1 = \frac{\boldsymbol{a}_1}{r_{1,1}}$,
$\langle 2 \rangle$ **do** $n = 1, 2, \ldots, m-1$
$\langle 3 \rangle$ 　$r_{i,n+1} = \boldsymbol{q}_i^\top \boldsymbol{a}_{n+1} \quad (i = 1, 2, \ldots, n)$,
$\langle 4 \rangle$ 　$\tilde{\boldsymbol{q}}_{n+1} = \boldsymbol{a}_{n+1} - \sum_{i=1}^{n} r_{i,n+1} \boldsymbol{q}_i$,
$\langle 5 \rangle$ 　$r_{n+1,n+1} = \|\tilde{\boldsymbol{q}}_{n+1}\|_2$,
$\langle 6 \rangle$ 　$\boldsymbol{q}_{n+1} = \frac{\tilde{\boldsymbol{q}}_{n+1}}{r_{n+1,n+1}}$.
$\langle 7 \rangle$ **end do**

ここで，アルゴリズム 2.1 から $r_{i,n+1} = \boldsymbol{q}_i^\top \boldsymbol{a}_{n+1}$ であることと行列 $Q_n := [\boldsymbol{q}_1, \boldsymbol{q}_2, \ldots, \boldsymbol{q}_n]$ および単位行列 I を用いて，アルゴリズム 2.1 の $\langle 4 \rangle$ は

$$\tilde{\boldsymbol{q}}_{n+1} = P_{n+1}\boldsymbol{a}_{n+1}, \quad P_{n+1} := I - Q_n Q_n^\top \tag{2.5}$$

と書ける．行列 P_{n+1} は直交射影子（$P_{n+1}^2 = P_{n+1}$ かつ $P_{n+1} = P_{n+1}^\top$）であり，その性質としては任意のベクトルを Q_n の列ベクトルで張られる部分空間の直交補空間上に射影する．実際に，式 (2.5) の両辺に左から行列 $Q_n^\top$ を乗じると Q_n の列ベクトルは正規直交基底であるので $Q_n^\top Q_n = I_n$ の関係を用いて

$$Q_n^\top \tilde{\boldsymbol{q}}_{n+1} = Q_n^\top (I - Q_n Q_n^\top)\boldsymbol{a}_{n+1} = (Q_n^\top - Q_n^\top)\boldsymbol{a}_{n+1} = \boldsymbol{0}$$

となる．したがって $Q_n^\top \tilde{\boldsymbol{q}}_{n+1} = \boldsymbol{0}$，すなわち $\boldsymbol{q}_i^\top \tilde{\boldsymbol{q}}_{n+1} = 0\ (i = 1, 2, \ldots, n)$ により，ベクトル $\boldsymbol{q}_1, \boldsymbol{q}_2, \ldots, \boldsymbol{q}_n$ と $\tilde{\boldsymbol{q}}_{n+1}$ は直交していることが分かる．

古典的グラム–シュミット法と後述の修正グラム–シュミット法の違いを直交射影子の観点で明らかにするためにベクトル $\boldsymbol{q}_i$ の直交補空間上に射影する直交射影子

$$P_{\perp \boldsymbol{q}_i} := I - \boldsymbol{q}_i \boldsymbol{q}_i^\top \quad (i = 1, 2, \ldots) \tag{2.6}$$

を導入すると $I - Q_n Q_n^\top = P_{\perp \boldsymbol{q}_n} P_{\perp \boldsymbol{q}_{n-1}} \cdots P_{\perp \boldsymbol{q}_1}$ が成り立つため，式 (2.5) は

$$\tilde{\boldsymbol{q}}_{n+1} = P_{n+1}\boldsymbol{a}_{n+1}, \quad P_{n+1} = P_{\perp \boldsymbol{q}_n} P_{\perp \boldsymbol{q}_{n-1}} \cdots P_{\perp \boldsymbol{q}_1} \tag{2.7}$$

と表される．したがって，古典的グラム–シュミット法は各直交射影子 $P_{\perp \boldsymbol{q}_j}$ の積から得られる直交射影子 P_{n+1} をベクトル $\boldsymbol{a}_{n+1}$ に作用させることにより $n+1$ 番目の直交基底 $\tilde{\boldsymbol{q}}_{n+1}$ を生成する方法である．

2.3.2　修正グラム–シュミット法

古典的グラム–シュミット法は，実際の数値計算では丸め誤差の影響を受けやすく，生成されたベクトル間の直交性が崩れやすいという欠点がある[†4]．そこで古典的グラム–シュミット法を改良した修正グラム–シュミット法がよく用いられる．

[†4] 計算コストは高くなるが，古典的グラム–シュミット法をもう一度適用する再直交化とよばれる手法により，高精度の直交性を有するベクトル列が得られることが知られている．また，古典的グラム–シュミット法は独立に計算できる部分が多く並列処理に適しているため，並列計算では「古典的グラム–シュミット法＋再直交化」も選択の一つになる．

❖ アルゴリズム 2.2： 修正グラム–シュミット法❖

⟨1⟩ **set** $r_{1,1} = \|\boldsymbol{a}_1\|_2$, $\boldsymbol{q}_1 = \frac{\boldsymbol{a}_1}{r_{1,1}}$,
⟨2⟩ **do** $n = 1, 2, \ldots, m-1$
⟨3⟩ 　**do** $i = 1, 2, \ldots, n$
⟨4⟩ 　　$r_{i,n+1} = \boldsymbol{q}_i^\top \boldsymbol{a}_{n+1}$,
⟨5⟩ 　　$\boldsymbol{a}_{n+1} = \boldsymbol{a}_{n+1} - r_{i,n+1}\boldsymbol{q}_i$,
⟨6⟩ 　**end do**
⟨7⟩ 　$r_{n+1,n+1} = \|\boldsymbol{a}_{n+1}\|_2$,
⟨8⟩ 　$\boldsymbol{q}_{n+1} = \frac{\boldsymbol{a}_{n+1}}{r_{n+1,n+1}}$.
⟨9⟩ **end do**

修正グラム–シュミット法も直交射影子の観点から見てみよう．アルゴリズム 2.2 の ⟨5⟩ と定義 (2.6) から $\boldsymbol{a}_{n+1} = (I - \boldsymbol{q}_i\boldsymbol{q}_i^\top)\boldsymbol{a}_{n+1} =. P_{\perp \boldsymbol{q}_i}\boldsymbol{a}_i$ $(i = 1, 2, \ldots, n)$ より，生成された直交基底 $\boldsymbol{a}_{n+1}$ は，$n = 2$ のとき $\boldsymbol{a}_3 = P_{\perp \boldsymbol{q}_2}(P_{\perp \boldsymbol{q}_1}\boldsymbol{a}_3)$ であり，一般に

$$\boldsymbol{a}_{n+1} = P_{\perp \boldsymbol{q}_n}(P_{\perp \boldsymbol{q}_{n-1}}(\cdots(P_{\perp \boldsymbol{q}_2}(P_{\perp \boldsymbol{q}_1}\boldsymbol{a}_{n+1}))\cdots)) \tag{2.8}$$

と表される．式 (2.7) と式 (2.8) の違いは，直交射影子をベクトルに乗じる順番である．すなわち，古典的グラム–シュミット法では直交射影子 P_{n+1} を作っておき，ベクトルにこの直交射影子を乗じているのに対し，修正グラム–シュミット法ではまず最初にベクトルに直交射影子 $P_{\perp \boldsymbol{q}_1}$ を乗じ，次に生成されたベクトルに対し $P_{\perp \boldsymbol{q}_2}$ を乗じていき，最後に $P_{\perp \boldsymbol{q}_n}$ を乗じている．これが古典的グラム–シュミット法と修正グラム–シュミット法の射影子の観点から見た違いである．一方，式 (2.7) と式 (2.8) から両者のアルゴリズムは，数学的には同じ直交基底を生成することが明らかである．

ベクトル列 $\{\boldsymbol{a}_1, \boldsymbol{a}_2, \ldots, \boldsymbol{a}_m\}$ を縦ベクトルに持つ行列を A と定義し，古典（または修正）グラム–シュミット法により生成された値 $r_{i,n}$ を (i, n) 要素に持つ上三角行列 R を以下に定義する．

$$R := \begin{pmatrix} r_{1,1} & r_{1,2} & \cdots & r_{1,m} \\ & r_{2,2} & \cdots & r_{2,m} \\ & & \ddots & \vdots \\ & & & r_{m,m} \end{pmatrix}.$$

そして，生成された直交基底 $\{\boldsymbol{q}_1, \boldsymbol{q}_2, \ldots, \boldsymbol{q}_m\}$ を縦ベクトルに持つ行列を Q とすると，これらは以下の関係を満たす.

$$A = QR.$$

したがって，古典（または修正）グラム–シュミット法により行列 A を QR 分解することができる．QR 分解は，最小二乗問題，固有値問題の数値解法等に使用される重要な道具である[†5].

2.4 直接法

本節では，線形方程式 (2.1) の解法である直接法の中でガウス消去法系統の解法を扱う.

2.4.1 ガウス消去法

線形方程式 (2.1) は，行列・ベクトル表記を用いずに書き下すと

$$\begin{array}{ccccccccc} a_{11}^{(1)}x_1 & + & a_{12}^{(1)}x_2 & + & \cdots & + & a_{1n}^{(1)}x_n & = & b_1^{(1)}, \\ a_{21}^{(1)}x_1 & + & a_{22}^{(1)}x_2 & + & \cdots & + & a_{2n}^{(1)}x_n & = & b_2^{(1)}, \\ \vdots & & \vdots & & & & \vdots & & \\ a_{n1}^{(1)}x_1 & + & a_{n2}^{(1)}x_2 & + & \cdots & + & a_{nn}^{(1)}x_n & = & b_n^{(1)} \end{array} \tag{2.9}$$

[†5] QR 分解を行う道具として，古典的グラム–シュミット法，修正グラム–シュミット法，ハウスホルダー変換による方法などがあるが，これらの中でハウスホルダー変換による方法が最も精度が高く，次に修正グラム–シュミット法，そして古典的グラム–シュミット法という順番になる．詳しくは，4.2 節，4.3 節を参照のこと.

となる．ここで便宜上 $a_{ij}^{(1)} := a_{ij}, b_i^{(1)} := b_i$ とした．**ガウス消去法**は**前進消去**と**後退代入**という次の2つの計算過程からなる．

【前進消去】 式 (2.9) を次のように（同値）変形する．

$$
\begin{array}{rcrcrcrcl}
a_{11}^{(1)}x_1 & + & a_{12}^{(1)}x_2 & + & \cdots & + & a_{1n}^{(1)}x_n & = & b_1^{(1)}, \\
 & & a_{22}^{(2)}x_2 & + & \cdots & + & a_{2n}^{(2)}x_n & = & b_2^{(2)}, \\
 & & & & \ddots & & & & \vdots \\
 & & & & & & a_{nn}^{(n)}x_n & = & b_n^{(n)}.
\end{array}
\tag{2.10}
$$

【後退代入】 式 (2.10) の第 n 行から第1行まで逆順に逐次計算して解を得る．

$$
\begin{aligned}
x_n &= \frac{b_n^{(n)}}{a_{nn}^{(n)}}, \\
x_i &= \frac{1}{a_{ii}^{(i)}}\left(b_i^{(i)} - \sum_{j=i+1}^{n} a_{ij}^{(i)}x_j\right) \ (i = n-1, n-2, \ldots, 1).
\end{aligned}
\tag{2.11}
$$

ここで，式 (2.10) では $a_{ii}^{(i)} \neq 0 \ (1 \leq i \leq n)$ と仮定した．

このように，線形方程式 (2.9) を前進消去により式 (2.10) に変形できれば，後は後退代入 (2.11) により逐次的に解の成分が得られることが分かった．そこで，次に式 (2.9) から式 (2.10) への変形過程を述べよう．

まず，消去の第1段は1行目の方程式を用いて 2〜n 行目の中から x_1 を消去する．ここで $a_{11}^{(1)} \neq 0$ と仮定した．

$$
\begin{array}{rcrcrcrcl}
a_{11}^{(1)}x_1 & + & a_{12}^{(1)}x_2 & + & \cdots & + & a_{1n}^{(1)}x_n & = & b_1^{(1)}, \\
 & & a_{22}^{(2)}x_2 & + & \cdots & + & a_{2n}^{(2)}x_n & = & b_2^{(2)}, \\
 & & \vdots & & & & & & \vdots \\
 & & a_{n2}^{(2)}x_2 & + & \cdots & + & a_{nn}^{(2)}x_n & = & b_n^{(2)}.
\end{array}
$$

このとき $a_{ij}^{(2)}, b_i^{(2)}$ は次式で与えられる．

$$
\begin{aligned}
l_{i1} &:= \frac{a_{i1}^{(1)}}{a_{11}^{(1)}} && (i = 2, \ldots, n), \\
a_{ij}^{(2)} &:= a_{ij}^{(1)} - l_{i1} a_{1j}^{(1)} && (i, j = 2, \ldots, n), \\
b_i^{(2)} &:= b_i^{(1)} - l_{i1} b_1^{(1)} && (i = 2, \ldots, n).
\end{aligned}
$$

次に，消去の第 2 段は 2 行目の方程式を用いて 3〜n 行目の中から x_2 を消去する．ここで $a_{22}^{(2)} \neq 0$ と仮定した．

$$
\begin{array}{rcrcrcrcrcl}
a_{11}^{(1)} x_1 & + & a_{12}^{(1)} x_2 & + & a_{13}^{(1)} x_3 & + & \cdots & + & a_{1n}^{(1)} x_n & = & b_1^{(1)}, \\
 & & a_{22}^{(2)} x_2 & + & a_{23}^{(2)} x_3 & + & \cdots & + & a_{2n}^{(2)} x_n & = & b_2^{(2)}, \\
 & & & & a_{33}^{(3)} x_3 & + & \cdots & + & a_{3n}^{(3)} x_n & = & b_3^{(3)}, \\
 & & & & & & \vdots & & & \vdots & \\
 & & & & a_{n3}^{(3)} x_3 & + & \cdots & + & a_{nn}^{(3)} x_n & = & b_n^{(3)}.
\end{array}
$$

以下，同様の操作を消去の第 $n-1$ 段まで行うと式 (2.10) が得られる．また，消去の過程で得られる各係数 $a_{ij}^{(k+1)}, b_i^{(k+1)}$ は次式で与えられる．

$$
\begin{aligned}
l_{ik} &:= \frac{a_{ik}^{(k)}}{a_{kk}^{(k)}} && (i = k+1, \ldots, n), \\
a_{ij}^{(k+1)} &:= a_{ij}^{(k)} - l_{ik} a_{kj}^{(k)} && (i, j = k+1, \ldots, n), \\
b_i^{(k+1)} &:= b_i^{(k)} - l_{ik} b_k^{(k)} && (i = k+1, \ldots, n).
\end{aligned}
\tag{2.12}
$$

ここで，$a_{kk}^{(k)}$ を第 k 段における**ピボット**または**枢軸要素**という．

○ ピボット選択

ガウス消去法では，ピボット $a_{kk}^{(k)} \neq 0$ と仮定したが消去過程でピボットが 0 になると計算が続行できなくなる．また，$a_{kk}^{(k)}$ が 0 に近い値のときは，桁落ちや情報落ちなどが起こり，精度の悪化を招く可能性がある．例として，ピボットが小さい時にどのような現象が起きるかを見てみよう．

【例 2.1】　次の連立一次方程式

$$\begin{aligned} 0.01x_1 - 5.00x_2 &= 5.01, \\ 2.00x_1 + 5.00x_2 &= -3.00 \end{aligned} \tag{2.13}$$

を 10 進 3 桁四捨五入で計算する．真の解は $x_1 = 1, x_2 = -1$ である．第 1 段の消去は

$$\begin{aligned} 1.00 \times 10^{-2} x_1 - 5.00 \times 10^0\, x_2 &= 5.01 \times 10^0, \\ 1.01 \times 10^3\, x_2 &= -1.00 \times 10^3 \end{aligned}$$

となるので後退代入により

$$\begin{aligned} x_2 &= -9.90 \times 10^{-1}, \\ x_1 &= \frac{5.01 + 5.00 \times x_2}{1.00 \times 10^{-2}} = \frac{5.01 - 4.95}{1.00 \times 10^{-2}} = 6.00 \end{aligned}$$

が得られる．x_2 は真値 -1 に近いといえるが，x_1 は真値 1 との誤差が非常に大きい．この方程式の条件数 (2.4) は $\kappa_2 \approx 5.2$ で良条件であるため，数値計算法（計算手順）に問題があると考えるべきであろう．

【例 2.2】 連立一次方程式 (2.13) の 1 行と 2 行を入れ替えた

$$\begin{aligned} 2.00x_1 + 5.00x_2 &= -3.00, \\ 0.01x_1 - 5.00x_2 &= 5.01 \end{aligned}$$

を 10 進 3 桁四捨五入で計算する． 例 2.1 のピボットの値は 0.01 であったが，今回のピボットの値は 2.00 であり，前進消去をすると

$$\begin{aligned} 2.00 \times 10^0 x_1 + 5.00 \times 10^0\, x_2 &= -3.00 \times 10^0, \\ -5.03 \times 10^0\, x_2 &= 5.03 \times 10^0 \end{aligned}$$

となる．したがって，後退代入により

$$\begin{aligned} x_2 &= \frac{5.03}{-5.03} = -1.00, \\ x_1 &= \frac{-3.00 - 5.00 \times (-1.00)}{2.00} = 1.00 \end{aligned}$$

となり，十分に良い近似解が得られていることが分かる．

例 2.2 のようにピボットの絶対値が大きくなるように方程式の順番を入れ替えることを**ピボット選択**といい，第 k 段の消去の前に，k 行目以降の方程式に着目し，$|a_{kk}^{(k)}|$ が $|a_{ik}^{(k)}|(k \leq i \leq n)$ の中で最大となるように方程式を入れ替えることを**部分ピボット選択**という[†6]．

2.4.2　*LU* 分解

連立一次方程式 (2.9) を行列・ベクトル表記で書くと

$$\begin{pmatrix} a_{11}^{(1)} & a_{12}^{(1)} & \cdots & a_{1n}^{(1)} \\ a_{12}^{(1)} & a_{22}^{(1)} & \cdots & a_{2n}^{(1)} \\ \vdots & \vdots & \ddots & \vdots \\ a_{n1}^{(1)} & a_{n2}^{(1)} & \cdots & a_{nn}^{(1)} \end{pmatrix} \begin{pmatrix} x_1 \\ x_2 \\ \vdots \\ x_n \end{pmatrix} = \begin{pmatrix} b_1^{(1)} \\ b_2^{(1)} \\ \vdots \\ b_n^{(1)} \end{pmatrix} \tag{2.14}$$

となる．ガウス消去法の前進消去 (2.10) では，式 (2.14) を

$$\begin{pmatrix} a_{11}^{(1)} & a_{12}^{(1)} & \cdots & a_{1n}^{(1)} \\ & a_{22}^{(2)} & \cdots & a_{2n}^{(2)} \\ & & \ddots & \vdots \\ & & & a_{nn}^{(n)} \end{pmatrix} \begin{pmatrix} x_1 \\ x_2 \\ \vdots \\ x_n \end{pmatrix} = \begin{pmatrix} b_1^{(1)} \\ b_2^{(2)} \\ \vdots \\ b_n^{(n)} \end{pmatrix} \tag{2.15}$$

に変形している．式 (2.15) の係数行列のように，行列 A の成分が $a_{ij} = 0\ (i > j)$ であるとき，A を**上三角行列**という．それでは前節と同様に，前進消去の過程を今度は行列表現を用いて記述しよう．まず式 (2.12) の l_{ik} を成分に持つ行列

[†6] 完全ピボット選択という手法もある．これは，ピボットの探す範囲を行だけでなく列も考慮に入れる．理論上，部分ピボット選択よりも良い誤差限界を与えるが，手間がかかることと多くの場合部分ピボット選択で十分であるため，あまり使用されない．

$$L_k := \begin{pmatrix} 1 & & & & & \\ & \ddots & & & & \\ & & 1 & & & \\ & & -l_{k+1,k} & 1 & & \\ & & \vdots & & \ddots & \\ & & -l_{n,k} & & & 1 \end{pmatrix} \tag{2.16}$$

を用意する．この形の行列は**フロベニウス行列**と呼ばれる．次に

$$L^{-1} := L_{n-1}L_{n-2}\cdots L_1 \tag{2.17}$$

とすると前進消去は次式に対応していることが分かる．

$$L^{-1}A\boldsymbol{x} = L^{-1}\boldsymbol{b}. \tag{2.18}$$

ここで L^{-1} の逆行列 L を具体的に表現しよう．行列 (2.16) の逆行列は，

$$L_k^{-1} = \begin{pmatrix} 1 & & & & & \\ & \ddots & & & & \\ & & 1 & & & \\ & & l_{k+1,k} & 1 & & \\ & & \vdots & & \ddots & \\ & & l_{n,k} & & & 1 \end{pmatrix}$$

である．この行列と定義 (2.17) から

$$L = L_1^{-1} L_2^{-1} \cdots L_{n-1}^{-1} = \begin{pmatrix} 1 & & & & \\ l_{21} & 1 & & & \\ l_{31} & l_{32} & 1 & & \\ \vdots & \vdots & \ddots & \ddots & \\ l_{n1} & l_{n2} & \cdots & l_{n,n-1} & 1 \end{pmatrix} \tag{2.19}$$

が得られる．行列 L のように行列 A の成分が $a_{ij} = 0$ $(i < j)$ であるとき，A を**下三角行列**という．特に，下三角行列かつその対角成分が全て 1 のとき，**単位下三角行列**という．

式 (2.15) の係数行列（上三角行列）を U で表すと式 (2.18) から $L^{-1}A = U$ なので式 (2.19) を用いると

$$A = LU \tag{2.20}$$

のように行列 A を下三角行列 L と上三角行列 U に分解できることが分かる．これを行列 A の LU **分解**という．LU 分解の算法を次に示す．

❖ アルゴリズム 2.3： LU 分解❖

⟨1⟩ **do** $k = 1, 2, \ldots, n-1$
⟨2⟩ 　$w = 1/a_{kk}$,
⟨3⟩ 　**do** $i = k+1, \ldots, n$
⟨4⟩ 　　$a_{ik} = a_{ik} \times w$,
⟨5⟩ 　　**do** $j = k+1, \ldots, n$
⟨6⟩ 　　　$a_{ij} = a_{ij} - a_{ik} \times a_{kj}$.
⟨7⟩ 　　**end do**
⟨8⟩ 　**end do**
⟨9⟩ **end do**

アルゴリズム 2.3 では A の成分が上書きされており，出力された A の対角成分も含めた上三角部分が U に，対角成分を除いた下三角部分が対角成分を除

いた L の下三角部分に対応し，L は単位下三角行列である．また，アルゴリズムから LU 分解の計算量は約 $2/3n^3$ である．

○ LU 分解を用いた線形方程式の解法

式 (2.1) の係数行列 A を LU 分解すると $LU\boldsymbol{x} = \boldsymbol{b}$ を得る．ここで，補助ベクトル $\boldsymbol{y}$ を用いると

$$LU\boldsymbol{x} = \boldsymbol{b} \iff L\boldsymbol{y} = \boldsymbol{b},\ U\boldsymbol{x} = \boldsymbol{y}$$

と同値変形できるので，　まず $L\boldsymbol{y} = \boldsymbol{b}$ を**前進代入**

$$y_i = b_i - \sum_{j=1}^{i-1} l_{ij} y_j \quad (i = 1, 2, \ldots, n)$$

で $\boldsymbol{y}$ を求めた後に $U\boldsymbol{x} = \boldsymbol{y}$ を**後退代入**で解けばよい．前進・後退代入の計算量はそれぞれ約 n^2 である．

LU 分解は，共通の係数行列と複数の異なる右辺ベクトルを持つ線形方程式を解く際に大変都合が良い．すなわち

$$A\boldsymbol{x}_i = \boldsymbol{b}_i \quad (i = 1, 2, \ldots, m) \tag{2.21}$$

を解くことを考えると，A を一度だけ LU 分解すれば，後は前進・後退代入を m 回行うだけで全ての解が得られる．

○ ピボット選択

前項で述べたピボット選択も行列表現を用いれば操作を視覚的に捉えることができる．準備として**置換行列**を導入しておこう．1〜n の数字を 1 つずつ成分に持つベクトルを $\boldsymbol{\pi} := (i_1, i_2, \ldots, i_n)$ とし，$\boldsymbol{\pi}$ の第 j 成分を $\boldsymbol{\pi}(j)$ とすると，置換行列 P は次式で定義される．

$$P_\pi := \begin{pmatrix} \delta_{1,\boldsymbol{\pi}(1)} & \cdots & \delta_{1,\boldsymbol{\pi}(n)} \\ \vdots & \ddots & \vdots \\ \delta_{n,\boldsymbol{\pi}(1)} & \cdots & \delta_{n,\boldsymbol{\pi}(n)} \end{pmatrix}, \quad \delta_{i,j} := \begin{cases} 1 & (i = j) \\ 0 & (i \neq j) \end{cases}. \tag{2.22}$$

$\delta_{i,j}$ は，**クロネッカーのデルタ**とよばれる．例として 3 次の行列 A の 2 行と 3

行を入れ替えるための置換行列は，$\boldsymbol{\pi} = (1, 3, 2)$ から作られる行列 P_π であり，この入れ替えは A に P_π を左から乗じることに対応する．

$$\begin{pmatrix} 1 & 0 & 0 \\ 0 & 0 & 1 \\ 0 & 1 & 0 \end{pmatrix} \begin{pmatrix} a_{11} & a_{12} & a_{13} \\ a_{21} & a_{22} & a_{23} \\ a_{31} & a_{32} & a_{33} \end{pmatrix} = \begin{pmatrix} a_{11} & a_{12} & a_{13} \\ a_{31} & a_{32} & a_{33} \\ a_{21} & a_{22} & a_{23} \end{pmatrix}.$$

一般に行列 A の i 行と j 行を入れ替える操作は，$(1, 2, \ldots, i, \ldots, j, \ldots, n)$ の i 番目と j 番目を入れ替えた $\boldsymbol{\pi} = (1, 2, \ldots, j, \ldots, i, \ldots, n)$ により生成される置換行列 P（即ち単位行列の i 行と j 行を入れ替えた行列）を行列 A に対して左から乗じることに対応する．（逆に，P を A に右から乗じることは，A の i 列と j 列を入れ替えることに対応する．）

準備ができたので，部分ピボット選択付き前進消去の行列表現を述べる．部分ピボット選択では前進消去の各段で置換行列を左から乗じており，k 段目の置換行列を P_k とすると部分ピボット選択付き前進消去は定義 (2.17) と式 (2.18) から

$$L_{n-1} P_{n-1} \cdots L_1 P_1 A = U \quad (U：上三角行列) \tag{2.23}$$

と書ける．ここで，$\hat{P}_k = P_{n-1} P_{n-2} \cdots P_k$ と $\hat{L}_k := \hat{P}_{k+1} L_k \hat{P}_{k+1}^{-1}$ とおくと式 (2.23) は

$$L_{n-1} \hat{L}_{n-2} \cdots \hat{L}_1 \hat{P}_1 A = U$$

と書ける．$\hat{L}_k$ $(k = 1, 2, \ldots, n-2)$ は下三角行列なので $L^{-1} := L_{n-1} \hat{L}_{n-2} \cdots \hat{L}_1$ も下三角行列であり，下三角行列の逆行列も下三角行列になるので，部分ピボット選択付き前進消去は，

$$\hat{P}_1 A = LU$$

と書け，これは $\hat{P}_1 A$ の LU 分解を意味している．

2.4.3 コレスキー分解

行列 A が**正定値対称**のとき，下三角行列 L を用いて

$$A = LL^\top$$

と分解することができる．これを行列 A の**コレスキー分解**という．ここで正定値の定義を以下で与えよう．

定義 2.4.1 任意の非零ベクトル $\boldsymbol{x}$ に対して $\boldsymbol{x}^\top A\boldsymbol{x} > 0$ が成り立つとき，A を**正定値行列**という．さらに正定値行列 A が対称行列であるとき，**正定値対称行列**という．

正定値対称行列の性質をまとめておこう．

定理 2.4.2 以下が成り立つ．

(1) A は正定値対称 $\Leftrightarrow$ A の全ての固有値 λ_i は正 $(\lambda_i > 0, \forall i)$.
(2) A は正定値対称 $\Leftrightarrow$ $A = LL^\top$ を満たす下三角行列 L が一意に存在.
(3) A は正定値対称 $\Rightarrow$ A の全ての主小行列は正定値対称.
(4) A は正定値対称 $\Rightarrow$ $a_{ii} > 0$ $(i = 1, \ldots, n)$ かつ $\max_{ij} |a_{ij}| = \max_i a_{ii}$.
(5) 任意の正則な行列 M に対して，$M^\top M$ と $MM^\top$ は正定値対称.

定理 2.4.2 の (2) はコレスキー分解そのものである．(4) は正定値対称行列でないものを見分ける際に便利である．たとえば (4) の対偶をとることにより，対称行列 A の対角成分が 1 つでも負か零であれば，それは正定値対称行列でない.

コレスキー分解の算法を以下に示す.

❖ アルゴリズム 2.4: コレスキー分解❖

⟨1⟩ $l_{1,1} = a_{11}^{1/2}$,
⟨2⟩ **do** $i = 2, 3, \ldots, n$
⟨3⟩ 　$l_{i,1} = a_{i,1}/l_{1,1}$,
⟨4⟩ **end do**
⟨5⟩ **do** $j = 2, 3, \ldots, n-1$
⟨6⟩ 　$l_{j,j} = \left(a_{j,j} - \sum_{k=1}^{j-1} l_{j,k}^2\right)^{1/2}$,
⟨7⟩ 　**do** $i = j+1, j+2, \ldots, n$
⟨8⟩ 　　$l_{ij} = \left(a_{ij} - \sum_{k=1}^{j-1} l_{i,k} \times l_{j,k}\right)/l_{j,j}$,
⟨9⟩ 　**end do**
⟨10⟩ **end do**
⟨11⟩ $l_{n,n} = \left(a_{n,n} - \sum_{k=1}^{n-1} l_{n,k}^2\right)^{1/2}$.

コレスキー分解の計算量は，約 $1/3n^3$ であり，LU 分解の約半分の計算量である．行列 A が良条件でもピボット選択なしのガウス消去法系統の解法は，見当違いの解を生成することがあるのを例 2.1 で見た．ただし，行列 A が正定値対称のときコレスキー分解はピボット選択を必要とせず，数値的に安定であることが知られている．

アルゴリズム 2.4 の中に含まれる平方根の計算をなくしたものを**修正コレスキー分解**（$LDL^\top$ 分解）といい，これは単位下三角行列 L と対角行列 D を用いて

$$A = \underbrace{\begin{pmatrix} 1 & & & \\ l_{2,1} & \ddots & & \\ \vdots & \ddots & \ddots & \\ l_{n,1} & \cdots & l_{n,n-1} & 1 \end{pmatrix}}_{L} \underbrace{\begin{pmatrix} d_{1,1} & & & \\ & d_{2,2} & & \\ & & \ddots & \\ & & & d_{n,n} \end{pmatrix}}_{D} \underbrace{\begin{pmatrix} 1 & l_{2,1} & \cdots & l_{n,1} \\ & \ddots & \ddots & \vdots \\ & & \ddots & l_{n,n-1} \\ & & & 1 \end{pmatrix}}_{L^\top}$$

と分解する算法である．修正コレスキー分解のアルゴリズムを次に示す．

❖ アルゴリズム 2.5: 修正コレスキー分解（$LDL^\top$ 分解）❖

⟨1⟩ $d_{11} = a_{11}$,

⟨2⟩ **do** $i = 2, \ldots, n$

⟨3⟩ **do** $j = 1, \ldots, i-1$

⟨4⟩ $l_{ij} = (a_{ij} - \sum_{k=1}^{j-1} l_{ik} \times l_{jk} \times d_{kk})/d_{jj}$,

⟨5⟩ **end do**

⟨6⟩ $d_{ii} = a_{ii} - \sum_{k=1}^{i-1} l_{ik}^2 \times d_{kk}$.

⟨7⟩ **end do**

修正コレスキー分解は，コレスキー分解と異なり平方根の計算が不要である．

2.4.4 反復改良法

線形方程式 (2.1) に直接法を適用して十分な近似解 $\widetilde{\boldsymbol{x}}$ が得られなかったとしよう． このとき，$\boldsymbol{x} = \widetilde{\boldsymbol{x}} + \Delta\boldsymbol{x}$ を満たす修正量 $\Delta\boldsymbol{x}$ が分かれば，解 $\boldsymbol{x}$ を得ることができる．そのためには修正量が

$$A(\widetilde{\boldsymbol{x}} + \Delta\boldsymbol{x}) = \boldsymbol{b}$$

を満たせばよいので，残差ベクトル $\boldsymbol{r} = \boldsymbol{b} - A\widetilde{\boldsymbol{x}}$ を導入すると

$$A\Delta\boldsymbol{x} = \boldsymbol{r} \tag{2.24}$$

となる．したがって，式 (2.24) を厳密に解けば $\widetilde{\boldsymbol{x}} + \Delta\boldsymbol{x}$ は真の解 $\boldsymbol{x}$ になることが分かる．このことから式 (2.24) に直接法を適用して得られた近似解 $\Delta\widetilde{\boldsymbol{x}}$ と $\widetilde{\boldsymbol{x}}$ の和 $\widetilde{\boldsymbol{x}} + \Delta\widetilde{\boldsymbol{x}}$ は，$\widetilde{\boldsymbol{x}}$ よりも高精度の近似解になると期待される．この操作を繰り返す算法を**反復改良法**[†7]という．

[†7] 第 5 章で記述されているニュートン法は，$f(\boldsymbol{x}) = \boldsymbol{0}$ の解 $\boldsymbol{x}$ を求める算法であるが，ここで $f(\boldsymbol{x}) := \boldsymbol{b} - A\boldsymbol{x}$ とおけば，反復改良法の 1 ステップは，ニュートン法の 1 ステップそのものである．

❖ アルゴリズム 2.6: 反復改良法❖

$\langle 1 \rangle$ $A\boldsymbol{x} = \boldsymbol{b}$ を数値的に解く.
$\langle 2 \rangle$ $\langle 1 \rangle$ で得られた近似解を解を $\boldsymbol{x}_0$ とする.
$\langle 3 \rangle$ **do** $i = 0, 1, \ldots$
$\langle 4 \rangle$ 　$\boldsymbol{r} = \boldsymbol{b} - A\boldsymbol{x}_i$ を高精度に計算する.
$\langle 5 \rangle$ 　$A\Delta\boldsymbol{x} = \boldsymbol{r}$ を数値的に解き修正量を求める.
$\langle 6 \rangle$ 　$\boldsymbol{x}_{i+1} = \boldsymbol{x}_i + \Delta\boldsymbol{x}$.
$\langle 7 \rangle$ **end do**

ここで，アルゴリズム 2.6 の $\langle 4 \rangle$ において「残差ベクトルを高精度に計算する」の意味は，もし倍精度の計算を行っているのであれば，残差ベクトルを例えば 4 倍精度で計算すればよい．また，反復改良法の線形方程式の計算は式 (2.21) の形をしており，行列 A を一度だけ LU 分解しておけば線形方程式を解く手間が前進・後退代入だけになるので，反復改良法の反復を効率良く進めることができる．

2.5 定常反復法

定常反復法は，決められた操作を繰り返して線形方程式 (2.1) の解に収束する近似解列を逐次生成する反復法の 1 つであり，ベクトル値関数 $\boldsymbol{f}$ と初期ベクトル $\boldsymbol{x}_0$ を用いて次の反復を行う．

$$\boldsymbol{x}_{m+1} := \boldsymbol{f}(\boldsymbol{x}_m) \quad (m = 0, 1, \ldots). \tag{2.25}$$

この反復が解法としての意味を持つためには，近似解列 $\{\boldsymbol{x}_m\}$ が収束列であること，そして収束先が線形方程式 (2.1) の解であることが必要である．これらが成り立つならば，真の解 $\boldsymbol{x}$ は等式 $\boldsymbol{x} = \boldsymbol{f}(\boldsymbol{x})$ を満たすので，**定常反復法**は線形方程式を不動点（→ 第 5 章参照）を求める問題に変換して解く反復法であるといえる．このように，$\boldsymbol{f}$ は反復過程に依存しないので，定常反復法という．

$\boldsymbol{f}$ の具体形を与えよう．行列 M を正則とし，$A = M - N$ と分離すると

$A\boldsymbol{x} = \boldsymbol{b}$ は

$$\boldsymbol{x} = M^{-1}N\boldsymbol{x} + M^{-1}\boldsymbol{b}$$

と同値変形できる．そこで $\boldsymbol{f}(\boldsymbol{x}) := M^{-1}N\boldsymbol{x} + M^{-1}\boldsymbol{b}$ と定義し，反復式 (2.25) を用いて

$$\boldsymbol{x}_{m+1} = M^{-1}N\boldsymbol{x}_m + M^{-1}\boldsymbol{b} \tag{2.26}$$

により反復を行うのが定常反復法である．

$\boldsymbol{f}$ の定め方により，様々な解法が導出されるがここでは著名な 3 つの解法：**ヤコビ法**，**ガウス・ザイデル法**，**SOR法**を紹介する．これらの解法は，係数行列 A を**狭義下三角行列** L と**対角行列** D と**狭義上三角行列** U の和

$$A = L + D + U$$

に分解し，行列 L, D, U を用いて $\boldsymbol{f}$ を構成する．行列 L, D, U の成分を以下に示しておこう．

$$\underbrace{\begin{pmatrix} 0 & & & \\ a_{2,1} & \ddots & & \\ \vdots & \ddots & \ddots & \\ a_{n,1} & \cdots & a_{n,n-1} & 0 \end{pmatrix}}_{L}, \underbrace{\begin{pmatrix} a_{1,1} & & & \\ & a_{2,2} & & \\ & & \ddots & \\ & & & a_{n,n} \end{pmatrix}}_{D}, \underbrace{\begin{pmatrix} 0 & a_{1,2} & \cdots & a_{1,n} \\ & \ddots & \ddots & \vdots \\ & & \ddots & a_{n-1,n} \\ & & & 0 \end{pmatrix}}_{U}.$$

2.5.1 ヤコビ法

ヤコビ法は，式 (2.26) において $M = D, N = -(L + U)$ とした次の漸化式で反復を行う．

$$\boldsymbol{x}_{m+1} = -D^{-1}(L + U)\boldsymbol{x}_m + D^{-1}\boldsymbol{b}.$$

ヤコビ法の第 $m + 1$ 反復目は次のように $i = 1, 2, \ldots, n$ の順番に計算すればよ

い．ただし $\boldsymbol{x}_m, \boldsymbol{b}$ の第 i 成分をそれぞれ $x_i^{(m)}, b_i$ としている．

$$x_i^{(m+1)} = \frac{1}{a_{ii}}\left(b_i - \sum_{j<i} a_{ij}x_j^{(m)} - \sum_{j>i} a_{ij}x_j^{(m)}\right) \quad (1 \leq i \leq n). \tag{2.27}$$

ここで，記号 $\sum_{j<i}, \sum_{j>i}$ はそれぞれ $\sum_{j=1}^{i-1}, \sum_{j=i+1}^{n}$ の略記である．

2.5.2　ガウス・ザイデル法

ヤコビ法の式 (2.27) の $\sum_{j<i} a_{ij}x_j^{(m)}$ に着目しよう．ヤコビ法では，$x_i^{(m+1)}$ を計算する際に，すでに $x_1^{(m+1)}, x_2^{(m+1)}, \ldots, x_{i-1}^{(m+1)}$ が計算されているので，$\sum_{j<i} a_{ij}x_j^{(m)}$ の代わりに新しい近似解の情報 $\sum_{j<i} a_{ij}x_j^{(m+1)}$ を使えば解により早く収束すると期待されよう．この考えに基づく解法はガウス・ザイデル法とよばれ次式で表される．

$$x_i^{(m+1)} = \frac{1}{a_{ii}}\left(b_i - \sum_{j<i} a_{ij}x_j^{(m+1)} - \sum_{j>i} a_{ij}x_j^{(m)}\right) \quad (1 \leq i \leq n). \tag{2.28}$$

ガウス・ザイデル法の行列表現は，式 (2.26) において，$M = D + L, N = -U$ とした

$$\boldsymbol{x}_{m+1} = -(D+L)^{-1}U\boldsymbol{x}_m + (D+L)^{-1}\boldsymbol{b}$$

である．尚，この行列表現は視覚的に分かりやすいが，実際の計算では効率のため式 (2.28) を用いる．

2.5.3　ＳＯＲ法

ＳＯＲ法は，ガウス・ザイデル法の近似解を修正したものであり，式 (2.28) の左辺 $x_i^{(m+1)}$ を $\tilde{x}_i^{(m+1)}$ と書き換えるとＳＯＲ法の $m+1$ 反復目の近似解は

do $i = 1, 2, \ldots, n$

$$\tilde{x}_i^{(m+1)} = \frac{1}{a_{ii}}\left(b_i - \sum_{j<i} a_{ij}x_j^{(m+1)} - \sum_{j>i} a_{ij}x_j^{(m)}\right),$$

$$x_i^{(m+1)} = x_i^{(m)} + \omega(\tilde{x}_i^{(m+1)} - x_i^{(m)}).$$

end do

と書ける．ここで ω は**加速パラメータ**とよばれ，詳細は後述するが $0 < \omega < 2$ の範囲で ω が選ばれる．

ＳＯＲ法の行列表現も示しておこう．ＳＯＲ法は，式 (2.26) において，$M = (D + \omega L)/\omega, N = [(1 - \omega)D - \omega U]/\omega$ とした

$$\boldsymbol{x}_{m+1} = (D + \omega L)^{-1}[(1 - \omega)D - \omega U]\boldsymbol{x}_m + \omega(D + \omega L)^{-1}\boldsymbol{b} \tag{2.29}$$

である．ここで，$\omega = 1$ とすると，ガウス・ザイデル法が得られる．

2.5.4 定常反復法の収束性

定常反復法 (2.26) は，$G := M^{-1}N, \boldsymbol{g} := M^{-1}\boldsymbol{b}$ とおくと

$$\boldsymbol{x}_{m+1} = G\boldsymbol{x}_m + \boldsymbol{g} \tag{2.30}$$

と書ける．ここで G は**反復行列**とよばれる．真の解 $\boldsymbol{x}$ は $\boldsymbol{x} = G\boldsymbol{x} + \boldsymbol{g}$ を満たすのでこれらの式から誤差 $\boldsymbol{e}_m := \boldsymbol{x} - \boldsymbol{x}_m$ を計算すると，

$$\boldsymbol{e}_m = \boldsymbol{x} - \boldsymbol{x}_m = G(\boldsymbol{x} - \boldsymbol{x}_{m-1}) = G\boldsymbol{e}_{m-1} = \cdots = G^m\boldsymbol{e}_0 \tag{2.31}$$

となる．したがって，誤差の大きさを評価するために従属ノルム (2.2) を用いると，定理 2.1.3 と劣乗法性を用いて

$$\|\boldsymbol{e}_m\|_p \leq \|G^m\|_p \cdot \|\boldsymbol{e}_0\|_p \leq \|G\|_p^m \cdot \|\boldsymbol{e}_0\|_p$$

となる．この評価式から，$\|G\|_p < 1$ ならば，任意の初期値に対して反復 (2.30) は解に収束する．次に，任意の初期値に対して収束するための必要十分条件を与えよう．そのための準備として以下の補題を示す．

補題 2.5.1 $\rho(A)$ を行列 A の**スペクトル半径**（固有値の絶対値の最大値）とする．このとき，$\lim_{m\to\infty} A^m = O \Leftrightarrow \rho(A) < 1$ が成り立つ．

[証明] A のジョルダン標準形は，ある正則行列 S を用いて $S^{-1}AS = J$ なので，

$$A = S\begin{pmatrix} J_{n_1}(\lambda_1) & & \\ & \ddots & \\ & & J_{n_k}(\lambda_k) \end{pmatrix} S^{-1},$$

$$J_{n_i}(\lambda_i) = \begin{pmatrix} \lambda_i & 1 & & \\ & \lambda_i & \ddots & \\ & & \ddots & 1 \\ & & & \lambda_i \end{pmatrix} \in \mathbb{C}^{n_i \times n_i} \quad (1 \leq i \leq k)$$

と分解できる．各ジョルダン細胞 $J_{n_i}(\lambda_i)$ に対しては，$\lim_{m\to\infty} J_{n_i}(\lambda_i)^m = O \Leftrightarrow |\lambda_i| < 1$ が成り立つ．（$J_{n_i}(\lambda_i)^m$ の成分を書き下してみるとよい．）したがって，$A = SJS^{-1}$ から

$$A^m = SJ^mS^{-1} = S\begin{pmatrix} J_{n_1}(\lambda_1)^m & & \\ & \ddots & \\ & & J_{n_k}(\lambda_k)^m \end{pmatrix} S^{-1}$$

なので，$\lim_{m\to\infty} A^m = O \Leftrightarrow J_{n_i}(\lambda_i)^m = O\ (1 \leq i \leq k) \Leftrightarrow |\lambda_i| < 1\ (1 \leq i \leq k) \Leftrightarrow \rho(A) < 1$ となる．　（証明終）

定理 2.5.2　A を正則とする．このとき任意の初期値で定常反復法 (2.30) が解に収束するための必要十分条件は，$\rho(G) < 1$ である．

[証明]　A は正則なので方程式 $\boldsymbol{x} = G\boldsymbol{x} + \boldsymbol{g}$ と線形方程式の解は一意に存在し，両者の解は一致する．したがって式 (2.31) から誤差は $(\boldsymbol{x} - \boldsymbol{x}_m) = G^m(\boldsymbol{x} - \boldsymbol{x}_0)$ で与えられる．ゆえに，任意の初期値 $\boldsymbol{x}_0$ で収束するための必要十分条件は $\lim_{m\to\infty} G^m = O$ であり，補題 2.5.1 より直ちに定理 2.5.2 を得る．　（証明終）

さて，G の性質は行列 A の性質とその分離方法 $A = M - N$ に依存するので，どのような行列とその分離方法で $\rho(G) < 1$ が満たされるかを次に述べる．

定義 2.5.3 A, M, N を n 次実正方行列とする．$M^{-1} \geq O$（M は正則）かつ $N \geq O$，即ち M^{-1}, N の全ての成分が 0 以上のとき，行列分離 $A = M - N$ は**正則分離**という．

定理 2.5.4 $A = M - N$ は正則分離とする．このとき，以下が成り立つ．

$$A^{-1} \geq O \ \Leftrightarrow \rho(M^{-1}N) = \frac{\rho(A^{-1}N)}{1 + \rho(A^{-1}N)} < 1.$$

この定理により $A^{-1} \geq O$ で $A = M - N$ が正則分離ならば，反復行列 $M^{-1}N$ の定常反復法は任意の初期値で収束することが分かる．$A^{-1} \geq O$ を満たす行列として M 行列とよばれるクラスがあり，それを次に定義する．

定義 2.5.5 A を n 次実正方行列とする．A の全ての非対角成分は 0 か負（即ち $a_{ij} \leq 0,\ i \neq j$）のとき，A を **Z 行列**という．また，A が正則な Z 行列かつ $A^{-1} \geq O$ のとき，A を **M 行列**という．

ここで，M 行列の重要な性質を述べておこう．

定理 2.5.6 A を M 行列とし，B を A のある非対角成分の値を 0 とした行列（1 つの成分だけでなく複数の成分を 0 としてよい）とする．このとき B も M 行列である．

定理 2.5.4 と定理 2.5.6 から直ちに次の結果が導かれる．

定理 2.5.7 A を M 行列とする．$A = M - N$ と分離し，M は行列 A のある非対角成分の値を 0 とした行列とすると $A = M - N$ は正則分離であり，$\rho(M^{-1}N) < 1$ となる．

M 行列は，その定義から非常に特殊な行列のように思えるかもしれないが，実正定値対称な Z 行列は M 行列であること，そして応用上では，ある種の楕円型偏微分方程式を有限差分法（→ 第 10 章）で離散化して得られる線形方程式の係数行列に現れる．

2.5.5　ヤコビ法，ガウス・ザイデル法，ＳＯＲ法の収束性

前項では一般の定常反復法に対する収束性を述べたが，本項ではその中で代表的な解法であるヤコビ法，ガウス・ザイデル法，ＳＯＲ法の収束性を述べる．そのための準備としていくつか用語を定義しておこう．

定義 2.5.8　n 次正方行列 A を，適当な置換行列 P を用いて

$$PAP^{\top} = \begin{pmatrix} A_{11} & A_{12} \\ & A_{22} \end{pmatrix} \quad (A_{11}, A_{22}：\text{正方行列})$$

のようにブロック上三角行列の形にできるとき，A を**可約行列**という．また，可約でない行列を**既約行列**という．

定義 2.5.9　$A = (a_{ij})$ を n 次正方行列とする．このとき

- **優対角行列**

  $|a_{ii}| \geq \sum_{j \neq i} |a_{ij}| \quad (1 \leq i \leq n)$,
- **狭義優対角行列**

  $|a_{ii}| > \sum_{j \neq i} |a_{ij}| \quad (1 \leq i \leq n)$,
- **既約優対角行列**

  A は既約かつ優対角であり，さらに少なくとも1つの狭義の不等式 $(|a_{kk}| > \sum_{j \neq k} |a_{kj}|)$ が成り立つ．

ヤコビ法，ガウス・ザイデル法，ＳＯＲ法に関して次の収束定理がある．

定理 2.5.10　n 次正方行列 A が狭義優対角または既約優対角行列のとき，任意の初期値に対してヤコビ法，ガウス・ザイデル法，ＳＯＲ法 $(0 < \omega \leq 1)$ は，線形方程式 (2.1) の解に収束する．

ＳＯＲ法に関する幾つかの重要な定理を紹介しよう．

定理 2.5.11　A を n 次正方行列とする．このとき，ＳＯＲ法の反復行列 (2.29) を $G(\omega) = M^{-1}N$ とすると，任意の実数 $\omega \neq 0$ に対して以下が成り立つ．

$$\rho(G(\omega)) \geq |\omega - 1|.$$

定理 2.5.11 より，ＳＯＲ法を収束させるためには少なくとも $0 < \omega < 2$ の範囲から ω を選ぶことが必要である．

定理 2.5.12 A を n 次実正定値対称行列とする．このとき，ＳＯＲは $0 < \omega < 2$ で収束する．

ＳＯＲ法を使用する際に，パラメータ ω を与える必要がある．そこでＳＯＲ法の反復行列のスペクトル半径を最小にする ω を与えれば，原理的には最も収束が速くなる．そのためには反復行列 G の絶対値最大の固有値を予め知る必要があるが，特殊な行列に対してはスペクトル半径が ω の既知関数として与えられ，解析的に最適な ω が求まる．しかしながら一般にはそのような関数を求めることは困難なので，数値計算に基づいて適応的に ω を与えるのが普通である．

第3章

固有値問題の数値アルゴリズム

山本　有作

本章では行列の固有値と固有ベクトルの計算法を学ぶ．固有値問題は対象とする行列が対称か非対称かで解法が大きく異なるが，本章では実対称行列（またはエルミート行列）向けの解法のみを取り上げる．非対称行列の解法については，本講座第2巻『20世紀のトップテンアルゴリズム』の「QR法」の項を参照されたい．実対称行列向けの解法には多くの種類があり，それぞれ異なる特徴を持つ．本章では，最初に固有値の応用と数学的性質についての簡単な復習を行った後，ヤコビ法，QR法，2分法・逆反復法，分割統治法の4つのアルゴリズムについて説明する．

3.1　固有値とその応用

3.1.1　定義

正方行列 A に対し，

$$Av = \lambda v \tag{3.1}$$

を満たす $\mathbf{0}$ でないベクトル v が存在するとき，λ を A の**固有値**と呼ぶ．また，v を**固有ベクトル**と呼ぶ．$n \times n$ 行列の場合，固有値は重複度を含めてちょうど n 個存在する．よく知られているように，固有値は方程式 $\det(A - \lambda I) = 0$ の解として特徴付けられる．

3.1.2　応用

固有値・固有ベクトルの計算は，自然科学や工学において次のような様々な応用がある．

- **時間に依存しないシュレーディンガー方程式の解の計算**.
  量子力学において，ハミルトニアンを H とするとき，波動関数 ψ とエネルギー順位 E は固有値問題 $H\psi = E\psi$ の解として与えられる．これは偏微分方程式の固有値問題であるが，これを差分法やスペクトル法（→第10章）などで離散化すると，行列の固有値問題となる．
- **構造力学によるビルや橋梁の固有振動数の計算**.
  地震などの揺れが建造物の固有振動数と近い場合，建造物の揺れは大きく増幅され（共鳴），倒壊しやすくなる．そこで，設計に当たって固有振動数を計算しておけば，どのような揺れに対して弱いかを予測できる．また，共鳴を回避するように設計し直すこともできる．
- **統計計算**.
  主成分分析，正準相関分析などの統計解析手法では，固有値の計算が必要となる．
- **情報検索**.
  固有値と密接な関係にある**特異値**（→第4章）を用いて，文書間の類似性を自動的に判断し，大量の文書の中から自分の探したい情報を持つ文書を自動的に抽出することができる．
- **ページランクの計算**.
  ウェブ検索エンジン Google で使われているページランクでは，ウェブページ間の参照関係を非負行列で表現し，その最大固有値に対応する固有ベクトルを計算することで，各ページの重要度を算出する．
- **多項式の根の計算**.
  多項式 $p(z) = z^m + a_1 z^{m-1} + \cdots + a_{m-1}z + a_m$ の係数 $a_1, \ldots, a_m$ をコンパニオン行列と呼ばれる行列の形に並べ，その固有値を計算すると，$p(z) = 0$ の解が得られる．
- **グラフのスペクトル解析**.
  無向グラフ G の隣接行列の固有値を計算すると，G 内の三角形の個数や G の直径の上界など，G に関する様々な情報が得られる．

なお，応用では，一部の固有値・固有ベクトルのみを求めればよい場合も多い．

たとえば量子力学では，基底状態を求めたい場合，もっとも小さい固有値とそれに対応する固有ベクトルのみを求めればよい（ただし励起状態も必要な場合は，より大きな固有値・固有ベクトルも求める必要がある）．また，主成分分析では，大きい方から数個の固有値を求めればよい場合が多い．

3.1.3 数学的性質

以下では，特に A が実対称行列またはエルミート行列の場合を扱う．上で挙げたシュレーディンガー方程式の解の計算では，離散化により得られる行列はエルミート行列である．また，固有振動数の計算，統計計算などでも，多くの場合，行列は実対称行列となる．

❍ 固有ベクトルの直交性　A が**実対称行列**または**エルミート行列**ならば，そのすべての固有値は実数である．そこで，n 個の固有値に小さい順に番号を付け，

$$\lambda_1 \leq \lambda_2 \leq \cdots \leq \lambda_n \tag{3.2}$$

とする．また，λ_i に属する固有ベクトルを $\boldsymbol{v}_i$ と書く．異なる固有値に属する固有ベクトルは直交する．すなわち，$\lambda_i \neq \lambda_j$ ならば $\boldsymbol{v}_i^{\mathsf{H}}\boldsymbol{v}_j = 0$ が成り立つ（ただし上付きの H はエルミート共役を表す）．さらに，固有ベクトルの組 $\{\boldsymbol{v}_i\}_{i=1}^n$ は正規直交系をなすようにとることができ，$\mathbb{R}^n$ の任意のベクトルはこれにより展開できる．

❍ 対角化　固有ベクトルを並べてできる行列を

$$V = (\boldsymbol{v}_1, \boldsymbol{v}_2, \ldots, \boldsymbol{v}_n) \tag{3.3}$$

とし，固有値を対角成分に並べてできる対角行列を

$$\Lambda = \mathrm{diag}(\lambda_1, \lambda_2, \ldots, \lambda_n) \equiv \begin{pmatrix} \lambda_1 & 0 & \cdots & 0 \\ 0 & \lambda_2 & \cdots & 0 \\ \vdots & \vdots & \ddots & \vdots \\ 0 & 0 & \cdots & \lambda_n \end{pmatrix} \tag{3.4}$$

とすると，n 組の固有値・固有ベクトルに対する式 (3.1) はまとめて

$$AV = V\Lambda \tag{3.5}$$

と書ける．V の列は正規直交系をなすから，V は**直交行列**（A がエルミート行列の場合は**ユニタリ行列**）で，$V^{\mathsf{H}}V = I$ が成り立つ．そこで，上式に左から V^{H} をかけると

$$V^{\mathsf{H}}AV = \Lambda \quad (\text{あるいは}\, V^{-1}AV = \Lambda) \tag{3.6}$$

という式が得られる．これは A を相似変換により対角行列 Λ に変換したことになるので，**対角化**と呼ぶ．実対称行列またはエルミート行列に対しては，対角化と，すべての固有値・固有ベクトルの組を求めることとは等価である．

❍ **相似変換を行った行列の固有値・固有ベクトル**　行列 A に対し，正則な行列 P による相似変換を行って得られる行列 $B = P^{-1}AP$ の固有値・固有ベクトルを考える．式 (3.1) を変形すると

$$(P^{-1}AP)(P^{-1}\boldsymbol{v}) = \lambda P^{-1}\boldsymbol{v} \tag{3.7}$$

すなわち

$$B(P^{-1}\boldsymbol{v}) = \lambda P^{-1}\boldsymbol{v} \tag{3.8}$$

となるが，これは B の固有値が λ，固有ベクトルが $P^{-1}\boldsymbol{v}$ であることを示している．すなわち，相似変換により固有値 λ は不変であり，固有ベクトル $\boldsymbol{v}$ は $P^{-1}\boldsymbol{v}$ に変換される．

以下に述べるヤコビ法，3 重対角行列への変換，QR 法などでは，P として直交行列 Q が用いられる．このとき，$Q^{-1} = Q^{\top}$ であるから，相似変換は $B = Q^{\top}AQ$ と書ける．これを特に**直交変換**と呼ぶ．

3.2　ヤコビ法

3.2.1　アルゴリズム

❍ **ヤコビ法の原理**　**ヤコビ法**は，実対称行列またはエルミート行列のすべての

固有値・固有ベクトルを求めるための解法である．以下では実対称行列の場合を説明するが，エルミート行列に対しても，ほぼ同じアルゴリズムが適用できる．この解法では，固有値が相似変換によって変化しないことを利用し，ある直交行列の列 $G_1, G_2, G_3, \ldots$ を用いた直交変換

$$\begin{aligned} A_1 &= G_1^\top A G_1, \\ A_2 &= G_2^\top A_1 G_2, \\ A_3 &= G_3^\top A_2 G_3, \\ &\vdots \end{aligned} \tag{3.9}$$

により，行列 A が徐々に対角行列に近づくようにする．A_k が十分に対角行列に近くなると（すなわち，非対角成分の大きさが無視できる程度になると），その対角成分を固有値と見なすことができる．

❍ G_k の定め方　ヤコビ法には色々な変種があるが，以下では，収束が速いとされる**古典的ヤコビ法**を説明する．この方法では，A_k が与えられたとき，次のように A_{k+1} を定める．まず，A_k の絶対値最大の非対角要素を a_{pq} $(p \neq q)$ とする．$A_k \to A_{k+1}$ の変形では，この要素を直交変換により 0 にすることを考える．そのため，G_k として次の形の行列を用いる．

$$G_k = \begin{pmatrix} 1 &&&&&&&&& \\ & \ddots &&&&&&&& \\ && 1 &&&&&&& \\ &&& \cos\theta &&&& \sin\theta &&& \\ &&&& 1 &&&&& \\ &&&&& \ddots &&&& \\ &&&&&& 1 &&& \\ &&& -\sin\theta &&&& \cos\theta &&& \\ &&&&&&&& 1 && \\ &&&&&&&&& \ddots & \\ &&&&&&&&&& 1 \end{pmatrix} \tag{3.10}$$

これは，第 p 行，第 q 行の 2 つの変数が作る平面内での回転行列であり，直交行列である．この G_k による直交変換を**ギブンス変換**と呼ぶ．G_k の形から明

らかなように，ギブンス変換 $A_{k+1} = G_k^\top A_k G_k$ では，変化を被る要素は第 p 行または第 q 行に属する要素と第 p 列または第 q 列に属する要素のみである．A_k の要素を a_{ij}，A_{k+1} の要素を a'_{ij} と書くと，a'_{ij} は次のように表される．

$$a'_{ij} = a_{ij} \quad (i \neq p, q \text{ かつ } j \neq p, q \text{ のとき}) \tag{3.11}$$

$$a'_{pj} = a_{pj}\cos\theta - a_{qj}\sin\theta \quad (j \neq p, q) \tag{3.12}$$

$$a'_{qj} = a_{pj}\sin\theta + a_{qj}\cos\theta \quad (j \neq p, q) \tag{3.13}$$

$$a'_{ip} = a_{ip}\cos\theta - a_{iq}\sin\theta \quad (i \neq p, q) \tag{3.14}$$

$$a'_{iq} = a_{ip}\sin\theta + a_{iq}\cos\theta \quad (i \neq p, q) \tag{3.15}$$

$$a'_{pp} = a_{pp}\cos^2\theta + a_{qq}\sin^2\theta - 2a_{pq}\sin\theta\cos\theta \tag{3.16}$$

$$a'_{qq} = a_{pp}\sin^2\theta + a_{qq}\cos^2\theta + 2a_{pq}\sin\theta\cos\theta \tag{3.17}$$

$$a'_{pq} = \frac{1}{2}(a_{pp} - a_{qq})\sin 2\theta + a_{pq}\cos 2\theta \tag{3.18}$$

ここで，0 にしたい要素は a'_{pq} であるから，

$$a'_{pq} = \frac{1}{2}(a_{pp} - a_{qq})\sin 2\theta + a_{pq}\cos 2\theta = 0, \tag{3.19}$$

すなわち

$$\tan 2\theta = \frac{-2a_{pq}}{a_{pp} - a_{qq}} \tag{3.20}$$

となるように回転角 θ を選ぶ．これを満たす θ は一般に複数存在するが，通常は，回転角がなるべく小さくなるよう，$|\theta| \leq \frac{\pi}{4}$ を満たす θ を採用する．

3.2.2　収束証明

この直交変換によって，本当に A_{k+1} は A_k に比べて対角行列に近づいたのかどうかを調べよう．そのため，対角行列への近さの尺度として，A_k の非対角要素の 2 乗和

$$r_k \equiv \sum_{i=1}^{n}\sum_{j=1}^{n} a_{ij}^2 - \sum_{i=1} a_{ii}^2 = \|A\|_{\mathrm{F}}^2 - \sum_{i=1} a_{ii}^2 \tag{3.21}$$

を考え，r_k と r_{k+1} の大きさを比較する．まず，フロベニウスノルムが直交変換により不変であること（定理 2.1.3）に注意すると，

$$\|A_{k+1}\|_{\mathrm{F}}^2 = \|G_k^\top A_k G_k\|_{\mathrm{F}}^2 = \|A_k\|_{\mathrm{F}}^2. \tag{3.22}$$

また，変換 $A_k \to G_k^\top A_k G_k$ は，第 p 行と第 q 行，第 p 列と第 q 列に属する 2×2 行列のみを取り出してみても直交変換になっていることに注意すると，再びフロベニウスノルムの不変性と $a'_{pq} = a'_{qp} = 0$ より，

$$(a'_{pp})^2 + (a'_{qq})^2 = a_{pp}^2 + 2a_{pq}^2 + a_{qq}^2. \tag{3.23}$$

ここで，右辺では対称性より $a_{pq} = a_{qp}$ であることを用いた．さらに，変換により変化する対角要素は a_{pp} と a_{qq} のみであることから，

$$\sum_{i\neq p,q} (a'_{ii})^2 = \sum_{i\neq p,q} a_{ii}^2. \tag{3.24}$$

式 (3.22), (3.23), (3.24) より，r_{k+1} は次のように計算できる．

$$\begin{aligned} r_{k+1} &= \|A_{k+1}\|_{\mathrm{F}}^2 - \sum_{i\neq p,q} (a'_{ii})^2 - (a'_{pp})^2 - (a'_{qq})^2 \\ &= \|A_k\|_{\mathrm{F}}^2 - \sum_{i\neq p,q} a_{ii}^2 - a_{pp}^2 - 2a_{pq}^2 - a_{qq}^2 = r_k - 2a_{pq}^2. \end{aligned} \tag{3.25}$$

したがって，A_{k+1} の非対角成分の 2 乗和 r_{k+1} は A_k の非対角成分の 2 乗和 r_k に比べて減少し，A_{k+1} は A_k に比べて対角行列に近づいていることがわかる．

式 (3.25) において，a_{pq} が絶対値最大の非対角要素であることに注意すると，

$$r_{k+1} \leq r_k - \frac{2}{n(n-1)} \sum_{i\neq j} a_{ij}^2 = \left(1 - \frac{2}{n(n-1)}\right) r_k. \tag{3.26}$$

最右辺の括弧の中は 1 より小さい定数であるから，$k \to \infty$ のとき，r_k は 0 に収束する[†1]．すなわち，次の定理が成り立つ．

[†1] $n = 2$ のとき，式 (3.26) の右辺は 0 となる．これは，2×2 行列に対するヤコビ法は 1 反復で収束することを意味し，2×2 行列では非対角要素は a_{12} と a_{21} の 1 組しかないことから当然の結果である．

定理 3.2.1 古典的ヤコビ法では，$k \to \infty$ のとき，行列 A_k の非対角要素は 0 に収束する．

非対角要素が十分小さくなったときの A_k を $\Lambda_k + E_k$（ただし Λ_k は対角行列，E は対角が 0 の行列）と書くと，$G_{k-1}^\top \cdots G_1^\top A G_1 \cdots G_{k-1} = \Lambda_k + E_k$ より，

$$A(G_1 \cdots G_{k-1}) = (G_1 \cdots G_{k-1})\Lambda_k + (G_1 \cdots G_{k-1})E_k. \tag{3.27}$$

したがって，右辺第 2 項を無視することで，Λ_k の対角要素を固有値，$G_1 \cdots G_{k-1}$ の各列を固有ベクトルと見なすことができる．このようにして，ヤコビ法では実対称行列のすべての固有値と固有ベクトルを同時に計算できる．

ヤコビ法は，次節以降で述べる 3 重対角行列を経由する方法と比べると計算量が多いという欠点があるが，アルゴリズムが単純で並列化も容易であること，ある種の行列に対しては微小な固有値も高い相対精度で計算できること [12] などの長所を持つ．また，行列を正方形のブロックに分割し，各ブロックを要素のように見なして非対角ブロックを消去するブロックヤコビ法というアルゴリズムもあり [15]，並列計算機に適した固有値計算法として研究が行われている．

3.3 3重対角行列への変換

ヤコビ法では，入力行列 A に対して直接反復計算を行うことにより，固有値・固有ベクトルを求めた．これに対して，A をまず有限回の直交変換によって簡単な中間形に変換してから，その固有値・固有ベクトルを求める方法がある．実対称行列（またはエルミート行列）の場合，中間形としては **3 重対角行列**が用いられる．3 重対角行列を使うことにより，反復計算を行う際の計算量が削減できるとともに，その特別な性質（行列式に関する漸化式，行列を容易に分割して固有値問題を 2 つの子問題に分割できることなど）を利用することで，様々な効率的アルゴリズムを構成できる．以下の節で説明する QR 法，2 分法・逆反復法，分割統治法は，すべて 3 重対角行列に対して適用するアルゴリズムである．本節では，まず 3 重対角化に用いるハウスホルダー変換を説明してから，3 重対角化のアルゴリズムを述べる．

3.3.1　ハウスホルダー変換

実対称行列の 3 重対角行列への変換では，行列要素を 0 に消去するため，**ハウスホルダー変換**と呼ばれる直交変換を用いる．$\mathbb{R}^n$ におけるハウスホルダー変換とは，長さ 1 のベクトル $\boldsymbol{u} \in \mathbb{R}^n$ を用いて，

$$H = I - 2\boldsymbol{u}\boldsymbol{u}^\top \tag{3.28}$$

と表される行列による線形変換である．容易にわかるように $H^\top H = I$ であるから，これは直交変換である．また，行列 H は対称行列であることに注意する．

いま，$\mathbb{R}^n$ の相異なるベクトル $\boldsymbol{x}, \boldsymbol{y}$ が $\|\boldsymbol{x}\| = \|\boldsymbol{y}\|$ を満たすとする．このとき，$\boldsymbol{x}$ を $\boldsymbol{y}$ に移すハウスホルダー変換が存在する．実際，

$$\boldsymbol{u} = \frac{\boldsymbol{x} - \boldsymbol{y}}{\|\boldsymbol{x} - \boldsymbol{y}\|} \tag{3.29}$$

とおくと，

$$\begin{aligned} H\boldsymbol{x} &= (I - 2\boldsymbol{u}\boldsymbol{u}^\top)\boldsymbol{x} \\ &= \boldsymbol{x} - \frac{2(\boldsymbol{x} - \boldsymbol{y})(\boldsymbol{x} - \boldsymbol{y})^\top}{\|\boldsymbol{x} - \boldsymbol{y}\|^2}\boldsymbol{x} \\ &= \boldsymbol{x} - \frac{2\boldsymbol{x}^\top\boldsymbol{x} - 2\boldsymbol{y}^\top\boldsymbol{x}}{\boldsymbol{x}^\top\boldsymbol{x} - 2\boldsymbol{y}^\top\boldsymbol{x} + \boldsymbol{y}^\top\boldsymbol{y}}(\boldsymbol{x} - \boldsymbol{y}) \\ &= \boldsymbol{x} - (\boldsymbol{x} - \boldsymbol{y}) = \boldsymbol{y} \end{aligned} \tag{3.30}$$

となる．ただし，4 番目の等号では，$\boldsymbol{y}^\top\boldsymbol{y} = \|\boldsymbol{y}\|^2 = \|\boldsymbol{x}\|^2 = \boldsymbol{x}^\top\boldsymbol{x}$ を使った．

3 重対角化においては，要素の消去のため，行列の列ベクトル（の一部）$\boldsymbol{x}$ を，第 1 要素のみが非ゼロで残りがすべて 0 のベクトル $\boldsymbol{y}$ に変換するという形でハウスホルダー変換を用いる．このとき，$\|\boldsymbol{x}\| = \|\boldsymbol{y}\|$ という条件より，$\boldsymbol{y}$ の第 1 要素は $\|\boldsymbol{x}\|$ または $-\|\boldsymbol{x}\|$ でなければならない．すなわち，$\boldsymbol{e}_1 = [1, 0, \ldots, 0]^\top$（ただし，$\boldsymbol{e}_1$ の次元は文脈によって決まるとする）とし，$\sigma = \|\boldsymbol{x}\|$ と書くと，$\boldsymbol{y} = \pm\sigma\boldsymbol{e}_1$ である．そこで，$\boldsymbol{x}$ を $\pm\sigma\boldsymbol{e}_1$ に移すハウスホルダー変換の行列を $H_\pm$（複号同順）と書くと，これらに対する $\boldsymbol{u}$ は

$$\boldsymbol{u}_\pm = \frac{\boldsymbol{x} \mp \sigma\boldsymbol{e}_1}{\|\boldsymbol{x} \mp \sigma\boldsymbol{e}_1\|}$$

$$= \frac{1}{\sqrt{2\sigma(\sigma \mp x_1)}} [x_1 \mp \sigma, x_2, \ldots, x_n]^\top \tag{3.31}$$

となる．ただし，x_i は $\boldsymbol{x}$ の第 i 要素である．H_+ と H_- は，ベクトルの要素を 0 にするという機能では同じであり，どちらを使ってもよい．そこで，$\sigma \mp x_1$ の計算で桁落ちによる精度悪化が生じるのを避けるため，$x_1 \geq 0$ なら H_-，$x_1 < 0$ なら H_+ を使うようにする．以下では，ベクトル $\boldsymbol{x}$ に対し，このように定めた $\boldsymbol{u}$ を求める操作を $\boldsymbol{u} = \mathrm{House}(\boldsymbol{x})$ と書くことにする．

ハウスホルダー変換は，次項で述べる3重対角化のほか，4.3節で述べるQR分解など，様々なアルゴリズムにおいて基本的な部品として使われる．なお，ハウスホルダー変換をベクトル（あるいは行列）に作用させる際は，行列 H を作ることはせず，

$$H\boldsymbol{v} = (I - 2\boldsymbol{u}\boldsymbol{u}^\top)\boldsymbol{v} = \boldsymbol{v} - 2(\boldsymbol{u}^\top \boldsymbol{v})\boldsymbol{u} \tag{3.32}$$

のように計算する．これにより，ハウスホルダー変換をベクトルに作用させるための計算量は $O(n)$ で済む．

3.3.2　3重対角行列への変換

ハウスホルダー変換を用いて実対称行列 A の要素を消去していくことにより，A を3重対角行列 T に変換できる．ただし，T が A と同じ固有値を持つためには，変換が相似変換になっていなければならない．したがって，A に対して左からハウスホルダー変換 H を作用させたら，右からも H $(= H^\top = H^{-1})$ を作用させる必要がある．

いま，行列 A を第1行・第1列とそれ以降にブロック分けして

$$A = \begin{pmatrix} b_1 & \boldsymbol{d}_1^\top \\ \boldsymbol{d}_1 & A_2 \end{pmatrix} \tag{3.33}$$

と書く．ここで，$\boldsymbol{u}_1 = \mathrm{House}(\boldsymbol{d}_1)$ とし，$(n-1) \times (n-1)$ のハウスホルダー変換の行列を $\tilde{H}_1 = I_{n-1} - 2\boldsymbol{u}_1\boldsymbol{u}_1^\top$ により定義する．$\tilde{H}_1$ を $n \times n$ に拡大した行列

$$H_1 = \begin{pmatrix} 1 & \boldsymbol{0}^\top \\ \boldsymbol{0} & \tilde{H}_1 \end{pmatrix} \tag{3.34}$$

を用いて，A に対して直交変換を行うと，

$$H_1AH_1 = \begin{pmatrix} 1 & \mathbf{0}^\top \\ \mathbf{0} & \tilde{H}_1 \end{pmatrix} \begin{pmatrix} b_1 & \boldsymbol{d}_1^\top \\ \boldsymbol{d}_1 & A_2 \end{pmatrix} \begin{pmatrix} 1 & \mathbf{0}^\top \\ \mathbf{0} & \tilde{H}_1 \end{pmatrix}$$
$$= \begin{pmatrix} b_1 & \boldsymbol{d}_1^\top \tilde{H}_1 \\ \tilde{H}_1\boldsymbol{d}_1 & \tilde{H}_1 A_2 \tilde{H}_1 \end{pmatrix}$$
$$= \begin{pmatrix} b_1 & c_1\boldsymbol{e}_1^\top \\ c_1\boldsymbol{e}_1 & \tilde{H}_1 A_2 \tilde{H}_1 \end{pmatrix} \tag{3.35}$$

となる．ただし，c_1 は，H_1 として H_+ を使った場合は $\|\boldsymbol{d}_1\|$，H_- を使った場合は $-\|\boldsymbol{d}_1\|$ である．また，ここでの $\boldsymbol{e}_1$ は $n-1$ 次元のベクトルである．式 (3.35) の右辺では，行列の第 1 行・第 1 列は最初の 2 個の要素を除いて 0 であるから，これらの行・列については 3 重対角化が完了したことになる．

3 重対角化を続けるため，今度は右下の行列 $\tilde{H}_1 A_2 \tilde{H}_1$ に対して同様の変換を考える．この行列を

$$\tilde{H}_1 A_2 \tilde{H}_1 = \begin{pmatrix} b_2 & \boldsymbol{d}_2^\top \\ \boldsymbol{d}_2 & A_3 \end{pmatrix} \tag{3.36}$$

とブロック分けし，$\boldsymbol{u}_2 = \mathrm{House}(\boldsymbol{d}_2)$ として，$(n-2)\times(n-2)$ のハウスホルダー変換の行列を $\tilde{H}_2 = I_{n-2} - 2\boldsymbol{u}_2\boldsymbol{u}_2^\top$ により定義する．$\tilde{H}_2$ を $n \times n$ に拡大した行列

$$H_2 = \begin{pmatrix} 1 & 0 & \mathbf{0}^\top \\ 0 & 1 & \mathbf{0}^\top \\ \mathbf{0} & \mathbf{0} & \tilde{H}_2 \end{pmatrix} \tag{3.37}$$

を用いて，式 (3.35) の行列に対してさらに直交変換を行うと，

$$H_2H_1AH_1H_2 = \begin{pmatrix} 1 & 0 & \mathbf{0}^\top \\ 0 & 1 & \mathbf{0}^\top \\ \mathbf{0} & \mathbf{0} & \tilde{H}_2 \end{pmatrix} \begin{pmatrix} b_1 & c_1 & \mathbf{0}^\top \\ c_1 & b_2 & \boldsymbol{d}_2^\top \\ \mathbf{0} & \boldsymbol{d}_2 & A_2 \end{pmatrix} \begin{pmatrix} 1 & 0 & \mathbf{0}^\top \\ 0 & 1 & \mathbf{0}^\top \\ \mathbf{0} & \mathbf{0} & \tilde{H}_2 \end{pmatrix}$$

$$= \begin{pmatrix} b_1 & c_1 & \mathbf{0}^\top \\ c_1 & b_2 & \boldsymbol{d}_2^\top \tilde{H}_2 \\ \mathbf{0} & \tilde{H}_2\boldsymbol{d}_2 & \tilde{H}_2A_2\tilde{H}_2 \end{pmatrix}$$

$$= \begin{pmatrix} b_1 & c_1 & \mathbf{0}^\top \\ c_1 & b_2 & c_2\boldsymbol{e}_1^\top \\ \mathbf{0} & c_2\boldsymbol{e}_1 & \tilde{H}_2A_2\tilde{H}_2 \end{pmatrix} \tag{3.38}$$

となる．ただし，ここでの $\boldsymbol{e}_1$ は $n-2$ 次元のベクトルである．これにより，第2行・第2列に対しても三重対角化が完了する．なお，H_2 を左右からかけることによって，第1行・第1列は影響を受けないことに注意する．

以下同様に，ハウスホルダー変換の行列 $H_3, H_4, \ldots, H_{n-2}$ を定義し，これらを式 (3.38) に左右からかけていくことにより，

$$H_{n-2}\cdots H_2H_1AH_1H_2\cdots H_{n-2} = \begin{pmatrix} b_1 & c_1 & & & \\ c_1 & b_2 & c_2 & & \\ & c_2 & b_3 & \ddots & \\ & & \ddots & \ddots & c_{n-1} \\ & & & c_{n-1} & b_n \end{pmatrix} \tag{3.39}$$

となって3重対角化が完了する．この3重対角行列を T とおく．

3.3.3　逆変換

直交行列 H を

$$H = H_1H_2\cdots H_{n-2} \tag{3.40}$$

と定義すると，

$$T = H^{\top} AH \tag{3.41}$$

となる．これは直交変換であるから，次節以降で説明するアルゴリズムで T の固有値 λ_i を求めると，それは A の固有値にもなっている．一方，T の固有ベクトルを $\boldsymbol{v}_i$ とすると，A の固有ベクトルは $H\boldsymbol{v}_i$ により与えられる．このようにして，T の固有ベクトルから A の固有ベクトルを求める操作を**逆変換**と呼ぶ．実際の計算では，行列 H を陽的に作ることはせずに，

$$H_1(H_2(\cdots(H_{n-3}(H_{n-2}\boldsymbol{v}_i))\cdots)) \tag{3.42}$$

を計算することで，A の固有ベクトルを求める．

3.4 QR 法

3.4.1 基本的なアルゴリズム

QR 法は，対称あるいは非対称の行列について，すべての固有値・固有ベクトルを求めるための解法である．この解法では，行列 $A_1 = A$ から出発して，次のように QR 分解（→ 2.3 節）と行列 Q による直交変換とを繰り返してゆく．

$$\begin{aligned} A_1 &= Q_1 R_1, \\ A_2 &= R_1 Q_1 \quad (= Q_1^{\top} A_1 Q_1), \\ A_2 &= Q_2 R_2, \\ A_3 &= R_2 Q_2 \quad (= Q_2^{\top} A_2 Q_2 = Q_2^{\top} Q_1^{\top} A_1 Q_1 Q_2). \end{aligned} \tag{3.43}$$

このとき，適当な条件の下で，行列 A_k は（ブロック）上三角行列に収束する．たとえば，A の n 個の固有値 $\lambda_1, \lambda_2, \ldots, \lambda_n$ が

$$|\lambda_1| > |\lambda_2| > \cdots > |\lambda_n| > 0 \tag{3.44}$$

を満たす場合，A_k は上三角行列（A が対称の場合は対角行列）に収束し，その対角要素 $a_{mm}^{(k)}$ $(1 \leq m \leq n)$ は固有値 λ_m に 1 次収束する．また，非対角

要素 $a_{ml}^{(k)}$ $(m > l)$ は収束率 $\rho_{ml} \equiv |\lambda_m|/|\lambda_l|$ で 0 に 1 次収束する．一方，行列 $P_k \equiv Q_1 Q_2 \cdots Q_k$ の第 m 列は，A の固有値 λ_m に対応するシューアベクトル[†2]（A が対称行列の場合は λ_m に属する固有ベクトル $\boldsymbol{v}_m$）に収束する．

QR 法の収束は，直感的には次のように理解できる．まず，後述の補題 3.4.1 より，P_k は，$A^k = A^k[\boldsymbol{e}_1, \boldsymbol{e}_2, \ldots, \boldsymbol{e}_n]$（$\boldsymbol{e}_i$ は I の第 i 列ベクトル）の QR 分解の Q 因子であることが示される．したがって，P_k の第 1 列は $A^k \boldsymbol{e}_1$ を規格化したベクトルとなる．ここで，条件 (3.44) が成り立つとき，k が大きくなるにつれてベクトル $A^k \boldsymbol{e}_1$ では $\boldsymbol{v}_1$ 方向の成分が優越してくるから，P_k の第 1 列は $\pm \boldsymbol{v}_1$ に収束する．ベクトル $A^k \boldsymbol{e}_2$ でも $\boldsymbol{v}_1$ 方向の成分が優越するが，P_k の第 2 列は $A^k \boldsymbol{e}_2$ を $A^k \boldsymbol{e}_1$ に対して直交化したベクトルであるから[†3]，$\boldsymbol{v}_1$ 方向の成分は取り除かれ，P_k の第 2 列は $\pm \boldsymbol{v}_2$ に収束する．以下同様にして，P_k の第 m 列が $\pm \boldsymbol{v}_m$ に収束することが理解できる．次項で述べる収束証明は，この考え方を精密化したものである．

3.4.2　実対称 3 重対角行列に対する QR 法の収束証明

一般の実対称行列に対する QR 法では，入力行列 $A = A_1$ に対して 1 反復を行い，行列 A_2 を得るのに $O(n^3)$ の計算量が必要である．一方，A が（ハウスホルダー変換によって得られた）実対称 3 重対角行列の場合，1 反復の演算量は $O(n)$ で済み，しかも，反復後の行列 A_2 も実対称 3 重対角行列となる．したがって，極めて効率的に QR 法の反復計算を行えることになる．

そこで，以下では，A が実対称 3 重対角行列の場合について，QR 法の収束証明を行う[†4]．いま，A の副対角要素の 1 つが 0 であるとすると，A の固有値問題は 2 つの小さな固有値問題に分離できるから，一般性を失うことなく，A の副対角要素はすべて非ゼロであるとしてよい．このような行列を既約な 3 重

[†2] 任意の正方行列 A は，あるユニタリ行列 U により $U^{\mathrm{H}} A U = R$ と上三角行列 R に変換でき，R の対角成分には A の固有値が並ぶ．U の各列を A のシューアベクトルと呼ぶ．A が実対称（あるいはエルミート）のとき，対称性より R は対角行列となり，シューアベクトルは固有ベクトルとなる．

[†3] QR 分解はベクトルの正規直交化に対応することに注意．

[†4] この証明は長いので，結論のみに興味のある読者は，直接定理 3.4.5 に進まれても差し支えない．

対角行列と呼ぶ．既約な対称 3 重対角行列の固有値は，すべて異なることが知られている．したがって，絶対値が同じで符号のみが異なる固有値がなければ，固有値の番号を適当に付け替えることにより，条件 (3.44) が成り立つ．以下では，そのような状況を考える．

証明の方針としては，直交行列の積 $Q_1 Q_2 \cdots Q_k$ の一般項を k の関数として具体的に書き下し，$k \to \infty$ の極限をとることにする．これにより，まず積 $Q_1 Q_2 \cdots Q_k$ の各列が A の固有ベクトルに収束することを示す．その後に A_k の対角行列への収束を示すことにする．

以下，本節では，行列 V に対し，その第 $i_1, i_2, \ldots, i_m$ 行と第 $j_1, j_2, \ldots, j_m$ 列を抜き出して得られる $m \times m$ 行列を $V^{i_1 i_2 \cdots i_m}_{j_1 j_2 \cdots j_m}$ と書く．具体的に書くと，

$$V^{i_1 i_2 \cdots i_m}_{j_1 j_2 \cdots j_m} = \begin{pmatrix} v_{i_1,j_1} & v_{i_1,j_2} & \cdots & v_{i_1,j_m} \\ v_{i_2,j_1} & v_{i_2,j_2} & \cdots & v_{i_2,j_m} \\ \vdots & \vdots & \ddots & \vdots \\ v_{i_m,j_1} & v_{i_m,j_2} & \cdots & v_{i_m,j_m} \end{pmatrix} \tag{3.45}$$

である．また，添字の一部が連続な場合，たとえば $j_1 = 1, j_2 = 2, \ldots, j_{m-1} = m-1, j_m = p$ などの場合は，連続な部分をコロンで表し，$V^{i_1 i_2 \cdots i_m}_{1:m-1,p}$ などと書くことにする．証明の準備として，まず，補題を 3 つ示す．

補題 3.4.1 直交行列 P_k と上三角行列 U_k とを

$$P_k = Q_1 Q_2 \cdots Q_k \tag{3.46}$$

$$U_k = R_k \cdots R_2 R_1 \tag{3.47}$$

により定義すると，

$$P_k U_k = A^k \tag{3.48}$$

が成り立つ．すなわち，P_k, U_k はそれぞれ A^k の QR 分解により得られる直交行列，上三角行列である．

[証明] 帰納法により証明する．まず，$k = 1$ のときは Q_1, R_1 の定義より明ら

かである．そこで，$k-1$ に対して補題が成り立つと仮定する．いま，QR 法のアルゴリズムより，明らかに

$$A_k = Q_{k-1}^{-1} \cdots Q_2^{-1} Q_1^{-1} A Q_1 Q_2 \cdots Q_{k-1} \tag{3.49}$$

であるから，

$$Q_1 Q_2 \cdots Q_{k-1} A_k = A Q_1 Q_2 \cdots Q_{k-1}. \tag{3.50}$$

これと帰納法の仮定とを用いると，

$$\begin{aligned} P_k U_k &= Q_1 \cdots Q_{k-1} Q_k R_k R_{k-1} \cdots R_1 \\ &= Q_1 \cdots Q_{k-1} A_k R_{k-1} \cdots R_1 \\ &= A Q_1 \cdots Q_{k-1} R_{k-1} \cdots R_1 \\ &= A P_{k-1} U_{k-1} \\ &= A A^{k-1} = A^k \end{aligned} \tag{3.51}$$

より，k に対しても補題は成り立つ．したがって，任意の自然数 k に対して補題が成り立つ．　(証明終)

補題 3.4.2　A を $n \times n$ の既約な 3 重対角行列とし，$\lambda_1, \lambda_2, \ldots, \lambda_n$ をその固有値，$\boldsymbol{v}_1, \boldsymbol{v}_2, \ldots, \boldsymbol{v}_n$ を対応する固有ベクトルとする．また，$V = (\boldsymbol{v}_1, \boldsymbol{v}_2, \ldots, \boldsymbol{v}_n)$ とする．このとき，$n \times n$ 行列 V の n 個の首座小行列式 $\left|V_{1:m}^{1:m}\right|$ $(1 \leq m \leq n)$ はすべて非ゼロである．

[証明]　$2 \leq m \leq n$ として $A\boldsymbol{v}_j = \lambda_j \boldsymbol{v}_j$ の第 $m-1$ 行目を書き下すと，

$$a_{m-1,m-2} v_{m-2,j} + a_{m-1,m-1} v_{m-1,j} + a_{m-1,m} v_{mj} = \lambda_j v_{m-1,j}. \tag{3.52}$$

ただし，$m=2$ のときも同じ式で書くため，$a_{10}=0$, $v_{0j}=0$ と約束する．定義より $a_{m-1,m} \neq 0$ に注意して，これを v_{mj} について解くと，

$$v_{m,j} = -\frac{a_{m-1,m-2}}{a_{m-1,m}} v_{m-2,j} - \frac{a_{m-1,m-1}}{a_{m-1,m}} v_{m-1,j} + \frac{\lambda_j}{a_{m-1,m}} v_{m-1,j}. \tag{3.53}$$

これを行列式 $\left|V_{1:m}^{1:m}\right|$ の第 m 行に代入し，第 m 行に第 $m-2$ 行の $a_{m-1,m-2}/a_{m-1,m}$ 倍と第 $m-1$ 行の $a_{m-1,m-1}/a_{m-1,m}$ 倍とを加えると，上式右辺の第 1 項，第 2 項は消えて，

$$\left|V_{1:m}^{1:m}\right| = \frac{1}{a_{m-1,m}} \begin{vmatrix} v_{11} & \cdots & v_{1m} \\ \vdots & \ddots & \vdots \\ v_{m-1,1} & \cdots & v_{m-1,m} \\ \lambda_1 v_{m-1,1} & \cdots & \lambda_m v_{m-1,m} \end{vmatrix} \tag{3.54}$$

となる．このように $A\boldsymbol{v}_j = \lambda_j \boldsymbol{v}_j$ の第 $m-1$ 式を使って行列式の第 m 行に対して変形を行う操作を $Op(m-1, m)$ と書くことにする．この操作は行列式の値を変えない．式 (3.54) に対して更に $Op(m-2, m-1)$, $Op(m-3, m-2)$, $\ldots, Op(1,2)$ を順に行うと，

$$\left|V_{1:m}^{1:m}\right| = \frac{1}{a_{m-1,m}a_{m-2,m-1}\cdots a_{12}} \begin{vmatrix} v_{11} & \cdots & v_{1m} \\ \lambda_1 v_{11} & \cdots & \lambda_m v_{1m} \\ \vdots & \ddots & \vdots \\ \lambda_1 v_{m-2,1} & \cdots & \lambda_m v_{m-2,m} \\ \lambda_1 v_{m-1,1} & \cdots & \lambda_m v_{m-1,m} \end{vmatrix} \tag{3.55}$$

が得られる．さらに，操作

$$\begin{aligned} &Op(m-1,m),\ Op(m-2,m-1),\ \ldots,\ Op(3,4),\ Op(2,3), \\ &Op(m-1,m),\ Op(m-2,m-1),\ \ldots,\ Op(3,4), \\ &\qquad \vdots \qquad\qquad\qquad \vdots \\ &Op(m-1,m),\ Op(m-2,m-1), \\ &Op(m-1,m) \end{aligned} \tag{3.56}$$

をこの順で行うと，最終的に

$$
\begin{aligned}
\left|V_{1:m}^{1:m}\right| &= \frac{1}{a_{m-1,m}^{m-1}a_{m-2,m-1}^{m-2}\cdots a_{12}} \begin{vmatrix} v_{11} & \cdots & v_{1m} \\ \lambda_1 v_{11} & \cdots & \lambda_m v_{1m} \\ \vdots & \ddots & \vdots \\ \lambda_1^{m-2}v_{11} & \cdots & \lambda_m^{m-2}v_{1m} \\ \lambda_1^{m-1}v_{11} & \cdots & \lambda_m^{m-1}v_{1m} \end{vmatrix} \\
&= \frac{v_{11}v_{12}\cdots v_{1m}}{a_{m-1,m}^{m-1}a_{m-2,m-1}^{m-2}\cdots a_{12}} \begin{vmatrix} 1 & \cdots & 1 \\ \lambda_1 & \cdots & \lambda_m \\ \vdots & \ddots & \vdots \\ \lambda_1^{m-2} & \cdots & \lambda_m^{m-2} \\ \lambda_1^{m-1} & \cdots & \lambda_m^{m-1} \end{vmatrix} \\
&= \frac{v_{11}v_{12}\cdots v_{1m}}{a_{m-1,m}^{m-1}a_{m-2,m-1}^{m-2}\cdots a_{12}} \prod_{i<j}(\lambda_j - \lambda_i) \qquad (3.57)
\end{aligned}
$$

が得られる．ここで，最後の式の分子に現れる v_{1j} は，固有ベクトル $\boldsymbol{v}_j$ の第1成分であり，0でない（これが0だと，式(3.52)を繰り返し使うことで，$\boldsymbol{v}_j$ の全成分が0であることが示せる）．また，固有値 $\lambda_1,\ldots,\lambda_m$ はすべて相異なるため，$\prod_{i<j}(\lambda_j-\lambda_i)$ も0でない．以上より，$\left|V_{1:m}^{1:m}\right| \neq 0$ が言えた．（証明終）

補題 3.4.3　$m \leq n$ とし，B を $m\times n$ 行列，C を $n\times m$ 行列とする．また，$1 \leq i_1 < i_2 < \cdots < i_m \leq n$ を満たす m 個の自然数 $i_1, i_2, \ldots, i_m$ に対し，B の第 $i_1, i_2, \ldots, i_m$ 列を抜き出して順に並べてできる $m\times m$ 行列を $B_{i_1 i_2 \cdots i_m}$，C の第 $i_1, i_2, \ldots, i_m$ 行を抜き出して順に並べてできる $m\times m$ 行列を $C^{i_1 i_2 \cdots i_m}$ と書く．このとき，

$$
|BC| = \sum_{1\leq i_1<i_2<\cdots<i_m\leq n} |B_{i_1 i_2\cdots i_m}||C^{i_1 i_2\cdots i_m}| \qquad (3.58)
$$

である．ただし，和は $1 \leq i_1 < i_2 < \cdots < i_m \leq n$ を満たすすべての自然数の組 $(i_1, i_2, \ldots, i_m)$ についてとる．

[証明]　これはビネ・コーシー展開と呼ばれる行列式の展開公式である．証明

は，たとえば [13] を参照.

以下では，m 個の添字の組 $(i_1, i_2, \ldots, i_m)$ を $\boldsymbol{i}_m$ と表し，これらが $1 \le i_1 < \cdots < i_m \le n$ を満たすとき，$\boldsymbol{i}_m \in \Phi_n^m$ と書くことにする．すなわち，Φ_n^m は $1 \le i_1 < \cdots < i_m \le n$ を満たす m 個の添字の組の集合である．この記法を使うと，式 (3.58) は次のように書ける.

$$|BC| = \sum_{\boldsymbol{i}_m \in \Phi_n^m} |B_{i_1 i_2 \cdots i_m}||C^{i_1 i_2 \cdots i_m}|. \tag{3.59}$$

以上の準備の下で，行列 $P_k = Q_1 Q_2 \cdots Q_k$ の一般項を k の関数として表す．具体的には，次の補題を証明する.

補題 3.4.4 A を $n \times n$ の対称 3 重対角行列とし，A の固有値が条件 (3.44) を満たすとする．また，固有値 λ_j に属する A の固有ベクトルを $\boldsymbol{v}_j$ とし，$n \times n$ 行列 V を $V = [\boldsymbol{v}_1, \boldsymbol{v}_2, \ldots, \boldsymbol{v}_n]$ により定義する．このとき，$P_k = Q_1 Q_2 \cdots Q_k$ の第 m 列 $\boldsymbol{p}_{k,m}$ は次のように書ける.

$$\boldsymbol{p}_{k,m} = \sum_{p=1}^{n} \boldsymbol{v}_p \cdot \frac{\displaystyle\sum_{\substack{\boldsymbol{i}_{m-1} \in \Phi_n^{m-1} \\ i_1 \neq p, \ldots, i_{m-1} \neq p}} \left|V_{i_1 \cdots i_{m-1}}^{1:m-1}\right| \left|V_{i_1 \cdots i_{m-1} p}^{1:m}\right| \lambda_{i_1}^{2k} \cdots \lambda_{i_{m-1}}^{2k} \lambda_p^k}{\sqrt{\displaystyle\sum_{\boldsymbol{j}_m \in \Phi_n^m} \left|V_{j_1 \cdots j_m}^{1:m}\right|^2 \lambda_{j_1}^{2k} \cdots \lambda_{j_m}^{2k}} \sqrt{\displaystyle\sum_{\boldsymbol{q}_{m-1} \in \Phi_n^{m-1}} \left|V_{q_1 \cdots q_{m-1}}^{1:m-1}\right|^2 \lambda_{q_1}^{2k} \cdots \lambda_{q_{m-1}}^{2k}}}. \tag{3.60}$$

[証明] P_k を具体的に書き下すため，補題 3.4.1 を用い，P_k が A^k の QR 分解の直交行列因子として与えられることを利用する．以下，表記の簡単化のため，A^{2k} の第 (i,j) 要素を c_{ij} で表す．また，$\Lambda = \mathrm{diag}(\lambda_1, \ldots, \lambda_n)$ とし，V の第 (i,j) 要素を v_{ij} で表す．いま，$A^k = P_k U_k$ より $A^{2k} = \left(A^k\right)^\top A^k = U_k^\top P_k^\top P_k U_k = U_k^\top U_k$ となる．そこで，A^{2k} の修正コレスキー分解（→ 2.4 節）を $A^{2k} = L_k D_k L_k^\top$ と書くと，正定値対称行列 A^{2k} のコレスキー分解の一意性より，$U_k = D_k^{\frac{1}{2}} L_k^\top$．したがって，

$$P_k = \left(P_k^{-1}\right)^\top = \left(U_k A^{-k}\right)^\top = A^{-k} L_k D_k^{\frac{1}{2}} \tag{3.61}$$

となる．そこで，まず D_k, L_k を k の関数として表すことを考える．

上三角行列 $(D_k L_k^\top)^{-1}$ の第 (i,j) 要素を r_{ij} と書くと，$A^{2k}(D_k L_k^\top)^{-1} = L_k$ の第 m 列 $(1 \le m \le n)$ の第 1〜m 要素を考えることにより，$r_{1m}, r_{2m}, \ldots, r_{mm}$ の満たすべき式は，

$$\begin{pmatrix} c_{11} & \cdots & c_{1,m-1} & c_{1m} \\ \vdots & \ddots & \vdots & \vdots \\ c_{m-1,1} & \cdots & c_{m-1,m-1} & c_{-1,mm} \\ c_{m1} & \cdots & c_{m,m-1} & c_{mm} \end{pmatrix} \begin{pmatrix} r_{1m} \\ \vdots \\ r_{m-1,m} \\ r_{mm} \end{pmatrix} = \begin{pmatrix} 0 \\ \vdots \\ 0 \\ 1 \end{pmatrix} \tag{3.62}$$

であることがわかる．ここで，左辺の係数行列は正定値対称行列 A^{2k} の首座小行列であり，正則であることに注意すると，この連立 1 次方程式はクラメルの公式によって次のように解ける．

$$\begin{aligned} r_{jm} &= \frac{\begin{vmatrix} c_{11} & \cdots & c_{1,j-1} & 0 & c_{1,j+1} & \cdots & c_{1m} \\ \vdots & & \vdots & \vdots & \vdots & & \vdots \\ c_{m-1,1} & \cdots & c_{m-1,j-1} & 0 & c_{m-1,j+1} & \cdots & c_{m-1,m} \\ c_{m1} & \cdots & c_{m,j-1} & 1 & c_{m,j+1} & \cdots & c_{mm} \end{vmatrix}}{\begin{vmatrix} c_{11} & \cdots & c_{1m} \\ \vdots & \ddots & \vdots \\ c_{m1} & \cdots & c_{mm} \end{vmatrix}} \\ &= \frac{(-1)^{j+m} \left| C^{1:m-1}_{1:j-1,j+1:m} \right|}{\left| C^{1:m}_{1:m} \right|}. \end{aligned} \tag{3.63}$$

ここで，$C = A^{2k} = (V\Lambda V^\top)^{2k} = V\Lambda^{2k}V^\top = V(\Lambda^{2k}V^\top)$ と書けることに注意し，補題 3.4.3 を用いると，

$$\left| C^{1:m}_{1:m} \right| = \left| \begin{pmatrix} v_{11} & \cdots & v_{1n} \\ \vdots & \ddots & \vdots \\ v_{m1} & \cdots & v_{mn} \end{pmatrix} \begin{pmatrix} \lambda_1^{2k} v_{11} & \cdots & \lambda_1^{2k} v_{m1} \\ \vdots & \ddots & \vdots \\ \lambda_n^{2k} v_{1n} & \cdots & \lambda_m^{2k} v_{mn} \end{pmatrix} \right|$$

$$
= \sum_{\boldsymbol{i}_m \in \Phi_n^m} \begin{vmatrix} v_{1,i_1} & v_{1,i_2} & \cdots & v_{1,i_m} \\ v_{2,i_1} & v_{2,i_2} & \cdots & v_{2,i_m} \\ \vdots & \vdots & \ddots & \vdots \\ v_{m,i_1} & v_{m,i_2} & \cdots & v_{m,i_m} \end{vmatrix}^2 \lambda_{i_1}^{2k} \lambda_{i_2}^{2k} \cdots \lambda_{i_m}^{2k}
$$

$$
= \sum_{\boldsymbol{i}_m \in \Phi_n^m} \left| V_{i_1 i_2 \cdots i_m}^{1:m} \right|^2 \lambda_{i_1}^{2k} \lambda_{i_2}^{2k} \cdots \lambda_{i_m}^{2k} \tag{3.64}
$$

となる．同様にして $\left| C_{1:j-1,j+1:m}^{1:m-1} \right|$ は，

$$
\left| C_{1:j-1,j+1:m}^{1:m-1} \right|
$$

$$
= \left| \begin{pmatrix} v_{11} & \cdots & v_{1n} \\ \vdots & \ddots & \vdots \\ v_{m-1,1} & \cdots & v_{m-1,n} \end{pmatrix} \begin{pmatrix} \lambda_1^{2k} v_{11} & \cdots & \lambda_1^{2k} v_{j-1,1} & \lambda_1^{2k} v_{j+1,1} & \cdots & \lambda_1^{2k} v_{m1} \\ \vdots & & \vdots & \vdots & & \vdots \\ \lambda_n^{2k} v_{1n} & \cdots & \lambda_n^{2k} v_{j-1,n} & \lambda_n^{2k} v_{j+1,n} & \cdots & \lambda_m^{2k} v_{mn} \end{pmatrix} \right|
$$

$$
= \sum_{\boldsymbol{i}_{m-1} \in \Phi_n^{m-1}} \begin{vmatrix} v_{1,i_1} & \cdots & v_{1,i_{m-1}} \\ \vdots & \ddots & \vdots \\ v_{m-1,i_1} & \cdots & v_{m-1,i_{m-1}} \end{vmatrix}
$$

$$
\times \begin{vmatrix} v_{1,i_1} & \cdots & v_{j-1,i_1} & v_{j+1,i_1} & \cdots & v_{m,i_1} \\ \vdots & & \vdots & \vdots & & \vdots \\ v_{1,i_{m-1}} & \cdots & v_{j-1,i_{m-1}} & v_{j+1,i_{m-1}} & \cdots & v_{m,i_{m-1}} \end{vmatrix} \lambda_{i_1}^{2k} \cdots \lambda_{i_{m-1}}^{2k}
$$

$$
= \sum_{\boldsymbol{i}_{m-1} \in \Phi_n^{m-1}} \left| V_{i_1 i_2 \cdots i_{m-1}}^{1:m-1} \right| \left| V_{i_1 i_2 \cdots i_{m-1}}^{1:j-1,j+1:m} \right| \lambda_{i_1}^{2k} \lambda_{i_2}^{2k} \cdots \lambda_{i_{m-1}}^{2k} \tag{3.65}
$$

と書ける．

なお，r_{mm} は上三角行列 $\left(D_k L_k^\top\right)^{-1}$ の対角要素であるから $D_k L_k^\top$ の対角要素の逆数でもある．さらに，$L_k^\top$ の対角要素は 1 であるから，結局，D_k の対角要素は，

$$
(D_k)_{mm} = \frac{1}{r_{mm}} = \frac{\left| C_{1:m}^{1:m} \right|}{\left| C_{1:m-1}^{1:m-1} \right|} \tag{3.66}
$$

と書けることに注意しておく．

さて，再び $A^{2k}(D_k L_k^\top)^{-1} = L_k$ の第 m 列を考えると，L_k の第 m 列ベクトル $\boldsymbol{l}_m$ は A^{2k} の第 $1, 2, \ldots, m$ 列にそれぞれ $r_{1m}, r_{2m}, \ldots, r_{mm}$ をかけて足し合わせたものであることがわかる．固有ベクトルによる展開 $A^{2k} = \sum_{p=1}^{n} \lambda_p^{2k} \boldsymbol{v}_p \boldsymbol{v}_p^\top$ より，A^{2k} の第 j 列は $\sum_{p=1}^{n} \lambda_p^{2k} v_{jp} \boldsymbol{v}_p$ と書けることを用い，さらに r_{jm} に式 (3.63), (3.64), (3.65) を代入すると，

$$\begin{aligned}
&\boldsymbol{l}_m \\
&= \sum_{j=1}^{m} r_{jm} \sum_{p=1}^{n} \lambda_p^{2k} v_{jp} \boldsymbol{v}_p \\
&= \sum_{p=1}^{n} \lambda_p^{2k} \boldsymbol{v}_p \sum_{j=1}^{m} v_{jp} r_{jm} \\
&= \sum_{p=1}^{n} \lambda_p^{2k} \boldsymbol{v}_p \left\{ \frac{\displaystyle\sum_{j=1}^{m} (-1)^{j+m} v_{jp} \sum_{\boldsymbol{i}_{m-1} \in \Phi_n^{m-1}} \left| V_{i_1 \cdots i_{m-1}}^{1:m-1} \right| \left| V_{i_1 \cdots i_{m-1}}^{1:j-1, j+1:m} \right| \lambda_{i_1}^{2k} \cdots \lambda_{i_{m-1}}^{2k}}{\displaystyle\sum_{\boldsymbol{j}_m \in \Phi_n^m} \left| V_{j_1 \cdots j_m}^{1:m} \right|^2 \lambda_{j_1}^{2k} \cdots \lambda_{j_m}^{2k}} \right\} \\
&= \sum_{p=1}^{n} \lambda_p^{2k} \boldsymbol{v}_p \left\{ \frac{\displaystyle\sum_{\boldsymbol{i}_{m-1} \in \Phi_n^{m-1}} \left| V_{i_1 \cdots i_{m-1}}^{1:m-1} \right| \sum_{j=1}^{m} (-1)^{j+m} v_{jp} \left| V_{i_1 \cdots i_{m-1}}^{1:j-1, j+1:m} \right| \lambda_{i_1}^{2k} \cdots \lambda_{i_{m-1}}^{2k}}{\displaystyle\sum_{\boldsymbol{j}_m \in \Phi_n^m} \left| V_{j_1 \cdots j_m}^{1:m} \right|^2 \lambda_{j_1}^{2k} \cdots \lambda_{j_m}^{2k}} \right\} \\
&= \sum_{p=1}^{n} \lambda_p^{2k} \boldsymbol{v}_p \left\{ \frac{\sum_{\boldsymbol{i}_{m-1} \in \Phi_n^{m-1}} \left| V_{i_1 \cdots i_{m-1}}^{1:m-1} \right| \left| V_{i_1 \cdots i_{m-1} p}^{1:m} \right| \lambda_{i_1}^{2k} \cdots \lambda_{i_{m-1}}^{2k}}{\sum_{\boldsymbol{j}_m \in \Phi_n^m} \left| V_{j_1 \cdots j_m}^{1:m} \right|^2 \lambda_{j_1}^{2k} \cdots \lambda_{j_m}^{2k}} \right\} \\
&= \sum_{p=1}^{n} \lambda_p^{2k} \boldsymbol{v}_p \left\{ \frac{\sum_{\substack{\boldsymbol{i}_{m-1} \in \Phi_n^{m-1} \\ i_1 \neq p, \ldots, i_{m-1} \neq p}} \left| V_{i_1 \cdots i_{m-1}}^{1:m-1} \right| \left| V_{i_1 \cdots i_{m-1} p}^{1:m} \right| \lambda_{i_1}^{2k} \cdots \lambda_{i_{m-1}}^{2k}}{\sum_{\boldsymbol{j}_m \in \Phi_n^m} \left| V_{j_1 \cdots j_m}^{1:m} \right|^2 \lambda_{j_1}^{2k} \cdots \lambda_{j_m}^{2k}} \right\} \qquad (3.67)
\end{aligned}$$

が得られる．ここで，最後から2番目の等号では，行列式の余因子展開の公式

$$\left| V_{i_1 \cdots i_{m-1} p}^{1:m} \right| = \sum_{j=1}^{m} (-1)^{j+m} v_{jp} \left| V_{i_1 \cdots i_{m-1}}^{1:j-1, j+1:m} \right| \qquad (3.68)$$

を逆に用いた．また，最後の等号では，$i_1, i_2, \ldots, i_{m-1}$ のどれかが p に一致するとき，行列式 $\left| V_{i_1 \cdots i_{m-1} p}^{1:m} \right|$ が 0 となることを用いた．

式 (3.61) より，P_k の第 m 列 $\boldsymbol{p}_{k,m}$ はこの $\boldsymbol{l}_m$ を用いて $A^{-k}\boldsymbol{l}_k\,((D_k)_{mm})^{\frac{1}{2}}$ と表される．左から A^{-k} をかける操作は，各 $\boldsymbol{v}_p$ の成分を λ^{-k} 倍するだけであり，また，$(D_k)_{mm}$ が式 (3.66) で与えられることに注意すると，結局，

$$\boldsymbol{p}_{k,m} = \sum_{p=1}^{n} \boldsymbol{v}_p \cdot \frac{\displaystyle\sum_{\substack{\boldsymbol{i}_{m-1}\in\Phi_n^{m-1}\\ i_1\neq p,\ldots,i_{m-1}\neq p}} \left|V^{1:m-1}_{i_1\cdots i_{m-1}}\right|\left|V^{1:m}_{i_1\cdots i_{m-1}p}\right| \lambda_{i_1}^{2k}\cdots\lambda_{i_{m-1}}^{2k}\lambda_p^k}{\sqrt{\displaystyle\sum_{\boldsymbol{j}_m\in\Phi_n^m}\left|V^{1:m}_{j_1\cdots j_m}\right|^2\lambda_{j_1}^{2k}\cdots\lambda_{j_m}^{2k}}\sqrt{\displaystyle\sum_{\boldsymbol{q}_{m-1}\in\Phi_n^{m-1}}\left|V^{1:m-1}_{q_1\cdots q_{m-1}}\right|^2\lambda_{q_1}^{2k}\cdots\lambda_{q_{m-1}}^{2k}}} \tag{3.69}$$

となる． （証明終）

補題 3.4.4 において $k\to\infty$ の極限をとることにより，QR 法の収束に関する次の定理が証明できる．

定理 3.4.5 A を補題 3.4.4 の条件を満たす $n\times n$ 対称 3 重対角行列とする．このとき，A に対して式 (3.43) で定義される QR 法を適用すると，行列 A_k は対角行列 $\mathrm{diag}(\lambda_1,\lambda_2,\ldots,\lambda_n)$ に収束する．また，行列 $P_k=Q_1Q_2\cdots Q_k$ の第 m 列 $(1\leq m\leq n)$ は $\boldsymbol{v}_m$ に収束する．

[証明] まず，P_k の収束性を示す．補題 3.4.2 より $\left|V^{1:m}_{1:m}\right|\neq 0$, $\left|V^{1:m-1}_{1:m-1}\right|\neq 0$ であることに注意して，式 (3.69) の分子・分母を $\left|V^{1:m}_{1:m}\right|\left|V^{1:m-1}_{1:m-1}\right|\lambda_1^{2k}\cdots\lambda_{m-1}^{2k}\lambda_m^k$ で割ると，$\boldsymbol{p}_{k,m}$ の $\boldsymbol{v}_p$ 成分の係数は次のように書ける．

$$\frac{\displaystyle\sum_{\substack{\boldsymbol{i}_{m-1}\in\Phi_n^{m-1}\\ i_1\neq p,\ldots,i_{m-1}\neq p}} \frac{\left|V^{1:m-1}_{i_1\cdots i_{m-1}}\right|\left|V^{1:m}_{i_1\cdots i_{m-1}p}\right|}{\left|V^{1:m-1}_{1:m-1}\right|\left|V^{1:m}_{1:m}\right|}\cdot\frac{\lambda_{i_1}^{2k}\cdots\lambda_{i_{m-1}}^{2k}\lambda_p^k}{\lambda_1^{2k}\cdots\lambda_{m-1}^{2k}\lambda_m^k}}{\sqrt{1+\displaystyle\sum_{\boldsymbol{j}_m\in\Phi_n'^m}\frac{\left|V^{1:m}_{j_1\cdots j_m}\right|^2}{\left|V^{1:m}_{1:m}\right|^2}\cdot\frac{\lambda_{j_1}^{2k}\cdots\lambda_{j_m}^{2k}}{\lambda_1^{2k}\cdots\lambda_m^{2k}}}\sqrt{1+\displaystyle\sum_{\boldsymbol{q}_{m-1}\in\Phi_n'^{m-1}}\frac{\left|V^{1:m-1}_{q_1\cdots q_{m-1}}\right|^2}{\left|V^{1:m-1}_{1:m-1}\right|^2}\cdot\frac{\lambda_{q_1}^{2k}\cdots\lambda_{q_{m-1}}^{2k}}{\lambda_1^{2k}\cdots\lambda_{m-1}^{2k}}}}. \tag{3.70}$$

ただし，$\Phi_n'^m$ は $1 \leq i_1 < \cdots < i_m \leq n$ かつ $(i_1, \ldots, i_m) \neq (1, \ldots, m)$ を満たす m 個の添字の組 $(i_1, \ldots, i_m)$ の集合である．

ここで，$k \to \infty$ のとき，

$$|\lambda_1|^k \gg |\lambda_2|^k \gg \cdots \gg |\lambda_n|^k > 0 \tag{3.71}$$

であるから，分母に出てくる因子

$$\frac{\lambda_{j_1}^{2k} \cdots \lambda_{j_m}^{2k}}{\lambda_1^{2k} \cdots \lambda_m^{2k}} \tag{3.72}$$

は，$(j_1, \ldots, j_m) = (1, \ldots, m)$ でない限り 0 に収束する．ところが，この組み合わせは和から除かれているから，結局，分母の平方根の中の和は両方とも 0 に収束し，分母は 1 に収束する．一方，分子については，p の値により場合分けをして考える．

(i)　$1 \leq p \leq m-1$ の場合：分子の和の中で，最も大きくなる項は

$$i_1 = 1, \ldots, i_{p-1} = p-1, i_p = p+1, \ldots, i_{m-1} = m \tag{3.73}$$

となる項である．ところが，この項のうち，k に依存する因子は，

$$\frac{\lambda_1^{2k} \cdots \lambda_{p-1}^{2k} \lambda_p^k \lambda_{p+1}^{2k} \cdots \lambda_m^{2k}}{\lambda_1^{2k} \cdots \lambda_{p-1}^{2k} \lambda_p^{2k} \lambda_{p+1}^{2k} \cdots \lambda_m^k} = \left(\frac{\lambda_m}{\lambda_p}\right)^k \to 0 \quad (k \to \infty) \tag{3.74}$$

であるから，この項は 0 に収束する．したがって，分子全体も 0 に収束する．

(ii)　$p = m$ の場合：分子の和の中で，最も大きくなる項は

$$i_1 = 1, \ldots, i_{m-1} = m-1 \tag{3.75}$$

となる項である．この項は，明らかに，k によらず 1 となる．一方，他の項は，式 (3.71) より 0 に収束する．したがって，式 (3.70) 自体も 1 に収束する．

(iii)　$m+1 \leq p \leq n$ の場合：分子の和の中で，最も大きくなる項は

$$i_1 = 1, \ldots, i_{m-1} = m-1 \tag{3.76}$$

となる項である．ところが，この項のうち，k に依存する因子は，

$$\frac{\lambda_1^{2k}\cdots\lambda_{m-1}^{2k}\lambda_p^k}{\lambda_1^{2k}\cdots\lambda_{m-1}^{2k}\lambda_m^k}=\left(\frac{\lambda_p}{\lambda_m}\right)^k\to 0 \quad (k\to\infty) \tag{3.77}$$

であるから，この項は 0 に収束する．したがって，分子全体も 0 に収束する．

以上より，式 (3.70) は，$p=m$ の場合に 1，それ以外の場合に 0 に収束する．したがって，P_k の第 m 列は $k\to\infty$ のとき $\boldsymbol{v}_k$ に収束する．これより，$A_k=P_k^\top AP_k$ の第 (i,j) 成分は $\boldsymbol{v}_i^\top A\boldsymbol{v}_j=\lambda_i\delta_{ij}$（$\delta_{ij}$ はクロネッカーのデルタ）に収束する．すなわち，

$$A_k\to\mathrm{diag}(\lambda_1,\lambda_2,\ldots,\lambda_n) \quad (k\to\infty) \tag{3.78}$$

となる．（証明終）

3.4.3 計算効率化のための工夫

定理 3.4.5 の証明からわかるように，QR 法の収束の速さは固有値の比に依存する．したがって，たとえば絶対値最小の固有値 λ_n に属する固有ベクトルの収束を速めたい場合，行列 A の代わりに，A から λ_n の近似値 s を引いた行列 $A-sI$ に対して QR 法を適用すると，式 (3.77) の比は $\{(\lambda_n-s)/(\lambda_m-s)\}^k$ となり，分子が 0 に近くなって収束が加速される．これを**シフト付き QR 法**と呼ぶ．シフトは反復ごとに更新することもでき，それによってさらに収束が加速する．P_k の第 n 列が十分 $\boldsymbol{v}_n$ に近くなると，$A_k=P_k^\top AP_k$ の第 $(n,n-1)$ 要素，第 $(n-1,n)$ 要素は十分 0 に近くなり，A_k は左上の $(n-1)\times(n-1)$ 行列と右下の 1×1 行列との直和となる．このとき，右下の要素 $(A_k)_n^n$ は λ_n の近似値となり，問題は左上の行列 $(A_k)_{1:n-1}^{1:n-1}$ の固有値問題に帰着される．このようにして，A_k から収束した固有値を分離し，問題を小型化することを**デフレーション**と呼ぶ．QR 法では，3 重対角形の利用，シフトの導入，デフレーションの 3 つが，計算を効率化する鍵となっている．

3.5 2分法・逆反復法

実対称3重対角行列の固有値・固有ベクトルを求めるもう一つの方法として，**2分法**により固有値を求め，それを用いて**逆反復法**により固有ベクトルを求める方法がある．この方法は，一部の固有値・固有ベクトルのみを求めることが可能であるという点で優れている．

3.5.1 2分法による固有値計算

❍ **原理** A を $n \times n$ 実対称行列とし，その固有値のうち，正のもの，負のもの，0のものの個数をそれぞれ $\pi(A)$, $\nu(A)$, $\delta(A)$ とおく．ただし，重複固有値は，その重複度の分だけ数えることにする．このとき，次の定理が成り立つ．

定理 3.5.1 X を $n \times n$ 正則行列とし，$B = X^\top AX$ とするとき，

$$\pi(B) = \pi(A), \quad \nu(B) = \nu(A), \quad \delta(B) = \delta(A) \tag{3.79}$$

である．

これを**シルベスターの慣性則**と呼ぶ．いま，行列 $A - \sigma I$ を考え，適当な正則行列 X を用いて $B = X^\top(A - \sigma I)X$ を $\pi(B), \nu(B), \delta(B)$ が計算しやすい形に変形できれば，A の固有値のうち，σ 以上のもの，σ 以下のもの，σ のものの数がわかる．これより，任意の区間 $[\sigma_1, \sigma_2]$ 中の固有値の数がわかるから，固有値を含む区間を見つけ，それを再帰的に2分していけば，固有値の存在範囲を（演算精度の限界内で）いくらでも高い精度で特定できる．この原理に基づく固有値の計算法が2分法である．

2分法では，シルベスターの慣性則を使うために，$LDL^\top$ 分解（修正コレスキー分解；アルゴリズム 2.5 参照）を利用する．いま，$A - \sigma I = LDL^\top$（L は対角要素が1の下三角行列，D は対角行列）と分解できたとする．すると，シルベスターの慣性則より，

$$\pi(D) = \pi(A - \sigma I), \quad \nu(D) = \nu(A - \sigma I), \quad \delta(D) = \delta(A - \sigma I) \tag{3.80}$$

となる．ここで，$\pi(D),\nu(D),\delta(D)$ は D の対角要素のうち，正のもの，負のもの，0のものの個数であるから，直ちに求められる．

○3重対角行列への適用 T を既約な $n\times n$ 実対称3重対角行列

$$T=\begin{pmatrix} b_1 & c_1 & & & \\ c_1 & b_2 & c_2 & & \\ & c_2 & b_3 & \ddots & \\ & & \ddots & \ddots & c_{n-1} \\ & & & c_{n-1} & b_n \end{pmatrix} \tag{3.81}$$

とし，2分法の適用を考える．まず簡単のため，$T-\sigma I$ が修正コレスキー分解可能な場合，すなわちピボット要素が0とならない場合を考える．修正コレスキー分解は，$T-\sigma I$ の左右から下三角行列とその転置をかけてゆき，$T-\sigma I$ を対角行列 D に変換する手続きと考えることができる．まず，仮定より $d_1\equiv b_1-\sigma\neq 0$ であるから，T の第2行から第1行の $\frac{c_1}{d_1}$ 倍を引き，さらに第2列から第1列の $\frac{c_1}{d_1}$ 倍を引くと，

$$T_1\equiv L_1(T-\sigma I)L_1^\top=\begin{pmatrix} d_1 & 0 & & & \\ 0 & b_2-\sigma-\frac{c_1^2}{d_1} & c_2 & & \\ & c_2 & b_3-\sigma & \ddots & \\ & & \ddots & \ddots & c_{n-1} \\ & & & c_{n-1} & b_n-\sigma \end{pmatrix}$$

$$=\begin{pmatrix} d_1 & 0 & & & \\ 0 & d_2 & c_2 & & \\ & c_2 & b_3-\sigma & \ddots & \\ & & \ddots & \ddots & c_{n-1} \\ & & & c_{n-1} & b_n-\sigma \end{pmatrix}. \tag{3.82}$$

となり，対角行列への変換が1段分完了する．ここで，L_1 は単位行列の第 $(2,1)$ 要素を $-\frac{c_1}{b_1}$ で置き換えた行列であり，$d_2 = b_2 - \sigma - \frac{c_1^2}{d_1}$ である．仮定よりピボット d_2 は0でないから，今度は式 (3.82) の右下の $(n-1)\times(n-1)$ 行列に対して同じ操作を行うことができ，以下同様に続けていくことにより，

$$T_n = L_{n-1}\cdots L_2 L_1 (T-\sigma I) L_1^\top L_2^\top \cdots L_{n-1}^\top = D = \mathrm{diag}(d_1, d_2, \ldots, d_n) \tag{3.83}$$

が得られる．対角要素 d_i は，明らかに漸化式

$$d_1 = b_1 - \sigma, \tag{3.84}$$

$$d_i = b_i - \sigma - \frac{c_{i-1}^2}{d_{i-1}} \quad (i = 2, \ldots, n) \tag{3.85}$$

により与えられる．2分法では D のみが必要なため，この漸化式を用いて $d_1, d_2, \ldots, d_n$ を求め，それらの符号より，T の固有値で σ より大きいもの，σ より小さいもの，σ のものの個数を求める．

○修正コレスキー分解不可能な場合　以上では，ピボット要素 $d_1, d_2, \ldots, d_{n-1}$ がいずれも非ゼロである場合を考えた．しかし，$T-\sigma I$ が正定値でない場合には，ピボット要素が0になる場合がある．そこで，その場合の処理について考える．

いま，$d_1 = b_1 - \sigma = 0$ とする．このとき，T の既約性より $c_1 \neq 0$ であるから，$T-\sigma I$ の左上 2×2 小行列 D_{12} の行列式は $d_1(b_2-\sigma) - c_1^2 = -c_1^2 \neq 0$ となり，D_{12} は正則である．そこで，d_1 の代わりに，2×2 行列 D_{12} をピボットとして用いる．具体的には，$\boldsymbol{c}_2^\top = [0, c_2]$ とし，単位行列の第 $(3,1)$, $(3,2)$ 要素を $-\boldsymbol{c}_2^\top D_{12}^{-1}$ で置き換えた行列を L_{12} として，

$$T_2 \equiv L_{12}(T-\sigma I)L_{12}^\top$$

$$
= \begin{pmatrix} I_2 & & & \\ -\boldsymbol{c}_2^\top D_{12}^{-1} & 1 & & \\ & & \ddots & \\ & & & 1 \end{pmatrix} \begin{pmatrix} D_{12} & \boldsymbol{c}_2 & & \\ \boldsymbol{c}_2^\top & b_3 - \sigma & \ddots & \\ & \ddots & \ddots & c_{n-1} \\ & & c_{n-1} & b_n - \sigma \end{pmatrix} \begin{pmatrix} I_2 & -D_{12}^{-1}\boldsymbol{c}_2 & & \\ & 1 & & \\ & & \ddots & \\ & & & 1 \end{pmatrix}
$$

$$
= \begin{pmatrix} D_{12} & \mathbf{0} & & \\ \mathbf{0}^\top & b_3 - \sigma - \boldsymbol{c}_2^\top D_{12}^{-1}\boldsymbol{c}_2 & \ddots & \\ & \ddots & \ddots & c_{n-1} \\ & & c_{n-1} & b_n - \sigma \end{pmatrix}
$$

$$
= \begin{pmatrix} D_{12} & \mathbf{0} & & & \\ \mathbf{0}^\top & b_3 - \sigma & c_3 & & \\ & c_3 & b_4 - \sigma & \ddots & \\ & & \ddots & \ddots & c_{n-1} \\ & & & c_{n-1} & b_n - \sigma \end{pmatrix} \tag{3.86}
$$

とする．ただし，最後の等号では，

$$
\begin{aligned}
\boldsymbol{c}_2^\top D_{12}^{-1}\boldsymbol{c}_2 &= \begin{pmatrix} 0 & c_2 \end{pmatrix} \begin{pmatrix} 0 & c_1 \\ c_1 & b_2 - \sigma \end{pmatrix}^{-1} \begin{pmatrix} 0 \\ c_2 \end{pmatrix} \\
&= \begin{pmatrix} 0 & c_2 \end{pmatrix} \begin{pmatrix} \frac{\sigma - b_2}{c_1^2} & \frac{1}{c_1} \\ \frac{1}{c_1} & 0 \end{pmatrix} \begin{pmatrix} 0 \\ c_2 \end{pmatrix} = 0
\end{aligned} \tag{3.87}
$$

を用いた．これにより，T の最初の 2 行・2 列を 2×2 のブロック対角行列に変換できる．したがって，今度は右下の $(n-2) \times (n-2)$ 行列に対し，対角行列への変換の操作を続けてゆけばよい．

以上では，$T - \sigma I$ の第 $(1,1)$ 要素が 0 である場合を示したが，途中でピボット要素 d_i が 0 になった場合でも，その段階では副対角要素 c_i の値が変更を受けていないことに注意すると，T の既約性より，d_i を左上隅の要素とする 2×2 小行列が正則であることが言える．したがって，この 2×2 行列をピボットとして計算を進めることが可能である．

これにより，$T-\sigma I$ は最終的に，1×1 または 2×2 のブロックが対角線上に並ぶブロック対角行列に変換される．この行列の固有値は，1×1 の対角要素と，2×2 の対角ブロックの固有値を合わせたものとなる．2×2 の対角ブロックは，行列式の値が負であるから，正と負の固有値を 1 個ずつ持つ．したがって，1×1 の対角要素のうち，正のもの，負のもの，0 のものの個数をそれぞれ n_+, n_-, n_0 とし，2×2 の対角ブロックの個数を n_2 とすると，

$$\pi(T-\sigma I)=n_+ + n_2,\quad \nu(T-\sigma I)=n_- + n_2,\quad \delta(T-\sigma I)=n_0 \tag{3.88}$$

となる．

○ 2 分法による固有値 λ_k の計算　以上で示した $\pi(T-\sigma I), \nu(T-\sigma I), \delta(T-\sigma I)$ の計算法を用いて，大きい方から数えて k 番目の T の固有値 λ_k を次のようにして求めることができる．

❖ アルゴリズム 3.1： 2 分法による固有値 λ_k の計算❖

⟨1⟩ $\alpha_0=-\|T\|_\infty,\quad \beta_0=\|T\|_\infty$
⟨2⟩ **do** $i=0,1,2,\ldots$
⟨3⟩ 　$\gamma=(\alpha_i+\beta_i)/2$
⟨4⟩ 　$p=\pi(T-\gamma I)$
⟨5⟩ 　**if** $p>k$ **then**
⟨6⟩ 　　$\alpha_{i+1}=\gamma,\quad \beta_{i+1}=\beta_i$
⟨7⟩ 　**else**
⟨8⟩ 　　$\alpha_{i+1}=\alpha_i\quad \beta_{i+1}=\gamma$
⟨9⟩ 　**end if**
⟨10⟩ 　**if** $|\beta_{i+1}-\alpha_{i+1}|\le 2\epsilon$ **break**
⟨11⟩ **end do**

ここで，ϵ は固有値の要求精度である．このアルゴリズムでは，T のすべて

の固有値を含む初期区間 $[\alpha_0, \beta_0] = [-\|T\|_\infty, \|T\|_\infty]$ を設定し，λ_k を含むよう，各ステップで区間幅を半分に縮小してゆく．最後に得られた固有値の近似値 γ は，$|\lambda_k - \gamma| \le \epsilon$ が保証される．

2 分法では，$\lambda_1, \lambda_2, \ldots, \lambda_n$ のうち，必要な固有値だけを選んで計算できる．固有値 1 個あたりの計算量は $O(n \log_2 (\|T\|_\infty / \epsilon))$ である．また，ある固有値の計算に使った $\pi(T - \sigma I)$ の結果を他の固有値の計算でも再利用することにより，計算量を削減できる．

3.5.2　逆反復法による固有ベクトル計算

○ 原理　2 分法により，固有値 λ_k の近似値 $\hat{\lambda}_k$ が求まったとする．このとき，対応する固有ベクトルを逆反復法により求めることができる．逆反復法では，適当な初期ベクトル $\boldsymbol{v}_k^{(0)}$ から出発し，連立 1 次方程式

$$\left(T - \hat{\lambda}_k I\right) \boldsymbol{v}_k^{(i)} = \boldsymbol{v}_k^{(i-1)} \tag{3.89}$$

を繰り返し解く．このとき，$\boldsymbol{v}_k^{(i)}$ を正規化して得られるベクトルは，λ_k に対応する T の固有ベクトルに収束する．

これを示すため，初期ベクトルを

$$\boldsymbol{v}_k^{(0)} = \sum_{j=1}^{n} c_j \boldsymbol{v}_j \tag{3.90}$$

と T の固有ベクトル $\boldsymbol{v}_1, \ldots, \boldsymbol{v}_n$ によって展開すると，

$$\begin{aligned} \boldsymbol{v}_k^{(i)} &= \left(T - \hat{\lambda}_k I\right)^{-i} \boldsymbol{v}_k^{(0)} \\ &= \sum_{j=1}^{n} c_j \left(T - \hat{\lambda}_k I\right)^{-i} \boldsymbol{v}_j \\ &= \sum_{j=1}^{n} \frac{c_j}{\left(\lambda_j - \hat{\lambda}_k\right)^i} \boldsymbol{v}_j \end{aligned} \tag{3.91}$$

となる．ここで，$\hat{\lambda}_k$ が $\hat{\lambda}_k$ の十分良い近似値であれば，$c_k \boldsymbol{v}_k / \left(\lambda_k - \hat{\lambda}_k\right)^i$ の項は $i \to \infty$ のとき他の項に優越する．したがって，$\boldsymbol{v}_k^{(i)} / \|\boldsymbol{v}_k^{(i)}\|$ は $\boldsymbol{v}_k$ の方向に収束することがわかる．

2分法で高精度に固有値を求めた場合，逆反復法では，多くの場合に1回の反復のみで高精度な固有ベクトルを求めることができる．なお，式(3.89)の計算では，係数行列が極めて特異に近いため，ピボット選択付きのガウス消去法を用いる．また，オーバーフローを防ぐため，1反復ごとに正規化を行う．

❍ 近接固有値がある場合　T の固有値で，λ_k に近接した別の固有値 λ_l がある場合は，式(3.91)の第 l 項も大きな値を持つ．そのため，$\boldsymbol{v}_k^{(i)}$ の $\boldsymbol{v}_l$ 成分の減衰が遅くなる．特に，固有値間の距離 $|\lambda_k - \lambda_l|$ が近似固有値の精度 $|\hat{\lambda}_k - \lambda_k|$ と同程度の場合には，反復をしても $\boldsymbol{v}_l$ 成分が減衰しないことも起こりうる．この場合，固有ベクトルの直交性 $\boldsymbol{v}_k \cdot \boldsymbol{v}_l = 0$ が，計算された固有ベクトル $\hat{\boldsymbol{v}}_k$, $\hat{\boldsymbol{v}}_l$ に対しては成り立たなくなる．

そこで，近接固有値がある場合には，計算した固有ベクトルの**再直交化**を行うのが普通である．具体的には，互いに近接する固有値群をまとめて固有値のクラスタを定義し，そのクラスタ内の固有ベクトルについて，修正グラム-シュミット法による直交化（アルゴリム2.2）を行いつつ逆反復を行う．いま，クラスタに属する固有値を $\lambda_1, \lambda_2, \ldots, \lambda_p$ とすると，$\hat{\boldsymbol{v}}_1, \hat{\boldsymbol{v}}_2, \ldots, \hat{\boldsymbol{v}}_p$ を求めるアルゴリズムは次のようになる．

❖ アルゴリズム 3.2：直交化付き逆反復法❖

⟨1⟩ Generate $\boldsymbol{v}_1^{(0)}, \ldots, \boldsymbol{v}_p^{(0)}$
⟨2⟩ **do** $k = 1, 2, \ldots, p$
⟨3⟩ 　**do** $i = 1, 2, \ldots, n_{\mathrm{iter}}$
⟨4⟩ 　　Solve $\left(T - \hat{\lambda}_k I\right) \boldsymbol{v}_k^{(i)} = \boldsymbol{v}_k^{(i-1)}$
⟨5⟩ 　　**do** $j = 1, 2, \ldots, k-1$
⟨6⟩ 　　　$\boldsymbol{v}_k^{(i)} := \boldsymbol{v}_k^{(i)} - \left(\hat{\boldsymbol{v}}_j \cdot \boldsymbol{v}_k^{(i)}\right) \hat{\boldsymbol{v}}_j$
⟨7⟩ 　　**end do**
⟨8⟩ 　　$\boldsymbol{v}_k^{(i)} := \boldsymbol{v}_k^{(i)} / \|\boldsymbol{v}_k^{(i)}\|$
⟨9⟩ 　**end do**
⟨10⟩ 　$\hat{\boldsymbol{v}}_k = \boldsymbol{v}_k^{(n_{\mathrm{iter}})}$
⟨11⟩ **end do**

ここで，初期ベクトルはステップ 1 で適当に与えることとし，また，各ベクトルに対する逆反復の回数を n_{iter} としている．なお，固有値クラスタの定義には，隣接する固有値間の距離が $10^{-3}\|T\|$ 以下の場合にそれらが同じクラスタに属すると判定する基準が広く使われている．

○ 計算量と並列性　逆反復法では，必要な固有ベクトルのみを選択的に計算できる．したがって，2 分法と組み合わせて一部の固有値・固有ベクトルのみを計算するのに適している．近接固有値がない場合，固有ベクトル 1 本あたりの計算量は $O(n)$ であり，異なる固有ベクトルの計算には並列性がある．しかし，p 個の固有値からなるクラスタの場合，p 本の固有ベクトルを求める計算量は，直交化のために $O(p^2n)$ に増加する．また，アルゴリズム 3.2 から明らかなように，p 本の固有ベクトルの計算に逐次性が生じる．この点を改良して，$|\lambda_k - \lambda_l|$ が小さくても，相対ギャップ $|\lambda_k - \lambda_l|/|\lambda_k|$ が大きい場合には再直交化を不要とした解法として，MR^3 アルゴリズム [19] がある．

3.6 分割統治法

分割統治法は，実対称 3 重対角行列の固有値・固有ベクトルを同時に求める手法である．この方法では，行列を 2 つの部分行列に分割し，それぞれの固有値・固有ベクトルを求め，そこから元の行列の固有値・固有ベクトルを復元する．部分行列の固有値を求める際にも，同じ操作を再帰的に繰り返すことにより，元の行列の固有値問題を，多数の小さい行列の固有値問題に帰着させる．分割統治法は，実対称行列の全固有値・固有ベクトルを求める場合に，現在最も広く使われているアルゴリズムである．

3.6.1 原理

○ 対角行列＋ランク 1 行列の固有値問題への変換　T を式 (3.81) で定義される既約な $n \times n$ 実対称 3 重対角行列とする．また，n は偶数とし，$m = n/2$ とおく．このとき，T は次のように，ブロック対角行列とランク 1 の行列の和として書き直せる．

$$
T = \left(\begin{array}{cccc|cccc}
b_1 & c_1 & & & & & & \\
c_1 & b_2 & \ddots & & & & & \\
 & \ddots & \ddots & c_{m-1} & & & & \\
 & & c_{m-1} & b_m & c_m & & & \\
\hline
 & & & c_m & b_{m+1} & c_{m+1} & & \\
 & & & & c_{m+1} & b_{m+2} & \ddots & \\
 & & & & & \ddots & \ddots & c_{n-1} \\
 & & & & & & c_{n-1} & b_n
\end{array}\right)
$$

$$
= \left(\begin{array}{cccc|cccc}
b_1 & c_1 & & & & & & \\
c_1 & b_2 & \ddots & & & & & \\
 & \ddots & \ddots & c_{m-1} & & & & \\
 & & c_{m-1} & b_m - c_m & & & & \\
\hline
 & & & & b_{m+1} - c_m & c_{m+1} & & \\
 & & & & c_{m+1} & b_{m+2} & \ddots & \\
 & & & & & \ddots & \ddots & c_{n-1} \\
 & & & & & & c_{n-1} & b_n
\end{array}\right)
+ \left(\begin{array}{c|c}
c_m & c_m \\
\hline
c_m & c_m
\end{array}\right)
$$

$$
= \left(\begin{array}{c|c}
T_1 & \\
\hline
 & T_2
\end{array}\right) + c_m \boldsymbol{w}\boldsymbol{w}^\top. \tag{3.92}
$$

ここで，

$$
\boldsymbol{w} = [0, \ldots, 0, 1, 1, 0, \ldots, 0]^\top \tag{3.93}
$$

である．

いま，T_i $(i = 1, 2)$ の固有値分解が $T_i = Q_i \Lambda_i Q_i^\top$ と与えられたとすると，この式はさらに次のように変形できる．

$$T = \left(\begin{array}{c|c} Q_1\Lambda_1 Q_1^\top & \\ \hline & Q_2\Lambda_2 Q_2^\top \end{array}\right) + c_m \boldsymbol{w}\boldsymbol{w}^\top$$

$$= \left(\begin{array}{c|c} Q_1 & \\ \hline & Q_2 \end{array}\right) \left\{ \left(\begin{array}{c|c} \Lambda_1 & \\ \hline & \Lambda_2 \end{array}\right) + c_m \boldsymbol{u}\boldsymbol{u}^\top \right\} \left(\begin{array}{c|c} Q_1^\top & \\ \hline & Q_2^\top \end{array}\right). \tag{3.94}$$

ここで，

$$\boldsymbol{u} = \left(\begin{array}{c|c} Q_1^\top & \\ \hline & Q_2^\top \end{array}\right) \boldsymbol{w} \tag{3.95}$$

である．これより，

$$D = \left(\begin{array}{c|c} \Lambda_1 & \\ \hline & \Lambda_2 \end{array}\right) \tag{3.96}$$

とおくとき，行列 $D + c_m \boldsymbol{u}\boldsymbol{u}^\top$ の固有値分解が求められれば，式 (3.94) により，T の固有値分解も求められることになる．この行列は，対角行列とランク 1 行列の和という特殊な形をしており，これを利用して固有値・固有ベクトルを効率的に求めることができる．なお，対角行列とランク 1 行列の和という形は，行と列の同時置換により不変であるため，以下では一般性を失うことなく

$$d_1 \leq d_2 \leq \cdots \leq d_n \tag{3.97}$$

が成り立っていると仮定する．

○ 固有値の満たす方程式の導出　$D + c_m \boldsymbol{u}\boldsymbol{u}^\top$ の固有値の満たす方程式を導くため，まず補題を 2 つ用意する．

補題 3.6.1　$\boldsymbol{x}, \boldsymbol{y} \in \mathbb{R}^n$ とするとき，次の式が成り立つ．

$$\det(I + \boldsymbol{x}\boldsymbol{y}^\top) = 1 + \boldsymbol{y}^\top \boldsymbol{x}. \tag{3.98}$$

[証明]　$\boldsymbol{y}_1 = \boldsymbol{y}/\|\boldsymbol{y}\|$ とし，$\boldsymbol{y}_1$ を含む $\mathbb{R}^n$ の正規直交基底 $\boldsymbol{y}_1, \boldsymbol{y}_2, \ldots, \boldsymbol{y}_n$ を考えて $Y = [\boldsymbol{y}_1, \boldsymbol{y}_2, \ldots, \boldsymbol{y}_n]$ とすると，

$$\begin{aligned}\det(I + \boldsymbol{x}\boldsymbol{y}^\top) &= \det\left(Y^\top(I + \boldsymbol{x}\boldsymbol{y}^\top)Y\right) \\ &= \begin{vmatrix} 1 + \boldsymbol{y}^\top\boldsymbol{x} & & & \\ \boldsymbol{y}_2^\top\boldsymbol{x} & 1 & & \\ \vdots & & \ddots & \\ \boldsymbol{y}_n^\top\boldsymbol{x} & & & 1 \end{vmatrix} \\ &= 1 + \boldsymbol{y}^\top\boldsymbol{x}. \end{aligned} \tag{3.99}$$

（証明終）

補題 3.6.2　D の対角要素 $d_1, d_2, \ldots, d_n$ がすべて相異なり，かつ，$\boldsymbol{u}$ の要素はすべて非ゼロで，かつ，$c \neq 0$ であるとする．このとき，$D + c\boldsymbol{u}\boldsymbol{u}^\top$ の固有値は $d_1, d_2, \ldots, d_n$ のどれとも一致しない．

[証明]　まず，d_1 が固有値とならないことを示すため，$\det(D + c\boldsymbol{u}\boldsymbol{u}^\top - d_1 I)$ を計算する．この行列の第1行が $cu_1\boldsymbol{u}^\top$ であることに注意し，第1行の $\frac{u_2}{u_1}, \ldots, \frac{u_n}{u_1}$ 倍をそれぞれ第2行，...，第 n 行から差し引くと，

$$\begin{aligned}\det(D + c\boldsymbol{u}\boldsymbol{u}^\top - d_1 I) &= cu_1 \begin{vmatrix} u_1 & u_2 & \cdots & u_n \\ & d_2 - d_1 & & \\ & & \ddots & \\ & & & d_n - d_1 \end{vmatrix} \\ &= cu_1^2(d_2 - d_1)\cdots(d_n - d_1) \neq 0. \end{aligned} \tag{3.100}$$

よって，d_1 は $D + c\boldsymbol{u}\boldsymbol{u}^\top$ の固有値ではない．同様の変形を d_1 の代わりに d_i，第1行の代わりに第 i 行に対して行うと，d_i $(i = 2, \ldots, n)$ も固有値ではないことがわかる．

（証明終）

いま，D の対角要素 $d_1, d_2, \ldots, d_n$ がすべて相異なり，かつ，$\boldsymbol{u}$ の要素はすべ

て非ゼロであるとする．この仮定が成り立たない場合は，3.6.2 項で扱う．また，T の既約性より $c_m \neq 0$ に注意する．このとき，$\lambda \neq d_i$ $(i = 1, \ldots, n)$ なる λ に対して，補題 3.6.1 より，固有方程式は

$$\begin{aligned}
\det(D + c_m \boldsymbol{u}\boldsymbol{u}^\top - \lambda I) &= \det\left((D - \lambda I)\left(I + c_m (D - \lambda I)^{-1} \boldsymbol{u}\boldsymbol{u}^\top\right)\right) \\
&= \det(D - \lambda I)\det\left(I + c_m (D - \lambda I)^{-1} \boldsymbol{u}\boldsymbol{u}^\top\right) \\
&= \left\{\prod_{i=1}^{n} (d_i - \lambda)\right\}\left\{1 + c_m \boldsymbol{u}^\top (D - \lambda I)^{-1} \boldsymbol{u}\right\} \\
&= \left\{\prod_{i=1}^{n} (d_i - \lambda)\right\}\left\{1 + c_m \sum_{i=1}^{n} \frac{u_i^2}{d_i - \lambda}\right\} \qquad (3.101)
\end{aligned}$$

となる．補題 3.6.2 より，d_i は固有値となり得ないから，固有方程式の零点を求めることは，関数

$$f(\lambda) = 1 + c_m \sum_{i=1}^{n} \frac{u_i^2}{d_i - \lambda} \qquad (3.102)$$

の零点を求めることと同値である．

$f(\lambda)$ は，区間 (d_i, d_{i+1}) $(1 \leq i \leq n-1)$ において，$\lambda \to d_i + 0$ で負に，$\lambda \to d_{i+1} - 0$ で正に発散し，連続かつ単調増加であるから，この区間でただ 1 つの零点を持つ．さらに，区間 $(d_n, d_n + c_m \|\boldsymbol{u}\|^2)$ においても連続かつ単調増加で，$\lambda \to d_n + 0$ で負に発散し，$f(d_n + c_m \|\boldsymbol{u}\|^2) > 0$ であるから，この区間でもただ 1 つの零点を持つ．結局，零点 $\lambda_1, \ldots, \lambda_n$ は，

$$d_1 < \lambda_1 < d_2 < \lambda_2 < d_3 < \cdots < d_{n-1} < \lambda_{n-1} < d_n < \lambda_n \qquad (3.103)$$

を満たす範囲に存在することがわかる．零点を求めるための数値解法については，第 3.6.3 項で述べる．

❍ 固有ベクトルの計算　固有値 λ_i が求まると，固有ベクトルは次の補題が示すように陽的な形で表現できる．

補題 3.6.3　$D + c\boldsymbol{u}\boldsymbol{u}^\top$ の固有値の 1 つを λ_i とする．このとき，λ_i に対応する固有ベクトルは $\boldsymbol{v}_i = (D - \lambda_i I)^{-1} \boldsymbol{u}$ により与えられる．

[証明]　実際に行列 $(D + c\boldsymbol{u}\boldsymbol{u}^\top) - \lambda_i I$ に $\boldsymbol{v}_i$ をかけてみると，

$$\begin{aligned}(D + c\boldsymbol{u}\boldsymbol{u}^\top - \lambda_i I)(D - \lambda_i I)^{-1}\boldsymbol{u} &= \left\{I + c\boldsymbol{u}\boldsymbol{u}^\top (D - \lambda_i I)^{-1}\right\}\boldsymbol{u} \\ &= \boldsymbol{u}\left\{1 + c\boldsymbol{u}^\top (D - \lambda_i I)^{-1}\boldsymbol{u}\right\} \\ &= \boldsymbol{0}. \end{aligned} \tag{3.104}$$

ここで，最後の等号では，λ_i が $f(\lambda) = 1 + c\boldsymbol{u}^\top (D - \lambda I)^{-1}\boldsymbol{u}$ の零点であることを使った．したがって，$\boldsymbol{v}_i = (D - \lambda_i I)^{-1}\boldsymbol{u}$ は固有ベクトルである．（証明終）

ただし，実際にはこの公式は固有値の誤差の影響を受けやすく，直交性の高い固有ベクトルを求めるのが困難であることが知られている．そのため，数値計算に用いるには工夫を要する．これについては 3.6.4 項で述べる．

以上で求めた $D + c_m \boldsymbol{u}\boldsymbol{u}^\top$ の固有値・固有ベクトルを使って対角行列 Λ と直交行列 Q', Q を

$$\Lambda = \mathrm{diag}(\lambda_1, \lambda_2, \ldots, \lambda_n), \tag{3.105}$$

$$Q' = [\boldsymbol{v}_1, \boldsymbol{v}_2, \ldots, \boldsymbol{v}_n] \tag{3.106}$$

$$Q = \left(\begin{array}{c|c} Q_1 & \\ \hline & Q_2 \end{array}\right) Q' \tag{3.107}$$

により定義すると，式 (3.95) より，

$$\begin{aligned} T &= \left(\begin{array}{c|c} Q_1 & \\ \hline & Q_2 \end{array}\right) Q'\Lambda Q'^\top \left(\begin{array}{c|c} Q_1^\top & \\ \hline & Q_2^\top \end{array}\right) \\ &= Q\Lambda Q^\top \end{aligned} \tag{3.108}$$

となる．こうして，元の行列 T に対する固有値分解が得られる．

3.6.2　デフレーション

前項では，D の対角要素 $d_1, d_2, \ldots, d_n$ がすべて相異なり，かつ，$\boldsymbol{u}$ の要素はすべて非ゼロの場合を扱った．これらの条件が満たされない場合は，以下に見るように，計算はむしろ簡単になる．

❍ $\boldsymbol{u}$ の要素に 0 のものがある場合　いま，$u_1 = 0$ とする．このとき，

$$\tilde{\boldsymbol{u}} = [u_2, \ldots, u_n]^\top \tag{3.109}$$

$$\tilde{D} = \mathrm{diag}(d_2, \ldots, d_n) \tag{3.110}$$

と定義すると，

$$D + c\boldsymbol{u}\boldsymbol{u}^\top = \begin{pmatrix} d_1 & \boldsymbol{0}^\top \\ \boldsymbol{0} & \tilde{D} \end{pmatrix} + c \begin{pmatrix} 0 \\ \tilde{u} \end{pmatrix} \begin{pmatrix} 0 & \tilde{u}^\top \end{pmatrix} = \begin{pmatrix} d_1 & \boldsymbol{0}^\top \\ \boldsymbol{0} & \tilde{D} + c\tilde{\boldsymbol{u}}\tilde{\boldsymbol{u}}^\top \end{pmatrix} \tag{3.111}$$

となるから，d_1 と $\boldsymbol{e}_1$ が固有値・固有ベクトルとなる．したがって，問題は $(n-1) \times (n-1)$ 行列 $\tilde{D} + c\tilde{\boldsymbol{u}}\tilde{\boldsymbol{u}}^\top$ の固有値分解に帰着される．$\boldsymbol{u}$ の他の要素が 0 の場合も同様である．こうして問題のサイズを縮小することを**第 1 種のデフレーション**と呼ぶ．

❍ 対角要素の中に等しいものがある場合　第 1 種のデフレーションを可能な限り行い，サイズが縮小された行列を（簡単のために同じ記号を用いて）$D + c\boldsymbol{u}\boldsymbol{u}^\top$ とする．いま，D の対角要素で等しいものが m 個あるとする．行と列の同時置換を行うことにより，一般性を失うことなく，$d_1 = d_2 = \cdots = d_m$ であるとしてよい．このとき，

$$\tilde{\boldsymbol{u}}_1 = [u_1, \ldots, u_m]^\top \tag{3.112}$$

$$\tilde{\boldsymbol{u}}_2 = [u_{m+1}, \ldots, u_n]^\top \tag{3.113}$$

$$\tilde{D} = \mathrm{diag}(d_{m+1}, \ldots, d_n) \tag{3.114}$$

とし，$\tilde{\boldsymbol{u}}_1 / \|\tilde{\boldsymbol{u}}_1\|$ を第 m 列とする $m \times m$ 直交行列を $\tilde{U}$ とすると，

$$\begin{pmatrix} \tilde{U}^\top & O \\ O & I \end{pmatrix} (D + c\boldsymbol{u}\boldsymbol{u}^\top) \begin{pmatrix} \tilde{U} & O \\ O & I \end{pmatrix} = \begin{pmatrix} d_1 I_m + c\tilde{U}^\top \tilde{\boldsymbol{u}}_1 \tilde{\boldsymbol{u}}_1^\top \tilde{U} & c\tilde{U}^\top \tilde{\boldsymbol{u}}_1 \tilde{\boldsymbol{u}}_2^\top \\ c\tilde{\boldsymbol{u}}_2 \tilde{\boldsymbol{u}}_1^\top \tilde{U} & \tilde{D} + c\tilde{\boldsymbol{u}}_2 \tilde{\boldsymbol{u}}_2^\top \end{pmatrix}$$

$$= \begin{pmatrix} d_1 I_{m-1} & \boldsymbol{0} & O \\ \boldsymbol{0}^\top & d_1 + c\|\tilde{\boldsymbol{u}}_1\|^2 & c\|\tilde{\boldsymbol{u}}_1\| \tilde{\boldsymbol{u}}_2^\top \\ O & c\|\tilde{\boldsymbol{u}}_1\| \tilde{\boldsymbol{u}}_2 & \tilde{D} + c\tilde{\boldsymbol{u}}_2 \tilde{\boldsymbol{u}}_2^\top \end{pmatrix}$$

(3.115)

より，$m-1$ 重に縮重した固有値 d_1 が分離できる．これにより，問題サイズは $m-1$ だけ小さくなる．これを**第2種のデフレーション**と呼ぶ．

○デフレーションの効果　デフレーションにより固有値を分離した場合，対応する $D+c\boldsymbol{u}\boldsymbol{u}^\top$ の固有ベクトルは，ゼロ要素の多いベクトルとなる．したがって，式 (3.106), (3.107) による Q の計算において，多くの演算が省略できる．分割統治法では高い頻度でデフレーションが生じることが経験的に知られており，これが分割統治法の高速さの一因となっている．

3.6.3　固有方程式の数値解法

本項では，式 (3.102) で定義される $f(\lambda)$ の零点の計算法について述べる．$f(\lambda)=0$ は n 個の解を持ち，その存在範囲は式 (3.103) のようにわかっている．したがって，原理的には，ニュートン法（→ 第5章）などの解法を用いて解を求めることができる．しかし，通常のニュートン法では，初期値を区間 (d_i, d_{i+1}) 内にとったとしても，その後の近似解がこの区間内に留まることを保証できない．

そこで，変形版のニュートン法を用いる．いま，固有値 λ_i を求めるため，初期値 $\lambda^{(0)}$ を区間 (d_i, d_{i+1}) 内にとったとする．この方法では，$\lambda=\lambda^{(0)}$ における $f(\lambda)$ の接線を用いる代わりに，$\lambda \to d_i+0$, $\lambda \to d_{i+1}-0$ でそれぞれ $-\infty$, ∞ に発散する有理関数

$$h(\lambda)=\frac{a_1}{d_i-\lambda}+\frac{a_2}{d_{i+1}-\lambda}+a_3 \tag{3.116}$$

を用い，これが $\lambda=\lambda^{(0)}$ で $f(\lambda)$ と接するように係数 a_1, a_2, a_3 を決める．

ただし，接するという条件だけでは，3つの係数は一意的に定まらない．そこで，$f(\lambda)$ を2つの部分

$$f_1(\lambda) = 1+c_m\sum_{k=1}^{i}\frac{u_k^2}{d_k-\lambda} \tag{3.117}$$

$$f_2(\lambda) = c_m \sum_{k=i+1}^{n} \frac{u_k^2}{d_k - \lambda} \tag{3.118}$$

に分け，

$$h_1(\lambda) = \frac{a_1}{d_i - \lambda} + \hat{a}_1 \tag{3.119}$$

$$h_2(\lambda) = \frac{a_2}{d_{i+1} - \lambda} + \hat{a}_2 \tag{3.120}$$

として，$h_1(\lambda)$ が $f_1(\lambda)$, $h_2(\lambda)$ が $f_2(\lambda)$ にそれぞれ $\lambda = \lambda^{(0)}$ で接するように係数 $a_1, a_2, \hat{a}_1, \hat{a}_2$ を決める．このとき，関数 $h(\lambda) = h_1(\lambda) + h_2(\lambda)$ は (d_i, d_{i+1}) 内でただ1つの零点を持つことが容易にわかり，それは $h(\lambda) = 0$ の分母を払って得られる2次方程式

$$a_1(d_{i+1} - \lambda) + a_2(d_i - \lambda) + (\hat{a}_1 + \hat{a}_2)(d_i - \lambda)(d_{i+1} - \lambda) = 0 \tag{3.121}$$

の解として得られる．これを次の近似解 $\lambda^{(1)}$ とすることにより，近似解が常に (d_i, d_{i+1}) 内に求まることが保証される．このようにして，十分精度の良い近似解が得られるまで反復を行う．

3.6.4 固有ベクトルの安定な計算法

ここでは，補題 3.6.3 を用いて固有ベクトルを安定に計算する方法を説明する．いま，固有方程式を解いて n 個の近似固有値 $\hat{\lambda}_1, \ldots, \hat{\lambda}_n$ が求まったとすると，これらは一般には $D + c\boldsymbol{u}\boldsymbol{u}^\top$ の厳密な固有値になっていない．したがって，固有ベクトルの計算式 $(D - \hat{\lambda}_i)^{-1}\boldsymbol{u}$ において，$\hat{\lambda}_i$ と $D, \boldsymbol{u}$ が正確には対応していない．このような不整合は，固有ベクトルの向きの大きなずれ，特に固有ベクトル間の直交性の崩れという問題を引き起こすことが知られている．

これを解決するには，多倍長計算などを用いて $\hat{\lambda}_i$ をより正確に計算するのが一つの方法である．しかし，逆に考えて，$\hat{\lambda}_1, \ldots, \hat{\lambda}_n$ を正確な固有値として持つような別の行列 $D + \hat{c}\hat{\boldsymbol{u}}\hat{\boldsymbol{u}}^\top$ を構成し，この $D, \hat{\boldsymbol{u}}, \hat{\lambda}_i$ を補題 3.6.3 の式に代入して固有ベクトルを求める方法も考えられる．この場合，$\hat{\lambda}_i$ と $D, \hat{\boldsymbol{u}}$ は正確に対応するので，直交性の崩れという問題は生じない．もちろん，$D + c\boldsymbol{u}\boldsymbol{u}^\top$ の代わりに $D + \hat{c}\hat{\boldsymbol{u}}\hat{\boldsymbol{u}}^\top$ の固有ベクトルを求めることになるので，各固有ベク

トルの向き自体は（固有値が縮重に近い場合には）大きくずれる可能性があるが，$\boldsymbol{u}\boldsymbol{u}^\top$ と $\hat{\boldsymbol{u}}\hat{\boldsymbol{u}}^\top$ の差が丸め誤差程度ならば（後退安定性），同様の向きのずれは丸め誤差によっても生じるため，止むを得ないと考えられる．多くの応用では，固有ベクトルの直交性のほうがより重要である．具体的に $\hat{\boldsymbol{u}}$ を求めるには，次の定理（レウナーの定理）を用いる．

定理 3.6.4　$D = \mathrm{diag}(d_1, d_2, \ldots, d_n)$ を $d_1 < d_2 < \cdots < d_n$ を満たす対角行列とし，条件

$$d_1 < \hat{\lambda}_1 < d_2 < \hat{\lambda}_2 < d_3 < \cdots < d_{n-1} < \hat{\lambda}_{n-1} < d_n < \hat{\lambda}_n \tag{3.122}$$

を満たす n 個の実数 $\hat{\lambda}_1, \hat{\lambda}_2, \ldots, \hat{\lambda}_n$ が与えられているとする．このとき，$\hat{\lambda}_1, \hat{\lambda}_2, \ldots, \hat{\lambda}_n$ が $D + \hat{\boldsymbol{u}}\hat{\boldsymbol{u}}$ の正確な固有値となるような n 次元ベクトル $\hat{\boldsymbol{u}}$ が存在し，その要素は

$$|\hat{u}_i| = \left\{ \frac{\prod_{j=1}^{n} (\hat{\lambda}_j - d_i)}{\prod_{j=1, j\neq i}^{n} (d_j - d_i)} \right\}^{\frac{1}{2}} \tag{3.123}$$

により与えられる．

［証明］　$\det(D + \hat{\boldsymbol{u}}\hat{\boldsymbol{u}}^\top - d_i I)$ を2通りの方法で計算する．まず，行列式は固有値の積であるから，

$$\det(D + \hat{\boldsymbol{u}}\hat{\boldsymbol{u}}^\top - d_i I) = \prod_{j=1}^{n} (\hat{\lambda}_j - d_i). \tag{3.124}$$

一方，式 (3.100) より，

$$\det(D + \hat{\boldsymbol{u}}\hat{\boldsymbol{u}}^\top - d_i I) = \hat{u}_i^2 \prod_{\substack{j=1 \\ j\neq i}}^{n} (d_j - d_i). \tag{3.125}$$

これらを等しいとおいて u_i^2 について解くと，

$$\hat{u}_i^2 = \frac{\prod_{j=1}^{n} (\hat{\lambda}_j - d_i)}{\prod_{j=1, j\neq i}^{n} (d_j - d_i)} \tag{3.126}$$

となる．ここで，条件 (3.122) より右辺が正であることに注意して両辺の平方根をとることにより，定理が得られる． (証明終)

式 (3.123) による計算では，通常の倍精度演算でも十分正確な $\hat{\boldsymbol{u}}$ が求まることがわかっている．したがって，これにより $\hat{\boldsymbol{u}}$ を求めて $\hat{\lambda}_i$ とともに補題 3.6.3 の式に代入することで，倍精度演算のみで直交性の高い固有ベクトルを計算できる．分割統治法で固有ベクトルを求める場合は，現在，この方法が標準的である．また，固有値 $\hat{\lambda}_1, \ldots, \hat{\lambda}_n$ を 3.6.3 項の方法で（倍精度演算で）適切な停止基準を用いて計算した場合，定理 3.6.4 から得られる $\hat{\boldsymbol{u}}\hat{\boldsymbol{u}}^\top$ と $\boldsymbol{u}\boldsymbol{u}^\top$ との差は，丸め誤差程度の大きさとなることがわかっている．

第4章

線形最小二乗問題

山本　有作

本章では，実験データの解析などに有用な最小二乗法について述べる．まず，測定データに関数をフィッティングする問題として最小二乗問題を定式化し，それが正規方程式と呼ばれる連立一次方程式に帰着されることを示す．しかし，正規方程式は悪条件になることが多く，それをそのまま解くのは得策でない．そこで，QR分解を用いて解く方法を2つ紹介する．また，より悪条件な問題にも対応できる方法として，特異値分解に基づく解法を示す．特異値分解は，最小二乗問題の求解だけでなく，データ圧縮，統計計算，情報検索など様々な応用を持つ重要な行列分解である．

4.1　問題の定式化

xy 平面上に m 個のデータ点 $(x_1, y_1), (x_2, y_2), \ldots, (x_m, y_m)$ が与えられているとする．このとき，x と y の関係をなるべく良く表す関数 $y = f(x)$ を，n 個の基底関数 $\phi_i(x)$ の線形結合として $f(x) = \sum_{j=1}^{n} c_j \phi_j(x)$ の形で求める問題を考える．ただし，$m \geq n$ とする．一般にはすべての点 x_i について $y_i = f(x_i)$ とすることはできないので，代わりに最小二乗誤差

$$r \equiv \sum_{i=1}^{m} \left\{ y_i - \sum_{j=1}^{n} c_j \phi_j(x_i) \right\}^2 \tag{4.1}$$

を最小にするように係数 c_j を求める．これを**線形最小二乗法**（以下，単に最小二乗法）と呼ぶ．

いま，各点における基底関数 $\phi_j(x)$ の値を並べたベクトルを

$$\boldsymbol{a}_j = (\phi_j(x_1), \phi_j(x_2), \ldots, \phi_j(x_m))^\top \tag{4.2}$$

とし，解を一意的に定めるため，$\boldsymbol{a}_1, \boldsymbol{a}_2, \ldots, \boldsymbol{a}_n$ は1次独立であるとする．なお，1次独立でない場合は4.4節で扱う．このとき，

$$A = (\boldsymbol{a}_1, \boldsymbol{a}_2, \ldots, \boldsymbol{a}_n) \in \mathbb{R}^{m\times n}, \tag{4.3}$$

$$\boldsymbol{y} = (y_1, y_2, \ldots, y_m)^\top, \tag{4.4}$$

$$\boldsymbol{c} = (c_1, c_2, \ldots, c_n)^\top, \tag{4.5}$$

とおくと，A の列ベクトルの集合が1次独立であることより $A^\top A$ は正則となるから[†1]，最小二乗誤差の式は次のように変形できる．

$$\begin{aligned} r &= \| \boldsymbol{y} - A\boldsymbol{c} \|^2 \\ &= \boldsymbol{c}^\top A^\top A\boldsymbol{c} - 2\boldsymbol{c}^\top A^\top \boldsymbol{y} + \boldsymbol{y}^\top \boldsymbol{y} \\ &= \left(A^\top A\boldsymbol{c} - A^\top \boldsymbol{y}\right)^\top \left(A^\top A\right)^{-1} \left(A^\top A\boldsymbol{c} - A^\top \boldsymbol{y}\right) \\ &\qquad -\boldsymbol{y}^\top A \left(A^\top A\right)^{-1} A^\top \boldsymbol{y} + \boldsymbol{y}^\top \boldsymbol{y}. \end{aligned} \tag{4.6}$$

最後の式において，ベクトル $\boldsymbol{c}$ が関係するのは第1項のみであるが，$(A^\top A)^{-1}$ は正定値対称行列だからこの項は明らかに非負であり，$A^\top A\boldsymbol{c} - A^\top \boldsymbol{y} = \boldsymbol{0}$ のとき最小値0をとる．したがって，誤差 r が最小となる条件は，

$$A^\top A\boldsymbol{c} = A^\top \boldsymbol{y}. \tag{4.7}$$

行列 $A^\top A$ は正則であるから，これを解けば最小二乗誤差を最小にする係数ベクトル $\boldsymbol{c}$ が求まる．式(4.7)を**正規方程式**と呼ぶ．

しかし，正規方程式を作ってからこれを解いて $\boldsymbol{c}$ を求める方法は，数学的には正しいが，数値計算の方法としては望ましくない．実際，行列 A の条件数を $\kappa(A)$ とするとき，$A^\top A$ の条件数は $(\kappa(A))^2$ となり，条件数が2乗で悪化する．たとえば基底関数が単項式 $\phi_j(x) = x^{j-1}$ の場合は，もともと基底関数系が線形従属に近く $\kappa(A)$ が大きいため，正規方程式の方法では誤差が増大する．

[†1] $A\boldsymbol{x} = \boldsymbol{0}$ のとき $\boldsymbol{x} = \boldsymbol{0}$ であることより，$(A^\top A)\boldsymbol{x} = \boldsymbol{0} \Rightarrow \boldsymbol{x}^\top A^\top A\boldsymbol{x} = 0 \Rightarrow \| A\boldsymbol{x} \|^2 = 0 \Rightarrow A\boldsymbol{x} = \boldsymbol{0} \Rightarrow \boldsymbol{x} = \boldsymbol{0}$．よって $A^\top A$ は正則．

そこで以下では，正規方程式に代わる方法として，行列 A の QR 分解に基づく方法と特異値分解に基づく方法とを説明する．前者については，QR 分解の計算法により様々なアルゴリズムがあるが，ここではそのうちグラム・シュミット法とハウスホルダー法とを紹介する．

4.2 QR 分解による解法 I： グラム-シュミット法

任意の $m \times n$ 実行列 $(m \geq n)$ は，$m \times n$ の列直交行列（列ベクトルが正規直交系をなす行列）Q と，対角成分が非負である $n \times n$ の上三角行列 R を用いて $A = QR$ と分解できる．これを A の **QR 分解**と呼ぶ．A の列ベクトルの集合が 1 次独立ならば，この分解は一意的であり，行列 R は正則である．

いま，A の QR 分解が求まったとして，これを正規方程式 (4.7) に代入し，$Q^\top Q = I_n$ および R の正則性を使うと，

$$
\begin{aligned}
A^\top A\boldsymbol{c} = A^\top \boldsymbol{y} &\Leftrightarrow R^\top Q^\top QR\boldsymbol{c} = R^\top Q^\top \boldsymbol{y} \\
&\Leftrightarrow R^\top R\boldsymbol{c} = R^\top Q^\top \boldsymbol{y} \\
&\Leftrightarrow R\boldsymbol{c} = Q^\top \boldsymbol{y} \qquad (4.8)
\end{aligned}
$$

となる．したがって，方程式 $R\boldsymbol{c} = Q^\top \boldsymbol{y}$ を解くことで $\boldsymbol{c}$ が求められる．この方程式は後退代入により簡単に解くことができる．しかも，R の条件数は $\kappa(A)$ であるため，正規方程式に比べて良条件である．そこで，問題は A の QR 分解を求めることに帰着される．

2.3 節で述べたように，行列 A の QR 分解は A の列ベクトルの正規直交化と等価であるから，古典的グラム-シュミット法（アルゴリズム 2.1）または修正グラム-シュミット法（アルゴリズム 2.2）が利用できる[†2]．A の列ベクトルの集合が 1 次独立ならば，これらのアルゴリズムは破綻なく実行でき，$Q = (\boldsymbol{q}_1, \boldsymbol{q}_2, \ldots, \boldsymbol{q}_n)$, $R = (r_{ij})$ が求まって A の QR 分解が得られる．これらのアルゴリズムの計算量はともに $2n^2m$ である．以下，両アルゴリズムの計算

[†2] アルゴリズム 2.1, 2.2 では，本節と異なり，ベクトルの本数を m で表している．また，n は行列サイズでなく，ループ変数として使われていることに注意する．

パターンと並列性，および精度について簡単に述べる．

○計算パターンと並列性　古典的グラム-シュミット法では，アルゴリズム 2.1 の第3行，第4行がいずれも行列・ベクトル積の形となっている．行列・ベクトル積は，結果の各要素について独立に計算可能であるから，このことを利用して，計算量の大部分を占める第3行，第4行の計算を並列化できる．一方，修正グラム-シュミット法では，この部分がループになっており（アルゴリズム 2.2 の第3〜6行），ベクトル $\boldsymbol{a}_{n+1}$ を逐次的に修正していく形になっている．そのため，同様の並列化は不可能である．ただし，修正グラム-シュミット法でも，アルゴリズム 2.2 の n と i のループを入れ替え，各正規直交ベクトル $\boldsymbol{q}_i$ を求めるたびに，それを用いて $\boldsymbol{a}_{n+1}$ のベクトルを直交化していくようにすれば，別の形で並列化が可能となる．

○精度　古典的グラム-シュミット法は，計算の主要部が行列・ベクトル積の形で書かれており，並列性の面で優れている．しかし，有限精度計算では，得られる $\boldsymbol{q}_1, \ldots, \boldsymbol{q}_n$ の直交性が極めて悪くなりうる．実際，丸め誤差の理論的解析で得られた直交性からのずれの上界は

$$\|I - Q^\top Q\| \leq O(\epsilon\kappa(A)^{n-1}) \tag{4.9}$$

（ただし ϵ はマシンイプシロン）という形をしており，これは直交性からのずれが n とともに指数関数的に大きくなりうることを示している．実際には直交性のずれがこれほど大きくなることは稀であり，$O(\epsilon\kappa(A)^2)$ 程度に留まることが多いが，それでも，次に述べる修正グラム-シュミット法に比べると直交性のずれのオーダーが大きい．したがって，古典的グラム-シュミット法をそのまま用いることは，A が極めて良条件の場合を除き，薦められない．

一方，$\boldsymbol{q}_1, \ldots, \boldsymbol{q}_n$ に対して再度古典的グラム-シュミット法による直交化を施す**再直交化**という方法がある．A の条件数があまり大きくなく，$O(\epsilon\kappa(A)) < 1$ が成り立つ場合は，再直交化を行うことで，$\|I - Q^\top Q\|$ が $O(\epsilon)$ になることが知られている．再直交化は，計算量が2倍になるものの，古典的グラム-シュミット法の演算パターンの特徴を保ちつつ直交性を改善することができ，場合によっては有用である．

一方，修正グラム-シュミット法は，並列化可能な場合が限られるが，Q の直交性に関しては古典的グラム-シュミット法よりも優れている．丸め誤差の理論的解析では，直交性からのずれの上界が

$$\|I - Q^\top Q\| \le O(\epsilon\kappa(A)) \tag{4.10}$$

となることが示されている．したがって，A の条件数があまり大きくなければ，直交性の良いベクトルを生成できる．A の条件数が大きい場合に直交性の高いベクトルを生成するには，次節で述べるハウスホルダー法を使うのがよい．

精度に関しては，直交性のずれに加えて後退誤差（残差）$\|A - QR\|$ も重要であるが，これについては古典的グラム-シュミット法，修正グラム-シュミット法の両方について，

$$\frac{\|A - QR\|}{\|A\|} \le O(\epsilon) \tag{4.11}$$

という形の上界が成り立つことが知られている．

なお，最小二乗問題を修正グラム-シュミット法で解く場合には，A の代わりに拡大行列 $(A, \boldsymbol{y})$ に対して修正グラム-シュミット法を適用することにより，A の条件数が大きい場合でも，精度の良い解を求められることが知られている．具体的には，$(A, \boldsymbol{y})$ を

$$(A, \boldsymbol{y}) = (Q_1, \boldsymbol{q}_{n+1}) \begin{pmatrix} R & \boldsymbol{z} \\ \boldsymbol{0}^\top & \rho \end{pmatrix} \tag{4.12}$$

と QR 分解し，方程式 $R\boldsymbol{c} = \boldsymbol{z}$ を解けばよい．この方法は，数学的には A を QR 分解して方程式 (4.8) を解くことと同値であるが，A が悪条件で Q の直交性が崩れた場合でも精度の良い最小二乗解が得られることが，丸め誤差解析により示されている．

4.3 QR 分解による解法 II：ハウスホルダー法

○アルゴリズム　QR 分解を求めるもう一つのアルゴリズムとして，**ハウスホルダー法**がある．この方法では，3.3.1 項で導入したハウスホルダー変換

を A に左からかけていくことで，A を上三角行列 R に変換する．第 j 番目 $(1 \leq j \leq n-1)$ のハウスホルダー変換 H_j は，$H_{j-1} \cdots H_2 H_1 A$ の第 j 列の第 $j+1$ 番目以降の要素を 0 に消去するよう選ぶ．ハウスホルダー法のアルゴリズムを以下に示す．ここで，$\tilde{\boldsymbol{a}}_j$ は $\boldsymbol{a}_j$ の第 j 番目以降の要素を取り出してできる長さ $n-j+1$ のベクトルを表す．また，House は 3.3.1 項で定義した操作とし，$\mathrm{diag}(A_1, A_2, \ldots, A_k)$ は k 個の正方行列（スカラーでもよい）を対角ブロックに並べた行列とする．

❖アルゴリズム 4.1： ハウスホルダー法❖

⟨1⟩ **do** $j = 1, n$
⟨2⟩ 　$\boldsymbol{r}_j = \boldsymbol{a}_j$
⟨3⟩ 　**do** $i = 1, j-1$
⟨4⟩ 　　$\boldsymbol{r}_j := H_i \boldsymbol{r}_j$
⟨5⟩ 　**end do**
⟨6⟩ 　$\tilde{\boldsymbol{u}}_j = \mathrm{House}(\tilde{\boldsymbol{r}}_j)$
⟨7⟩ 　$H_j = \mathrm{diag}(I_{j-1}, I_{n-j+i} - \tilde{\boldsymbol{u}}_j \tilde{\boldsymbol{u}}_j^\top)$
⟨8⟩ 　$\boldsymbol{r}_j := H_j \boldsymbol{r}_j$
⟨9⟩ **end do**

いま，$\bar{R} = (\boldsymbol{r}_1, \ldots, \boldsymbol{r}_n) \in \mathbb{R}^{m \times n}$ とおくと，アルゴリズムより

$$H_n \cdots H_2 H_1 A = \bar{R} \tag{4.13}$$

が成り立つ．ここで，各 $\boldsymbol{r}_j$ は最初の j 個の要素のみが非ゼロであるから，$\bar{R}$ はある $n \times n$ 上三角行列 R を用いて，

$$\bar{R} = \begin{pmatrix} R \\ O \end{pmatrix} \tag{4.14}$$

と書ける．一方，$\bar{Q} = H_1 H_2 \cdots H_n \in \mathbb{R}^{m \times m}$ とおくと，Q は直交行列である．そこで，$\bar{Q} = (Q\ Q')$ $(Q \in \mathbb{R}^{m \times n}, Q' \in \mathbb{R}^{m \times (m-n)})$ と分割すると，

$$A = \bar{Q}\bar{R} = QR \tag{4.15}$$

となる．したがって，A の QR 分解が得られることがわかる．

なお，アルゴリズム 4.1 では，R は陽的に得られるが，$\bar{Q}$ は $H_1, \ldots, H_n$ の積として陰的に求まる．最小二乗法ではこれで問題はなく，式 (4.8) の右辺を計算する際に，

$$Q^\top \boldsymbol{y} = (I_n \; O)\bar{Q}^\top \boldsymbol{y} = (I_n \; O)H_n \cdots H_2 H_1 \boldsymbol{y} \tag{4.16}$$

と計算すればよい．Q の各列が陽的に必要な場合は，アルゴリズムの 5 行目と 6 行目の間に

$$\boldsymbol{q}_j = H_1 H_2 \cdots H_j \boldsymbol{e}_j \tag{4.17}$$

（$\boldsymbol{e}_j$ は I_m の第 j 列）を入れればよい．

❍計算量　アルゴリズム 4.1 において H_j を乗算する際には，第 7 行で定義される H_j の形を考慮し，ベクトルの第 j 成分以降にのみ乗算を行う．また，式 (3.32) のように計算する．このとき，全体の計算量は $2n^2m - \frac{2}{3}n^3$ である．$\boldsymbol{q}_1, \ldots, \boldsymbol{q}_n$ を陽的に求める場合には，これに加えて，式 (4.17) の計算のために $2n^2m - \frac{2}{3}n^3$ が必要となる．

❍計算パターンと並列性　アルゴリズム 4.1 では，第 3 行〜第 5 行におけるハウスホルダー変換 $H_1, H_2, \ldots, H_{j-1}$ の乗算が計算量の大部分を占める．ここは逐次的な演算であり，並列性はない．

一方，i と j のループを入れ替え，H_i を $\boldsymbol{a}_j, \ldots, \boldsymbol{a}_n$ に対して同時にかけるようにすれば，外積形式の修正グラム-シュミット法と同様，計算は行列・ベクトル積と行列のランク 1 更新の形になり，並列性を回復できる．ただし，この形では最初から $\boldsymbol{a}_1, \ldots, \boldsymbol{a}_n$ のすべてを準備しておく必要があり，アルゴリズム 4.4 に比べて適用範囲は限定される．

アルゴリズム 4.1 のように $\boldsymbol{a}_j$ を 1 本ずつ与える形のアルゴリズムで，かつ並列化が可能な手法としては，ハウスホルダー変換のコンパクト WY 表現を用いた手法がある [23]．この手法では，アルゴリズム 4.1 の第 3 行〜第 5 行の逐次的なループが行列・ベクトル積で置き換えられるため，この部分を並列化することが可能となる．

○精度　ハウスホルダー変換を用いたQR分解では，A の条件数によらず，極めて直交性の高い Q が得られるという著しい特徴がある．実際，丸め誤差の理論的解析によると，

$$\|I - Q^\top Q\| \leq O(\epsilon) \tag{4.18}$$

となることが保証されている．また，後退誤差については古典的グラム-シュミット法，修正グラム-シュミット法と同様に，式 (4.11) の形の上界が成り立つ．したがって，A の条件数が大きい場合に直交性の高い Q を求めるためには，ハウスホルダー法を使うのがよい．

4.4　特異値分解による解法

以上では，A の各列が1次独立であると仮定して話を進めてきた．しかし実際上は，A がランク落ちしている場合も起こりうる．この場合，最小二乗解 $\boldsymbol{c}$ は一意に定まらない．また，数学的にはランク落ちしていなくても，列が線形従属に近い場合には，右辺ベクトル $\boldsymbol{y}$ の微小な変化に対して解 $\boldsymbol{c}$ が大きく変化する，いわゆる悪条件の問題となる．本節で述べる特異値分解を使うと，これらの場合を容易に扱うことができる．本節では，特異値分解の定義とアルゴリズムを説明した後，A がランク落ちしている場合も含めた最小二乗法への応用について述べる．次節では，A の列が線形従属に近い場合を扱う．

4.4.1　特異値分解とは

まず，特異値分解の定義を示す．

定理 4.4.1　A を任意の $m \times n$ 実行列 $(m \geq n)$ とするとき，次が成り立つ．

(i)　A は，次の形に分解できる．

$$A = U\Sigma V^\top \tag{4.19}$$

ここで，U は $m \times m$ 直交行列，V は $n \times n$ 直交行列，Σ は対角成分に実数 $\sigma_1, \sigma_2, \ldots, \sigma_n$ $(\sigma_1 \geq \sigma_2 \geq \cdots \geq \sigma_s > \sigma_{s+1} = \cdots = \sigma_n = 0)$ が並ぶ

$m \times n$ 対角行列である．これを A の**特異値分解**と呼び，$\sigma_1, \ldots, \sigma_n$ を**特異値**，U の各列を**左特異ベクトル**，V の各列を**右特異ベクトル**と呼ぶ．

(ii) A の 0 でない特異値の個数 s は，A のランクと等しい．

(iii) A の特異値の 2 乗は $A^\top A$ および $AA^\top$ の固有値である．

(iv) A の右特異ベクトルは $A^\top A$ の固有ベクトルである．

(v) A の左特異ベクトルは $AA^\top$ の固有ベクトルである．

[証明] まず，式 (4.19) を満たす U, V, Σ を具体的に構成することで (i) を示す．$m \times m$ 対称非負定値行列 $AA^\top$ の固有値を $\sigma_1^2 \geq \sigma_2^2 \geq \cdots \geq \sigma_s^2 > \sigma_{s+1}^2 = \cdots = \sigma_m^2 = 0$，対応する固有ベクトルを $\boldsymbol{u}_1, \ldots, \boldsymbol{u}_m$ とする．なお，$\boldsymbol{u}_1, \ldots, \boldsymbol{u}_m$ は正規直交系をなすようにとり，これらを並べてできる $m \times m$ 直交行列を U とする．すると，$s + 1 \leq i \leq m$ に対して，

$$\|A^\top \boldsymbol{u}_i\|_2^2 = \boldsymbol{u}_i^\top AA^\top \boldsymbol{u}_i = \boldsymbol{u}_i^\top (\sigma_i^2) \boldsymbol{u}_i = 0 \tag{4.20}$$

だから，$A^\top \boldsymbol{u}_i = \boldsymbol{0}$ である．一方，$1 \leq i \leq s$ に対して

$$\boldsymbol{v}_i = \frac{1}{\sigma_i} A^\top \boldsymbol{u}_i \tag{4.21}$$

とおくと，$1 \leq i, j \leq s$ に対して，

$$\boldsymbol{v}_i^\top \boldsymbol{v}_j = \frac{1}{\sigma_i \sigma_j} \boldsymbol{u}_i^\top AA^\top \boldsymbol{u}_j = \frac{1}{\sigma_i \sigma_j} \cdot \sigma_j^2 \boldsymbol{u}_i^\top \boldsymbol{u}_j = \delta_{ij} \tag{4.22}$$

だから，$\boldsymbol{v}_1, \ldots, \boldsymbol{v}_s$ は正規直交系をなす．そこで，さらにベクトル $\boldsymbol{v}_{s+1}, \ldots, \boldsymbol{v}_n$ を追加して，$\boldsymbol{v}_1, \ldots, \boldsymbol{v}_n$ が $\mathbb{R}^n$ の正規直交基底をなすようにできる．これらのベクトルを並べてできる $n \times n$ 直交行列を V とする．

以上のように定めた U, V に対して $\Sigma \equiv U^\top AV$ を計算すると，

$$(\Sigma)_{ij} = \boldsymbol{u}_i^\top A \boldsymbol{v}_j = \begin{cases} \sigma_i \boldsymbol{v}_i^\top \boldsymbol{v}_j = \sigma_j \delta_{ij}, & (1 \leq i \leq s) \\ \boldsymbol{0}^\top \boldsymbol{v}_j = 0 & (s + 1 \leq i \leq m) \end{cases} \tag{4.23}$$

だから，Σ は対角成分に $\sigma_1, \ldots, \sigma_n$ $(\sigma_{s+1} = \cdots = \sigma_n = 0)$ が並ぶ対角行列となる．よって，A は直交行列 U, V，対角行列 Σ によって $A = U\Sigma V^\top$ と分解で

きることがわかり，(i) が言えた．このとき，A は正規直交系をなすベクトル $\{\boldsymbol{u}_i\}_{i=1}^s$, $\{\boldsymbol{v}_i\}_{i=1}^s$ と 0 でない実数 $\{\sigma_i\}_{i=1}^s$ によって

$$A = \sum_{i=1}^{s} \sigma_i \boldsymbol{u}_i \boldsymbol{v}_i^\top \tag{4.24}$$

と書けるから，ランクが s であることは明らかである．よって (ii) が成り立つ．また，(iii) の後半と (v) は σ_i, $\boldsymbol{u}_i$ の構成法から明らかである．一方，式 (4.19) より，

$$A^\top A = V\Sigma^\top U^\top U\Sigma V^\top = V\mathrm{diag}(\sigma_1^2, \ldots, \sigma_n^2)V^\top \tag{4.25}$$

であり，これは行列 $A^\top A$ の固有値分解となる．よって，(iii) の前半と (iv) も言える．　(証明終)

4.4.2　数学的性質

式 (4.19) は，A を $\mathbb{R}^n$ から $\mathbb{R}^m$ への線形写像と見るとき，$\mathbb{R}^n$, $\mathbb{R}^m$ の正規直交基底をそれぞれ $\{\boldsymbol{v}_1, \ldots, \boldsymbol{v}_n\}$, $\{\boldsymbol{u}_1, \ldots, \boldsymbol{u}_m\}$ に取り直すと，A は第 i 番目の座標成分を σ_i 倍する写像となることを意味している．したがって，特異値分解が得られれば，この線形写像の像空間，核空間などは容易にわかる．具体的には以下の定理が成り立つ．

定理 4.4.2　$A = U\Sigma V^\top$ を定理 4.4.1 で定義した特異値分解とするとき，次のことが成り立つ．

$$\mathrm{Im}(A) = \mathrm{span}(\boldsymbol{u}_1, \ldots, \boldsymbol{u}_s) \tag{4.26}$$

$$\mathrm{Ker}(A) = \mathrm{span}(\boldsymbol{v}_{s+1}, \ldots, \boldsymbol{v}_n) \tag{4.27}$$

$$\mathrm{Im}(A^\top) = \mathrm{span}(\boldsymbol{v}_1, \ldots, \boldsymbol{v}_s) \tag{4.28}$$

$$\mathrm{Ker}(A^\top) = \mathrm{span}(\boldsymbol{u}_{s+1}, \ldots, \boldsymbol{u}_m) \tag{4.29}$$

さらに，特異値分解を使うと，A をよりランクの低い行列で最良近似できることが知られている．

定理 4.4.3 $A = U\Sigma V^\top$ を定理 4.4.1 で定義した特異値分解とし，k を $1 \leq k < s$ を満たす自然数とする．また，Σ において $\sigma_{k+1}, \ldots, \sigma_s$ を 0 で置き換えて得られる行列を Σ_k とする．このとき，ランクが k の $m \times n$ 行列のうち，行列の 2 ノルムの意味で最も A に近い行列 A_k は，

$$A_k = U\Sigma_k V^\top = \sum_{i=1}^{k} \sigma_i \boldsymbol{u}_i \boldsymbol{v}_i^\top \tag{4.30}$$

で与えられる[†3]．また，

$$\|A - A_k\|_2 = \sigma_{k+1} \tag{4.31}$$

が成り立つ．

この性質は，次節で特異値分解を用いた基底関数の再構成法の最適性を示すのに用いる．また，この性質に基づき，特異値分解を画像データの圧縮や統計データの次元縮約（主成分分析）に用いることができる．特異値分解はこの他にも多くの重要な数学的性質を持ち，様々な科学技術計算で活用されている．

4.4.3 計算法

定理 4.4.1 の証明から明らかなように，A の特異値分解は数学的には $AA^\top$ または $A^\top A$ の固有値分解から容易に求められる．しかし，この方法では条件数が A の条件数の 2 乗となるため，小さい特異値の精度が悪化する．

そこで数値計算上は，$A^\top A$ を作らずに，A のみを使って $A^\top A$ の固有値分解と同等の処理を行うようにする．具体的には次の手順により計算を行う．

(i) A の QR 分解: $A = \bar{Q}_0 \bar{R}_0$
  ($\bar{Q}_0$: $m \times m$ 直交行列，$\bar{R}_0 = (R_0^\top \ O^\top)^\top$; R_0: $n \times n$ 上三角行列)

(ii) R の上 2 重対角行列への変換: $R_0 = U_0 B V_0^\top$
  (U_0, V_0: $n \times n$ 直交行列，B: $n \times n$ 上 2 重対角行列)

(iii) B の特異値分解: $B = U_1 \Sigma_1 V_1^\top$
  (U_1, V_1: $n \times n$ 直交行列，Σ_1: $n \times n$ 対角行列)

[†3] この性質は，2 ノルムだけでなく，フロベニウスノルムなど任意のユニタリ不変なノルム（定理 2.1.3 の性質 (3) を満たすノルム）についても成り立つ．

(iv)　A の特異ベクトルの計算：$U = \bar{Q}_0 \operatorname{diag}(U_0U_1, I_{m-n}), V = V_0V_1$

これにより，A は

$$A = \bar{Q}_0 \begin{pmatrix} U_0U_1 & O \\ O & I_{m-n} \end{pmatrix} \begin{pmatrix} \Sigma_1 \\ O \end{pmatrix} V_1^\top V_0^\top = U\Sigma V^\top \tag{4.32}$$

と分解できる．ただし，$\Sigma = (\Sigma_1\ O) \in \mathbb{R}^{m\times n}$ である．U, V は直交行列，Σ は対角行列だから，これは A の特異値分解となっている．以下，各ステップについて簡単に説明する．

(i) A の QR 分解　A を $m\times m$ の直交行列と，$m\times n$ の上三角行列に分解する処理であり，4.3 節で述べたハウスホルダー法により実行できる．

(ii) R の上 2 重対角行列への変換　3.3.2 項で説明した 3 重対角行列への変換と同様に，R に左右からハウスホルダー変換を作用させて上 2 重対角化を行う．3 重対角化の場合と異なり，左と右から作用させるハウスホルダー変換は異なってよい．

いま，行列 R を第 1 列とそれ以降にブロック分けして

$$R = (\boldsymbol{b}_1\ S_1) \tag{4.33}$$

と書く．ここで，$\boldsymbol{u}_1 = \mathrm{House}(\boldsymbol{b}_1)$ とし，$n\times n$ のハウスホルダー変換の行列を $H_1 = I_n - 2\boldsymbol{u}_1\boldsymbol{u}_1^\top$ により定義する[†4]．これを R に左からかけると，

$$H_1R = (H_1\boldsymbol{b}_1\ H_1S_1) = (b_{11}\boldsymbol{e}_1\ H_1S_1) = \begin{pmatrix} b_{11} & \boldsymbol{c}_1^\top \\ \boldsymbol{0} & T_1 \end{pmatrix} \tag{4.34}$$

となる．ここで，b_{11} は $\|\boldsymbol{b}_1\|$ または $-\|\boldsymbol{b}_1\|$ であり，最後の等号では，$n\times(n-1)$ 行列 H_1C_1 を第 1 行とそれ以降にブロック分けした．次に，$\boldsymbol{v}_1 = \mathrm{House}(\boldsymbol{c}_1)$ とし，$(n-1)\times(n-1)$ のハウスホルダー変換の行列を $\tilde{G}_1 = I_{n-1} - 2\boldsymbol{v}_1\boldsymbol{v}_1^\top$ によ

[†4] $\boldsymbol{b}_1$ は第 2 要素以下が 0 なので，本来，ハウスホルダー変換で第 2 要素以降を消去する必要はないが，第 2 列以降では必要なため，このような説明にしている．

り定義する．これを $n \times n$ に拡大した行列 $G_1 = \mathrm{diag}(1, \tilde{G}_1)$ を右からかけると，

$$H_1 R G_1 = \begin{pmatrix} b_{11} & \boldsymbol{c}_1^\top \\ \boldsymbol{0} & T_1 \end{pmatrix} \begin{pmatrix} 1 & \boldsymbol{0}^\top \\ \boldsymbol{0} & \tilde{G}_1 \end{pmatrix} = \begin{pmatrix} b_{11} & b_{12}\boldsymbol{e}_1^\top \\ \boldsymbol{0} & T_1\tilde{G}_1 \end{pmatrix} \tag{4.35}$$

となる．ただし，b_{12} は $\|\boldsymbol{c}_1\|$ または $-\|\boldsymbol{c}_1\|$ である．行列 H_1RG_1 の第 1 列は最初の要素のみが非ゼロ，第 1 行は最初の 2 個の要素のみが非ゼロであるから，これらの行・列については上 2 重対角化が完了したことになる．

2 重対角化を続けるには，次に行列 H_1RG_1 の第 2 列の第 3 要素以下を消去するハウスホルダー変換 H_2 を左からかけ，$H_2H_1RG_1$ の第 2 行の第 4 要素以下を消去するハウスホルダー変換 G_2 を右からかける．これらの操作により，以前に消去した要素は影響を受けないことに注意する．以下同様に続けていくことにより，

$$H_{n-1} \cdots H_2 H_1 R G_1 G_2 \cdots G_{n-2} = \begin{pmatrix} b_{11} & b_{12} & & & \\ & b_{22} & b_{23} & & \\ & & b_{33} & \ddots & \\ & & & \ddots & b_{n-1,n} \\ & & & & b_{nn} \end{pmatrix} \tag{4.36}$$

となって上 2 重対角化が完了する．この上 2 重対角行列を B とおく．また，

$$U_0 = H_1 H_2 \cdots H_{n-1} \tag{4.37}$$

$$V_0 = G_1 G_2 \cdots G_{n-2} \tag{4.38}$$

とする．

❍ **(iii) B の特異値分解**　B の特異値分解には様々なアルゴリズムが利用可能であるが，ここでは**直交 qd 法**と呼ばれる方法を説明する．この方法では，行列 B から出発して，次のように行列の転置と QR 分解を繰り返してゆく．

$$B^\top = Q_1 B_1, \tag{4.39}$$

$$B_1^\top = Q_2 B_2, \tag{4.40}$$

$$B_2^\top = Q_3 B_3. \tag{4.41}$$

$B^\top$ は下2重対角行列であり，これをQR分解すると，4.3節のアルゴリズム4.1を適用してみれば容易にわかるように，R 成分（ここでは B_1）は上2重対角行列となる．したがって，帰納法より，$B_2, B_3, \ldots$ はすべて上2重対角行列となる．

このアルゴリズムは，実は対称3重対角行列 $C = B^\top B$ に対する3.4.1項のQR法と数学的に等価である．以下，簡単のために B が（したがって C も）正則であると仮定し，このことを示す．そのために，C と $C_2 = B_2^\top B_2$ の関係を調べてみる．まず，式(4.39)より

$$C = B^\top B = Q_1 B_1 B = Q_1(B_1 B) \tag{4.42}$$

であるが，$B_1 B$ が上三角行列であることから，これは C のQR分解になっている．次に，C_2 を変形すると，

$$C_2 = B_2^\top B_2 = B_1 Q_2 Q_2^\top B_1^\top = B_1 B_1^\top = B_1 B Q_1 \tag{4.43}$$

となる．ここで，2番目の等号では式(4.40)，4番目の等号では式(4.39)を使った．これは，C をQR分解し，Q と R を逆順にかけて得られる行列が C_2 であることを示す．すなわち，$C, C_2, C_4, C_6, \ldots$ は，C に対してQR法を適用して得られる行列の列になっている．

このことより，B が正則で特異値がすべて異なる場合には，3.4.2項の議論が適用でき，$C_{2k} = B_{2k}^\top B_{2k}$ が対角行列に収束することが言える．これから，上2重対角行列 B_k 自身がある対角行列 Σ_1 に収束することもわかる．また，

$$V_1^{(k)} = Q_1 Q_3 \cdots Q_{2k-1} \tag{4.44}$$

とおくと，同じく3.4.2項の議論より，$V_1^{(k)}$ は $B^\top B$ の固有ベクトルを並べた行列，すなわち B の右特異ベクトルを並べた行列 V_1 に収束する．同様に，

$$U_1^{(k)} = Q_2 Q_4 \cdots Q_{2k} \tag{4.45}$$

は，B の左特異ベクトルを並べた行列 U_1 に収束する．こうして，B の特異値分解 $B = U_1\Sigma_1 V_1^\top$ が得られる．

なお，B が特異である場合や重複特異値を持つ場合には，簡単な前処理により，正則で重複特異値のない問題に帰着できることが知られている．

直交 qd 法は，数学的には対称 3 重対角行列に対する QR 法と等価であるが，式 (4.39)〜(4.41) のように，$B^\top B$ を陽的に作ることなく計算を行うのが特徴である．これにより，B の小さい特異値も高い精度で求めることができる．なお，ヤコビ法や分割統治法など，実対称行列の固有値・固有ベクトルを求める他のアルゴリズムのほとんどについても，特異値分解への応用が可能である．

❍ (iv) A の特異ベクトルの計算　これらは単純な行列乗算として実行できる．

4.4.4 最小二乗法への応用

A の特異値分解が求まると，最小二乗問題を簡単に解くことができる．以下では，A がランク落ちしていてもよいとする．最小二乗誤差の式に $A = U\Sigma V^\top$ を代入し，2 ノルムが直交変換で不変であることを用いると，

$$\begin{aligned} r^2 = \|\boldsymbol{y} - A\boldsymbol{c}\|^2 &= \|\boldsymbol{y} - U\Sigma V^\top \boldsymbol{c}\|^2 \\ &= \|U^\top \boldsymbol{y} - \Sigma V^\top \boldsymbol{c}\|^2 \\ &= \|\boldsymbol{z} - \Sigma \boldsymbol{d}\|^2 \\ &= \sum_{i=1}^{s} (z_i - \sigma_i d_i)^2 + \sum_{i=s+1}^{m} z_i^2. \end{aligned} \tag{4.46}$$

ただし，$\boldsymbol{z} = U^\top \boldsymbol{y}$, $\boldsymbol{d} = V^\top \boldsymbol{c}$ とおいた．式 (4.46) が最小になるのは明らかに

$$d_i = \frac{z_i}{\sigma_i} \quad (i = 1, \ldots, s) \tag{4.47}$$

のときで，$d_{s+1}, \ldots, d_n$ は任意である．特に，

$$d_{s+1} = \cdots = d_n = 0 \tag{4.48}$$

のときは，$\boldsymbol{c} = V\boldsymbol{d}$ により計算される解のノルムが最小となる．これを**最小二乗最小ノルム解**と呼ぶ．A がランク落ちしている最小二乗問題では，最小二乗最小ノルム解を求めることが望ましい場合が多い．

いま，$n \times n$ 行列 Σ_1^+ を

$$\Sigma_1^+ = \begin{pmatrix} \frac{1}{\sigma_1} & & & & & \\ & \ddots & & & & \\ & & \frac{1}{\sigma_s} & & & \\ & & & 0 & & \\ & & & & \ddots & \\ & & & & & 0 \end{pmatrix} \tag{4.49}$$

と定義し，$n \times m$ 行列 Σ^+ を

$$\Sigma^+ = (\Sigma_1^+ \; O) \tag{4.50}$$

とすると，最小二乗最小ノルム解は

$$\boldsymbol{c} = V\Sigma^+U^\top \boldsymbol{y} \tag{4.51}$$

と書ける．この式の右辺の行列 $A^+ \equiv V\Sigma^+U^\top$ を A の**ムーア・ペンローズの一般逆行列**という．

4.5　不適切問題の正則化

A がランク落ちしていなくても，列が線形従属に近い場合は，A の条件数，すなわち最大特異値と最小特異値の比が大きくなる．この場合，式 (4.47) からわかるように，最小二乗解を求める過程において，小さい特異値に対応する z_i の成分が大きく増幅されるため，右辺ベクトル $\boldsymbol{y}$ の小さな変化が解 $\boldsymbol{c}$ の大きな変化を引き起こす不安定性が生じる．このような問題は**不適切問題**と呼ばれる．本節では，特異値分解の利用により，この不安定性を解消する正則化法について述べる．

4.5.1　特異値分解の打ち切りによる方法

いま，A の特異値 $\sigma_{k+1}, \ldots, \sigma_s$ が他の特異値に比べて微小であるとする．こ

のとき，最も簡単な正則化法は，$\sigma_{k+1},\ldots,\sigma_s$ を強制的に 0 と見なすことである．これは，4.4.2 項の式 (4.30) のように，A をランク k の行列 A_k で近似することに相当する．A_k のムーア・ペンローズの一般逆行列を A_k^+ とすると，このときの最小二乗最小ノルム解は，

$$\boldsymbol{c}_k = A_k^+\boldsymbol{y} \tag{4.52}$$

と書ける．$\boldsymbol{c}_k$ の計算では，小さい特異値で割るという操作が除去されているため，計算が安定になる．

一方，$\boldsymbol{c}_k$ は式 (4.47) の $d_{k+1},\ldots,d_s$ を 0 で置き換えていることに相当するので，残差 r_k は真の最小二乗解の残差 r より大きくなる．式 (4.46) を参照すると，

$$r_k^2 = \sum_{i=k+1}^{m} z_i^2 = r^2 + \sum_{i=k+1}^{s} z_i^2 \tag{4.53}$$

である．そこで，右辺の第 2 項が許容できる程度の大きさになるように k を決める．一般に $\boldsymbol{y}$ は誤差を含む量であるから，その誤差のノルムを δ 程度とすると，残差 $r^2 = \|\boldsymbol{y} - A\boldsymbol{c}\|$ についても δ^2 程度の増加は許容できると考えられる．この考えに基づき，

$$\sum_{j=k+1}^{s} z_i^2 < \delta^2 \tag{4.54}$$

を満たす最小の k を選んで特異値分解を打ち切る方法がよく用いられる．

4.5.2 チコノフの正則化

微小な特異値の影響を軽減するもう一つの方法として，**チコノフの正則化法**がある．この方法では，小さい特異値の影響で解が極端に大きくなることを抑制するため，ある正のパラメータ α を用い，式 (4.47) において，$1/\sigma_i$ $(i = 1,\ldots,s)$ を

$$\frac{\sigma_i}{\alpha + \sigma_i^2} \tag{4.55}$$

で置き換える．これにより，大きい特異値に対してあまり影響を与えることなく，小さい特異値に対応する z_i の成分が極端に大きくなることを防ぐ．なお，$\alpha \to 0$ のとき，得られる解は元の最小二乗解となる．

次の定理が示すように，この方法は，元の最小二乗問題に対し，解のノルムが大きくなることに対するペナルティ項を付加することと等価である．

定理 4.5.1　解のノルムに関するペナルティ項を付加した最小二乗問題

$$\min_{\boldsymbol{c} \in \mathbb{R}^n} \left(\|\boldsymbol{y} - A\boldsymbol{c}\|^2 + \alpha \|\boldsymbol{c}\|^2 \right) \quad (\alpha > 0) \tag{4.56}$$

の解は，4.4.4 項の解法において，式 (4.47) で

$$\frac{1}{\sigma_i} \to \frac{\sigma_i}{\alpha + \sigma_i^2} \quad (i = 1, \ldots, s) \tag{4.57}$$

とすることにより得られる．

[証明]

$$\|\boldsymbol{y} - A\boldsymbol{c}\|^2 + \alpha \|\boldsymbol{c}\|^2 = \left\| \begin{pmatrix} \sqrt{\alpha} I_n \\ A \end{pmatrix} \boldsymbol{c} - \begin{pmatrix} \boldsymbol{0} \\ \boldsymbol{y} \end{pmatrix} \right\|^2 \tag{4.58}$$

であるから，式 (4.56) は，

$$\bar{A} = \begin{pmatrix} \sqrt{\alpha} I_n \\ A \end{pmatrix}, \quad \bar{\boldsymbol{y}} = \begin{pmatrix} \boldsymbol{0} \\ \boldsymbol{y} \end{pmatrix} \tag{4.59}$$

とおくと，$\bar{A}, \bar{\boldsymbol{y}}$ に対する通常の最小二乗問題となる．

いま，A の特異値分解 $A = U \Sigma V^\top$ が与えられているとして，$(m+n) \times n$ 行列 $\bar{\Sigma}$，$(m+n) \times (m+n)$ 行列 $\bar{U}$ を

$$\bar{\Sigma} = \begin{pmatrix} \left(\alpha I_n + \Sigma^\top \Sigma\right)^{\frac{1}{2}} \\ O \end{pmatrix}, \tag{4.60}$$

$$\bar{U} = \begin{pmatrix} \sqrt{\alpha} V \left(\alpha I_n + \Sigma^\top \Sigma\right)^{-\frac{1}{2}} & -V \Sigma^\top \left(\alpha I_m + \Sigma \Sigma^\top\right)^{-\frac{1}{2}} \\ U \Sigma \left(\alpha I_n + \Sigma^\top \Sigma\right)^{-\frac{1}{2}} & \sqrt{\alpha} U \left(\alpha I_m + \Sigma \Sigma^\top\right)^{-\frac{1}{2}} \end{pmatrix} \tag{4.61}$$

により定義する．ただし，$\left(\alpha I_n + \Sigma^\top \Sigma\right)^{\frac{1}{2}}$ は，正定値対角行列 $\alpha I_n + \Sigma^\top \Sigma$ において，対角要素をその平方根で置き換えた行列とする．$\left(\alpha I_m + \Sigma \Sigma^\top\right)^{\frac{1}{2}}$ も同様である．すると，簡単な計算により，$\bar{U}$ は直交行列で，かつ $\bar{A} = \bar{U}\bar{\Sigma}V^\top$ が成り立つことがわかる．したがって，$\bar{A} = \bar{U}\bar{\Sigma}V^\top$ は $\bar{A}$ の特異値分解である．

これを式 (4.58) に代入して変形すると，

$$
\begin{aligned}
\|\bar{\boldsymbol{y}} - \bar{A}\boldsymbol{c}\|^2 &= \|\bar{U}^\top \bar{\boldsymbol{y}} - \bar{\Sigma} V^\top \boldsymbol{c}\|^2 \\
&= \left\| \begin{pmatrix} \left(\alpha I_n + \Sigma^\top \Sigma\right)^{-\frac{1}{2}} \Sigma^\top \boldsymbol{z} - \left(\alpha I_n + \Sigma^\top \Sigma\right)^{\frac{1}{2}} \boldsymbol{d} \\ \sqrt{\alpha}\left(\alpha I_m + \Sigma \Sigma^\top\right)^{-\frac{1}{2}} \boldsymbol{z} \end{pmatrix} \right\|^2.
\end{aligned} \tag{4.62}
$$

ただし，4.4.4 項と同様に $\boldsymbol{z} = U^\top \boldsymbol{y}$, $\boldsymbol{d} = V^\top \boldsymbol{c}$ とおいた．これを最小化する $\boldsymbol{d}$ は，

$$
\boldsymbol{d} = \left(\alpha I_n + \Sigma^\top \Sigma\right)^{-1} \Sigma^\top \boldsymbol{z}, \tag{4.63}
$$

すなわち，

$$
d_i = \frac{\sigma_i}{\alpha + \sigma_i^2} z_i \quad (i = 1, \ldots, n) \tag{4.64}
$$

($\sigma_{s+1} = \cdots = \sigma_n = 0$ に注意）により与えられる．　　　　（証明終）

本定理より，チコノフの正則化法による解は，特異値分解を使わずに，式 (4.58) の右辺を目的関数とする最小二乗問題を QR 分解などで直接解くことによっても求められることがわかる．

第5章

非線形方程式の数値アルゴリズム

曽我部　知広

本章では，非線形方程式を単独非線形方程式と連立非線形方程式に分け，それらの数値解法として基本的かつ重要であるニュートン法を中心に述べる．また，非線形方程式の例として代数方程式があるが，この方程式に対する優れた解法である平野法とデュラン・ケルナー法を述べる．

5.1　単独非線形方程式

本節では，単独非線形方程式

$$f(x) = 0 \tag{5.1}$$

を満たす解 x を求めることを考える．この場合，x を**零点**ともいい，特に f が多項式のとき x を**根**ともいう．また，f が多項式のとき方程式 (5.1) を**代数方程式**といい，そうでないとき**超越方程式**という．

方程式 (5.1) の解 x を数値的に求める方法として，ある適当な初期値 x_0 を設定し，修正量 p_0 を加えて次の値 $x_1 = x_0 + p_0$ を算出するという操作を繰り返しながら解 α に収束する近似解列 $\{x_n\}$ を逐次生成させる反復法

$$x_{n+1} = x_n + p_n \quad (n = 0, 1, \ldots) \tag{5.2}$$

がある．本節では，反復法の１つであるニュートン法を中心に述べる．

5.1.1 縮小写像の原理

式 (5.2) において，どのように p_n を定めるかが重要な課題であるが，解 α を含む適当な閉区間で非零かつ有界な関数 $\phi(x)$ を用いて

$$g(x) := x - \phi(x)f(x) \tag{5.3}$$

を導入し，式 (5.1) を次のように同値変形[†1]しよう．

$$x = g(x). \tag{5.4}$$

一般に，式 (5.4) を満たす x は**不動点**とよばれる．したがって，方程式 (5.1) の解を求める問題は，$g(x)$ の不動点を求める問題に変換されたことが分かる． この視点に立つと，後述する縮小写像の原理を用いることにより不動点を求める指針が得られる．そのために，幾つかの用語を述べておこう．

$g(x)$ は区間 $I \subseteq \mathbb{R}$ 上で定義されているとする．このとき，$g(x)$ はある定数 L に対して

$$|g(x) - g(y)| \leq L|x - y| \quad (x, y \in I) \tag{5.5}$$

を満たすとき，**リプシッツ連続**，特に $0 \leq L < 1$ のとき**縮小写像**という． 次に，収束の次数に関して述べる．十分大きい n に対して

$$|x_{n+1} - \alpha| \leq M|x_n - \alpha|^p \quad (M \text{ は定数})$$

が成り立つとき反復列 $\{x_n\}$ は α に **p 次収束**するいい，$p = 1$ のとき **1 次収束**または**線形収束**するという．また，p を**収束次数**という．

さて，g は縮小写像であるとき次の定理が成り立つ．

定理 5.1.1 区間 $I = [a, b] \subset \mathbb{R}$ に対して $g : I \to I$ は縮小写像であるとき，以下が成り立つ．

---

†1 $\alpha = g(\alpha)$ ならば，式 (5.3) において仮定より $\phi(\alpha) \neq 0$ なので $f(\alpha) = 0$ であり，α は解である．逆に α が解とすると，$f(\alpha) = 0$ かつ ϕ の有界性（仮定）から $\phi(\alpha)f(\alpha) = 0$ であり，$g(\alpha) = \alpha$ が成り立つ．

1. 不動点 α が一意に存在する.
2. 任意の初期値 $x_0 \in I$ に対して

$$x_{n+1} = g(x_n) \tag{5.6}$$

の反復を行うと，反復列 $\{x_n\}$ は不動点 α に収束率 L で 1 次収束する.

[証明] 区間 I は有界閉区間（すなわち完備）なので反復列 $\{x_n\}$ がコーシー列ならば $\{x_n\}$ はある点 $\alpha \in I$ に収束する．そこでまず $\{x_n\}$ がコーシー列であることを示す．任意の初期値 $x_0 \in I$ に対して反復 (5.6) を行うと式 (5.5) より

$$|x_{n+1} - x_n| = |g(x_n) - g(x_{n-1})| \leq L|x_n - x_{n-1}| \leq L^n|x_1 - x_0|$$

が得られる．したがって，$m \geq 1$ に対して

$$\begin{aligned} |x_{n+m} - x_n| &\leq |x_{n+m} - x_{n+m-1}| + \cdots + |x_{n+1} - x_n| \\ &\leq \underbrace{(L^{n+m-1} + L^{n+m-2} + \cdots + L^n)}_{L^n(1+L+\cdots+L^{m-1})}|x_1 - x_0| \\ &\leq \frac{L^n}{1-L}|x_1 - x_0| \end{aligned}$$

となる．g は縮小写像のため $0 \leq L < 1$ であり，上記の不等式から $n \to \infty$ ならば $|x_{n+m} - x_n| \to 0$ より $\{x_n\}$ はコーシー列である.

次に $\{x_n\}$ の収束先 α は不動点であることを示す.

$$\begin{aligned} |\alpha - g(\alpha)| &= |\alpha - x_{n+1} + x_{n+1} - g(\alpha)| \\ &= |\alpha - x_{n+1} + g(x_n) - g(\alpha)| \\ &\leq |\alpha - x_{n+1}| + |g(x_n) - g(\alpha)| \\ &\leq |\alpha - x_{n+1}| + L|x_n - \alpha| \to 0 \quad (n \to \infty). \end{aligned}$$

したがって，$\alpha = g(\alpha)$ であり，α は不動点である．次にその不動点 α は一意であることを示す．もし異なる二つの不動点 α, β があれば

$$0 < |\alpha - \beta| = |g(\alpha) - g(\beta)| \leq L|\alpha - \beta| < |\alpha - \beta|$$

なので上の不等式は成立せず矛盾が生ずる．ゆえに $\alpha = \beta$ である．

最後に $\alpha = g(\alpha)$，式 (5.5)，式 (5.6) より次式を得る．

$$|x_{n+1} - \alpha| = |g(x_n) - g(\alpha)| \leq L|x_n - \alpha|.$$

したがって，$\{x_n\}$ は収束列かつ収束率 L の 1 次収束をすることが分かった．

（証明終）

定理 5.1.1 は縮小写像の原理（バナッハの不動点定理）の特別版である．この証明は，実数の完備性と絶対値に対する三角不等式のみを用いているため，より一般的な空間であるバナッハ空間（完備なノルム空間）でもこの証明過程は有効である．

5.1.2　ニュートン法

前項では，g が縮小写像であれば非線形方程式 (5.1) の解を求めるために反復 (5.6) を行うことによって，少なくとも 1 次収束させられることが分かった．反復 (5.6) は式 (5.3) から次の反復に対応することが分かる．

$$x_{n+1} = x_n - \phi(x_n)f(x_n) \quad (n = 0, 1, \dots). \tag{5.7}$$

式 (5.2) と比べると修正量 p_n は $-\phi(x_n)f(x_n)$ である．すなわち修正量の指針が与えられていることに注意されたい．

$\phi(x_n)$ の選び方により様々な解法が得られるが，ここでは代表的な解法である**ニュートン法**とその簡易版である**セカント法**と**フォンミーゼ法**を挙げよう．

- **ニュートン法**

$$x_{n+1} = x_n - \frac{1}{f'(x_n)}f(x_n). \tag{5.8}$$

- **セカント法**

$$x_{n+1} = x_n - \frac{x_n - x_{n-1}}{f(x_n) - f(x_{n-1})}f(x_n).$$

- **フォンミーゼ法**

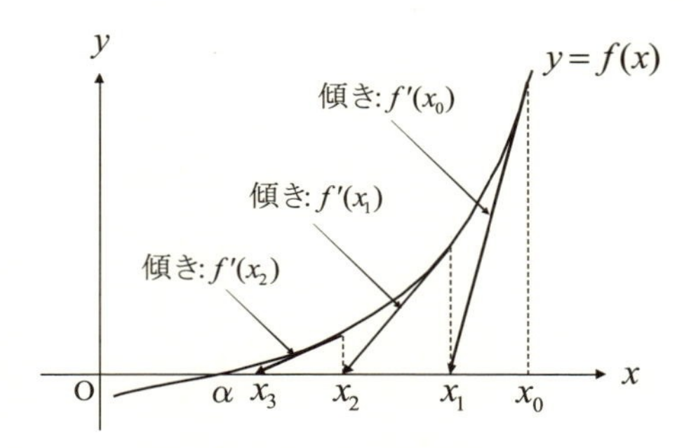

図 5.1　ニュートン法

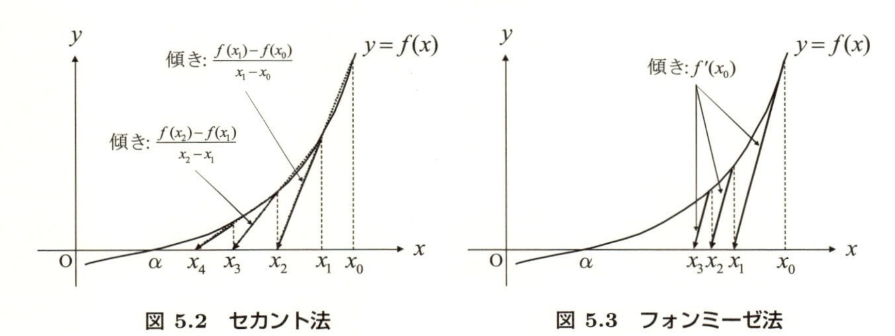

図 5.2　セカント法　　　図 5.3　フォンミーゼ法

$$x_{n+1} = x_n - \frac{1}{f'(x_0)} f(x_n).$$

セカント法は，ニュートン法で用いられている導関数値 $f'(x_n)$ を差分商 $(f(x_n) - f(x_{n-1}))/(x_n - x_{n-1})$ で置き換えたものであり，フォンミーゼ法は，最初の導関数値 $f'(x_0)$ を使い続ける方法である．これらの方法の収束する様子を図 5.1，図 5.2，図 5.3 に示す．

さて，ニュートン法を実際に導出しよう．α を $f(x) = 0$ の解とし，x_n が十分 α に近いと仮定して $f(x)$ を x_n のまわりにテイラー展開し，$x = \alpha$ とおくと

$$0\bigl(= f(\alpha)\bigr) = f(x_n) + f'(x_n)(\alpha - x_n) + \frac{1}{2} f''(x_n)(\alpha - x_n)^2 + \cdots$$

となる．両辺を $f'(x_n)$ で割り，右辺の第 2 項までを考えると

$$0 \simeq \frac{f(x_n)}{f'(x_n)} + (\alpha - x_n)$$

となる．これを解いて得られる α の近似値を x_{n+1} とするとニュートン法の公式が得られる．

ニュートン法の導出過程から誤差 $|\alpha - x_{n+1}|$ に関しては $(1/2)|f''(x_n)/f'(x_n)|(\alpha - x_n)^2$ が誤差の主要部になることが分かる．詳細は後述するが，このことからニュートン法は適当な条件下で局所的（解に十分に近いとき）に 2 次収束する．大雑把にいうと，2 次収束のときは正しい桁数が反復毎にほぼ 2 倍増える．これを実際に数値例で見てみよう．

【例 5.1】　平方根 $\sqrt{a}$ をニュートン法で求めることを考える．$f(x) := x^2 - a = 0$ を解けばよいのでニュートン法の公式 (5.8) から

$$x_{n+1} = x_n - \frac{x_n^2 - a}{2x_n}$$

となる．数値例として $a = 3$ とし，初期値を 2 とすると倍精度浮動小数点演算で表 5.1 の結果が得られる．下線が正しい桁を表しており，正しい桁数がほぼ倍々に増えていく様子が分かる．

表 5.1　$f(x) = x^2 - 3$ に対するニュートン法の計算結果（初期値 $x_0 = 2$）

n	ニュートン法
0	2.00000000000000
1	1.75000000000000
2	1.73214285714286
3	1.73205081001473
4	1.73205080756888

同じ問題で，フォンミーゼ法とセカント法を確かめられたい．フォンミーゼ法では正しい桁数が 1 桁ずつ一致してゆき（1 次収束），セカント法の収束性は，ニュートン法とフォンミーゼ法の間であることが分かるであろう．セカント法の収束次数 p は適当な条件下で黄金比 $(\sqrt{5}+1)/2 \approx 1.6$ であることが知られており，ニュートン法よりも収束次数は劣るが，導関数値を必要としないのが有利な点である．

【例 5.2】 ニュートン法は常に 2 次収束を示すのであろうか？ $f(x)=x^2$ を初期値 0.1 に対して適用した結果を表 5.2 に示す．解は 0 であるので表 5.2 から収束率は 1/2 の 1 次収束になっていることが分かる．

表 5.2 $f(x)=x^2$ **に対するニュートン法の計算結果（初期値** $x_0=0.1$**）**

n	ニュートン法
0	0.10000000000000
1	0.05000000000000
2	0.02500000000000
3	0.01250000000000
4	0.00625000000000

ニュートン法は，例 5.1 では 2 次収束，例 5.2 では 1 次収束であった．例 5.1 の $f(x)$ の根は $\pm\sqrt{3}$ で単根，例 5.2 の $f(x)$ の根は 0 で重根になっている．この根の重複度がニュートン法の収束性に影響を与えていると考えられる．そこで，次にニュートン法の収束性について述べる．

○ ニュートン法の収束性

ニュートン法の $n+1$ 反復目 x_{n+1} は，式 (5.3) とニュートン法の公式 (5.8) から $g(x_n)=x_n-f(x_n)/f'(x_n)$ なので，$x_{n+1}=g(x_n)$ と書ける．そこで x_{n+1} の誤差を $E_{n+1}:=x_{n+1}-\alpha$ とし，$g(x_n)$ を α のまわりでテイラー展開すると

$$E_{n+1}=x_{n+1}-\alpha=g(x_n)-g(\alpha)=g'(\alpha)E_n+\frac{1}{2}g''(\alpha)E_n^2+\cdots \tag{5.9}$$

となる．解の重複度に対するニュートン法の収束次数の変化について見ていこう．

【単根の場合】 ニュートン法で用いられる写像は $g(x)=x-f(x)/f'(x)$ であり，重根がなく十分な回数微分可能ならば $f'(\alpha)\neq 0$ なので

$$g'(\alpha)=\frac{f(\alpha)f''(\alpha)}{(f'(\alpha))^2}=0,\quad g''(\alpha)=\frac{f''(\alpha)}{f'(\alpha)}$$

である．したがって，式 (5.9) より E_{n+1} の主要部は $|(1/2)g''(\alpha)|E_n^2$ なので，この場合ニュートン法は局所的 2 次収束である．

【重根の場合】m 重根のとき，すなわち $f(\alpha)$ とその導関数値が

$$f^{(i)}(\alpha) = 0 \ (i = 0, 1, \ldots, m-1) \quad \text{かつ} \quad f^{(m)}(\alpha) \neq 0$$

のとき，$f(x)$ は微分可能な関数 $h(x)$ を用いて次式で表される．

$$f(x) = (x-\alpha)^m h(x), \quad h(\alpha) \neq 0.$$

また，$f'(x)$ は上式より $f'(x) = m(x-\alpha)^{m-1}h(x) + (x-\alpha)^m h'(x)$ であり，これらを用いると次式を得る．

$$g(x) = x - \frac{f(x)}{f'(x)} = x - \frac{(x-\alpha)h(x)}{mh(x) + (x-\alpha)h'(x)}. \tag{5.10}$$

$g(x)$ を微分し，$x = \alpha$ とおくと

$$g'(\alpha) = 1 - \frac{1}{m}$$

となり，$m > 1$ なので $g'(\alpha) \neq 0$ である．ゆえに，ニュートン法は式 (5.9) から収束率が $1 - 1/m$ の局所的 1 次収束になる．例 5.2 では，$m = 2$ なので収束率が 1/2 であるが，表 5.2 からもそれが確認できる．なお，m が既知ならばニュートン法を修正して

$$x_{n+1} = x_n - m\frac{f(x)}{f'(x)}$$

とすると，式 (5.10) も同様に修正されて

$$g(x) = x - m\frac{f(x)}{f'(x)} = x - \frac{m(x-\alpha)h(x)}{mh(x) + (x-\alpha)h'(x)}$$

になるので $g'(\alpha) = 0$ となり，2 次収束する．

5.2　連立非線形方程式

本節では，次の連立非線形方程式

$$f_i(x_1, x_2, \ldots, x_n) = 0 \quad (i = 1, 2, \ldots, n) \tag{5.11}$$

を考える．特に，$n = 1$ のときは前節の単独非線形方程式に帰着される．ここ

で次のベクトル

$$\boldsymbol{x} := (x_1, x_2, \ldots, x_n)^\top, \quad \boldsymbol{f}(\boldsymbol{x}) := (f_1(\boldsymbol{x}), f_2(\boldsymbol{x}), \ldots, f_n(\boldsymbol{x}))^\top$$

を用意すると式 (5.11) は

$$\boldsymbol{f}(\boldsymbol{x}) = \boldsymbol{0} \tag{5.12}$$

と書ける．この表記からも推測されるように前節と類似した話を連立非線形方程式に対しても行うことができる．

連立非線形方程式 (5.12) を解くために通常は前節と同様に反復法

$$\boldsymbol{x}_{n+1} = \boldsymbol{x}_n + \boldsymbol{p}_n$$

を用いる．ここで $\boldsymbol{p}_n$ は，n 反復目の近似解 $\boldsymbol{x}_n$ を修正するベクトルである．

5.2.1 縮小写像の原理

式 (5.3) に対応させて，領域 $D \subset \mathbb{R}^n$ 上に定義される次のベクトル値関数

$$\boldsymbol{g}(\boldsymbol{x}) := \boldsymbol{x} - M(\boldsymbol{x})\boldsymbol{f}(\boldsymbol{x}) \tag{5.13}$$

を導入する．ここで $M(\boldsymbol{x})$ は解 $\boldsymbol{\alpha}$ の近傍で正則な n 次正方行列とする．これを用いると連立非線形方程式 (5.12) は，次の不動点を求める問題に変形される．

$$\boldsymbol{x} = \boldsymbol{g}(\boldsymbol{x}) \tag{5.14}$$

そこで式 (5.14) の不動点を求めるために，次の反復

$$\boldsymbol{x}_{n+1} = \boldsymbol{g}(\boldsymbol{x}_n) \tag{5.15}$$

を導入しよう．すると，ベクトル値関数 (5.13) が縮小写像

$$\|\boldsymbol{g}(\boldsymbol{x}) - \boldsymbol{g}(\boldsymbol{y})\| \leq L\|\boldsymbol{x} - \boldsymbol{y}\|, \quad 0 \leq L < 1, \quad (\boldsymbol{x}, \boldsymbol{y} \in D) \tag{5.16}$$

であれば，収束性は次の定理（縮小写像の原理）で保証される．

定理 5.2.1 次の 2 つの条件を満たすとき，式 (5.15) の反復は，解 $\boldsymbol{\alpha}$ に収束率

L で 1 次収束する近似解列 $\{\boldsymbol{x}_n\}$ を生成する.

- $\boldsymbol{x} \in D$ ならば $\boldsymbol{g}(\boldsymbol{x}) \in D$ である.
- $\boldsymbol{g}(\boldsymbol{x})$ は縮小写像 (5.16) である.

証明は，定理 5.1.1 の証明の絶対値 $|\cdot|$ をノルム $\|\cdot\|$ に置き換えればよい．ここで，$\|\cdot\|$ は任意のノルムである（→ 2.1.1 項を参照）．以後も，本章では特に注意がなければ $\|\cdot\|$ を任意のノルムとして取り扱う.

5.2.2 ニュートン法

前項より，連立非線形方程式 (5.11) を解くには式 (5.14) の不動点を求めればよく，定理 5.2.1 の条件下で少なくとも 1 次収束させるには式 (5.15) の反復

$$\boldsymbol{x}_{n+1} = \boldsymbol{x}_n - M(\boldsymbol{x}_n)\boldsymbol{f}(\boldsymbol{x}_n) \tag{5.17}$$

を行えばよいことが分かった.

行列 M の選び方により様々な解法が得られるが，ここではヤコビ行列

$$J(\boldsymbol{x}) = (J_{ij}(\boldsymbol{x})) = \left(\frac{\partial f_i}{\partial x_j}\right) = \begin{pmatrix} \frac{\partial f_1(\boldsymbol{x})}{\partial x_1} & \cdots & \frac{\partial f_1(\boldsymbol{x})}{\partial x_n} \\ \vdots & \ddots & \vdots \\ \frac{\partial f_n(\boldsymbol{x})}{\partial x_1} & \cdots & \frac{\partial f_n(\boldsymbol{x})}{\partial x_n} \end{pmatrix} \tag{5.18}$$

を用いるニュートン法と簡易ニュートン法を挙げよう．これらは，それぞれ前節のニュートン法とフォンミーゼ法に対応する.

- **ニュートン法**

$$\boldsymbol{x}_{n+1} = \boldsymbol{x}_n - J(\boldsymbol{x}_n)^{-1}\boldsymbol{f}(\boldsymbol{x}_n). \tag{5.19}$$

- **簡易ニュートン法**

$$\boldsymbol{x}_{n+1} = \boldsymbol{x}_n - J(\boldsymbol{x}_0)^{-1}\boldsymbol{f}(\boldsymbol{x}_n).$$

ニュートン法の反復を進めるにあたり，$J(\boldsymbol{x}_n)^{-1}\boldsymbol{f}$ の計算が必要であるが，ヤコビ行列の逆行列を計算しベクトル $\boldsymbol{f}$ を乗じるのではなく，次の連立一次方程式

$$J(\boldsymbol{x}_n)\boldsymbol{p}_n = -\boldsymbol{f}(\boldsymbol{x}_n) \tag{5.20}$$

を専用の数値解法（→第 2 章を参照）等を用いて $\boldsymbol{p}_n$ を求め，$\boldsymbol{x}_{n+1} = \boldsymbol{x}_n + \boldsymbol{p}_n$ で近似解を更新すればよい．簡易ニュートン法を用いるときは，係数行列が同じで右辺項ベクトルが異なる連立一次方程式系

$$J(\boldsymbol{x}_0)\boldsymbol{p}_n = -\boldsymbol{f}(\boldsymbol{x}_n) \quad (n = 0, 1, \ldots)$$

を逐次的に解くので，記憶領域が十分にあれば $J(\boldsymbol{x}_0)$ を 1 度だけ LU 分解すれば，後は前進・交代代入で効率良く連立一次方程式系を解くことができる．

連立非線形方程式に対するニュートン法は次の定理に示すように局所的 2 次収束である．まず，準備として次の補題を示す．

補題 5.2.2 $D \subset \mathbb{R}^n$ は凸集合，$\boldsymbol{f} : D \to \mathbb{R}^n$ は微分可能，そのヤコビ行列 $J(\boldsymbol{x})$ は $\boldsymbol{x} \in D$ でリプシッツ連続とし，$\boldsymbol{x}, \boldsymbol{y} \in D$ とする．このとき次式が成り立つ．

$$\|\boldsymbol{f}(\boldsymbol{x}) - \boldsymbol{f}(\boldsymbol{y}) - J(\boldsymbol{y})(\boldsymbol{x} - \boldsymbol{y})\| \leq \frac{L}{2} \cdot \|\boldsymbol{x} - \boldsymbol{y}\|^2. \tag{5.21}$$

[証明] まず，$\boldsymbol{h}(t) := \boldsymbol{f}(\boldsymbol{y} + t(\boldsymbol{x} - \boldsymbol{y}))$, $t \in [0, 1]$ を用意する．ここで，$\boldsymbol{x}, \boldsymbol{y} \in D$ かつ D は凸集合なので，任意の $t \in [0, 1]$ に対して $\boldsymbol{y} + t(\boldsymbol{x} - \boldsymbol{y}) \in D$ である．次に，$\boldsymbol{f}$ は微分可能なので $\boldsymbol{h}(t)$ も微分可能であり，任意の $t \in [0, 1]$ に対して

$$\begin{aligned}
\|\boldsymbol{h}'(t) - \boldsymbol{h}'(0)\| &= \|J(\boldsymbol{y} + t(\boldsymbol{x} - \boldsymbol{y}))(\boldsymbol{x} - \boldsymbol{y}) - J(\boldsymbol{y})(\boldsymbol{x} - \boldsymbol{y})\| \\
&\leq \|J(\boldsymbol{y} + t(\boldsymbol{x} - \boldsymbol{y})) - J(\boldsymbol{y})\| \cdot \|\boldsymbol{x} - \boldsymbol{y}\| \\
&\leq L\|t(\boldsymbol{x} - \boldsymbol{y})\| \cdot \|\boldsymbol{x} - \boldsymbol{y}\| = tL\|\boldsymbol{x} - \boldsymbol{y}\|^2
\end{aligned}$$

となる．最後の不等式を得るために J のリプシッツ連続性，すなわち

$$\|\boldsymbol{J}(\boldsymbol{a}) - \boldsymbol{J}(\boldsymbol{b})\| \leq L\|\boldsymbol{a} - \boldsymbol{b}\| \quad (\boldsymbol{a}, \boldsymbol{b} \in D),$$

を用いた．最後に，得られた結果を用いて不等式 (5.21) の左辺を評価する．$\boldsymbol{r} := \boldsymbol{f}(\boldsymbol{x}) - \boldsymbol{f}(\boldsymbol{y}) - J(\boldsymbol{y})(\boldsymbol{x} - \boldsymbol{y})$ とおくと

$$\|\boldsymbol{r}\| = \|\boldsymbol{h}(1) - \boldsymbol{h}(0) - \boldsymbol{h}'(0)\| = \left\| \int_0^1 [\boldsymbol{h}'(t) - \boldsymbol{h}'(0)]\, dt \right\|$$

$$\leq \int_0^1 \|\boldsymbol{h}'(t) - \boldsymbol{h}'(0)\| dt \leq L\|\boldsymbol{x} - \boldsymbol{y}\|^2 \int_0^1 t\ dt = \frac{L}{2}\|\boldsymbol{x} - \boldsymbol{y}\|^2$$

となる．　(証明終)

定理 5.2.3　連立非線形方程式 (5.12) の解を $\boldsymbol{\alpha}$ とする．ヤコビ行列 $J(\boldsymbol{x})$ は，$\boldsymbol{\alpha}$ の近傍でリプシッツ連続かつ $J(\boldsymbol{\alpha})$ は正則ならば，$\boldsymbol{\alpha}$ に十分近い初期値でニュートン法は $\boldsymbol{\alpha}$ に局所的に 2 次収束する近似解列 $\{\boldsymbol{x}_n\}$ を生成する．

[証明]　式 (5.19) の両辺から解 $\boldsymbol{\alpha}$ を減じ，$\boldsymbol{f}(\boldsymbol{\alpha}) = \boldsymbol{0}$ を用いると

$$\begin{aligned} \boldsymbol{x}_{n+1} - \boldsymbol{\alpha} &= \boldsymbol{x}_n - \boldsymbol{\alpha} - J(\boldsymbol{x}_n)^{-1}(\boldsymbol{f}(\boldsymbol{x}_n) - \boldsymbol{f}(\boldsymbol{\alpha})) \\ &= J(\boldsymbol{x}_n)^{-1}\left[\boldsymbol{f}(\boldsymbol{\alpha}) - \boldsymbol{f}(\boldsymbol{x}_n) - J(\boldsymbol{x}_n)(\boldsymbol{\alpha} - \boldsymbol{x}_n)\right] \end{aligned}$$

となり，次式を得る．

$$\|\boldsymbol{x}_{n+1} - \boldsymbol{\alpha}\| \leq \|J(\boldsymbol{x}_n)^{-1}\| \cdot \left\|\left[\boldsymbol{f}(\boldsymbol{\alpha}) - \boldsymbol{f}(\boldsymbol{x}_n) - J(\boldsymbol{x}_n)(\boldsymbol{\alpha} - \boldsymbol{x}_n)\right]\right\|$$

補題 5.2.2 の式 (5.21) で $\boldsymbol{x} = \boldsymbol{\alpha}$，$\boldsymbol{y} = \boldsymbol{x}_n$ とした不等式を用いると

$$\|\boldsymbol{x}_{n+1} - \boldsymbol{\alpha}\| \leq \frac{L}{2} \cdot \|J(\boldsymbol{x}_n)^{-1}\| \cdot \|\boldsymbol{x}_n - \boldsymbol{\alpha}\|^2$$

と評価でき，$J(\boldsymbol{\alpha})$ は正則であり $J(\boldsymbol{x})$ の連続性から $\boldsymbol{\alpha}$ に十分近い $\boldsymbol{x}_n$ に対して $\|J(\boldsymbol{x}_n)^{-1}\| \leq M$ となる定数 M が存在するので

$$\|\boldsymbol{x}_{n+1} - \boldsymbol{\alpha}\| \leq \frac{LM}{2} \cdot \|\boldsymbol{x}_n - \boldsymbol{\alpha}\|^2$$

となる．したがって，ニュートン法の局所的 2 次収束性が示された．(証明終)

5.3　代数方程式

ニュートン法は，適当な条件下で局所的 2 次収束性を持つ優れた解法であるが，任意の初期値で解に収束するという大域的収束性は保証されていない．そこでニュートン法の局所的収束性を損なうことなく出来るだけ簡単な方法で大域的収束性を有する解法があれば望ましい．非線形方程式の 1 つの例である代

数方程式

$$p(z) := z^m + a_1 z^{m-1} + \cdots + a_{m-1}z + a_m = 0 \tag{5.22}$$

に対してはそのような解法は存在し，軽微な修正でニュートン法の欠点を補うことができる．本節では以下の 2 つの解法を取り挙げる．

- **平野法**：根の一つを求める解法．大域的収束性を有し，単根のとき局所的 2 次収束である．
- **デュラン・ケルナー法**：全ての根を求める解法．経験的にほぼ大域的収束性を有し，単根のとき局所的 2 次収束である．

5.3.1 平野法

本項では，代数方程式 (5.22) の一つの根を求める**平野法**を述べる．平野法もニュートン法と同様に z_n を n 反復目の近似解とすると z_{n+1} は修正量 δ_n を用いて

$$z_{n+1} = z_n + \delta_n$$

で与えられる．修正量に関しては，$z = z_n$ のまわりで式 (5.22) の $p(z)$ を

$$p(z_n + \delta_n) = \underbrace{p(z_n)}_{c_0} + \underbrace{p'(z_n)}_{c_1}\delta_n + \cdots + \underbrace{\frac{p^{(m)}(z_n)}{m!}}_{c_m}\delta_n^m \tag{5.23}$$

で展開し，上式の右辺が零になるような修正量 δ_n が分かれば，$z_n + \delta_n$ は $p(z)$ の根 α になる．ニュートン法では，z_n が解に十分近いとき $z_n \approx \alpha$ なので $z_n + \delta_n = \alpha$ を満たす修正量 δ_n は十分に小さい．この場合，式 (5.23) の主要な 2 項は，第 1 項と第 2 項

$$p(z_n + \delta_n) \approx c_0 + c_1\delta_n \tag{5.24}$$

であり（δ_n^2 以上の項を無視），この 2 項を打ち消すように δ_n を決めるとニュートン法の修正量 $\delta_n = -c_0/c_1$ が得られる．このように修正量 δ_n が十分に小さいときは式 (5.23) の主要な 2 項は (5.24) であるが，z_n が解に近くないときに

は他の項が支配的になる可能性がある．そこで次の2項

$$c_0 + c_j\delta_n^j \quad (j = 1, 2, \ldots, m) \tag{5.25}$$

の中で，寄与の大きい項 $j = k$ を定め，その2項 $c_0 + c_k\delta_n^k$ を打ち消すように修正量を決めるのが良いであろう．では，どのように寄与の大きい項を探すかであるが，ニュートン法の修正量に着目すると修正量は $-c_0/c_1$ であり，c_1 の寄与が大きいほど修正量は小さくなる．このことから，最小の修正量を与える項が最も寄与が大きいと考えられよう．そこで，(5.25) の2項を打ち消す修正量

$$\delta_j = (-c_0/c_j)^{1/j} \quad (j = 1, 2, \ldots, m)$$

の候補の中で，絶対値が最小となるものを修正量 δ_n に採用すると，平野法の主要部が得られる．平野法の第 n 反復目の計算手順を以下に示す．

❖ 平野法（n 反復目の計算手順）**❖**

1. c_j $(j = 0, 1, \ldots, m)$ を計算する．
2. $\mu = 1$ とする．
3. $\delta_j := (-\mu c_0/c_j)^{1/j} \quad (j = 1, 2, \ldots, m)$.
4. $|\delta_j|$ が最小となる j を探し，その δ_j を修正量 δ_n とする．
5. $|p(z_n + \delta_n)| \leq (1 - (1 - \beta)\mu)|c_0|$ なら $z_{n+1} := z_n + \delta_n$ とし次の反復へ．
6. ステップ5の条件を満たさなければ $\mu := \mu/\lambda$ とし，ステップ2に戻る．

ここで，β, λ は $0 < \beta < 1 < \lambda$ を満たす定数である．また，ステップ3は，複素数も考慮に入れているため $(-\mu c_0/c_j)^{1/j}$ は j 通りの値があるが，その中から $|z_n + \delta_j|$ が最小のものを選ぶとよい．

平野法は，近似解が真の解に十分に近いときステップ3の修正量がニュートン法の修正量と一致，すなわちニュートン法になるため，単根のとき局所的2次収束，重根のとき局所的1次収束である．また，平野法は次の定理で示されるように大域的収束性を有する．

定理 5.3.1（室田，1980）$0 < \beta < 1 < \lambda$ とすると，平野法は任意の初期値 z_0 に対して

$$|p(z_{n+1})| \leq |1-(1-\beta)\theta|\,|p(z_n)|$$

を満たす近似解列 z_n を生成する．ただし，

$$\theta = \left(\frac{\beta}{1+\beta}\right)^{2n^3} \lambda^{-n}$$

である．したがって，$p(z_n) \to 0 \ (n \to \infty)$ となり，z_n はある根に収束する．

5.3.2 デュラン・ケルナー法

ここでは，代数方程式 (5.22) の全ての根 $\alpha_1, \alpha_2, \ldots, \alpha_m$ を求めることを考える．容易に思いつく方法を述べよう．まず，式 (5.22) に対して（例えば）ニュートン法を適用し，根の一つ α_1 を求める．式 (5.22) は根を用いて

$$p(z) = (z-\alpha_1)(z-\alpha_2)\cdots(z-\alpha_m) \tag{5.26}$$

と書けるので，$p(z)$ は $(z-\alpha_1)$ で割り切れる．そこで $p_1(z) := p(z)/(z-\alpha_1)$ に対してまたニュートン法を適用し，もう一つの根 α_2 を求める．この操作を繰り返して全ての根を求めることは原理的には可能である．このように，得られた根を用いて方程式の次数を減らす方法を**減次**という．しかしながら，減次を繰り返せば丸め誤差の累積により解は崩れてゆき，最終的に得られた解は元の方程式の解と大きくずれる可能性がある．

そこで，ここでは減次を行わない方法である**デュラン・ケルナー法**と初期値の与え方である**アバースの初期値**を紹介する．

○デュラン・ケルナーの 2 次法

式 (5.22) にニュートン法の公式 (5.8) を適用すると

$$z_{n+1}^{(i)} = z_n^{(i)} - \frac{p(z_n^{(i)})}{p'(z_n^{(i)})} \quad (1 \leq i \leq m) \tag{5.27}$$

となる．ここで $z_n^{(i)}$ は根 α_i に対応する n 反復目の近似解である．まず式 (5.27)

の分母 $p'(z_n^{(i)})$ を $p'(\alpha_i)$ で近似する．ここで，$p'(\alpha_i)$ は式 (5.26) から $(z-\alpha_i)$ を取り除いて $z=\alpha_i$ とおいた多項式

$$p'(\alpha_i) = (\alpha_i - \alpha_1)\cdots(\alpha_i - \alpha_{i-1})(\alpha_i - \alpha_{i+1})\cdots(\alpha_i - \alpha_m)$$

である．次に，α_j $(1 \le j \le m)$ を $z_n^{(j)}$ で代用すると次の公式が得られる．

$$z_{n+1}^{(i)} = z_n^{(i)} - \frac{p(z_n^{(i)})}{\prod_{j\neq i}(z_n^{(i)} - z_n^{(j)})} \quad (1 \le i \le m). \tag{5.28}$$

これをデュラン・ケルナーの2次法といい，$p(z)$ が重根を持たなければ近似解は局所的に2次収束することが知られている．

❍デュラン・ケルナーの3次法

式 (5.26) の自然対数をとると

$$\log p(z) = \sum_{j=1}^{m} \log(z - \alpha_j)$$

なので，$p(z)$ を微分し $z = z^{(i)}$ とおくと

$$\begin{aligned}\frac{p'(z^{(i)})}{p(z^{(i)})} &= \sum_{j=1}^{m} \frac{1}{z^{(i)} - \alpha_j} \\ &= \frac{1}{z^{(i)} - \alpha_i} + \sum_{j\neq i} \frac{1}{z^{(i)} - z^{(j)}} - \sum_{j\neq i} \frac{z^{(j)} - \alpha_j}{(z^{(i)} - z^{(j)})(z^{(i)} - \alpha_j)}.\end{aligned}$$

ここで，左辺を右辺の第2項までで近似

$$\frac{p'(z^{(i)})}{p(z^{(i)})} \approx \frac{1}{z^{(i)} - \alpha_i} + \sum_{j\neq i} \frac{1}{z^{(i)} - z^{(j)}}$$

し，方程式と見立てて α_i について解き，α_i を $z_{n+1}^{(i)}$ とおくと次の反復公式が得られる．

$$z_{n+1}^{(i)} = z_n^{(i)} - \frac{p(z_n^{(i)})/p'(z_n^{(i)})}{1 - \dfrac{p(z_n^{(i)})}{p'(z_n^{(i)})} \displaystyle\sum_{j\neq i} \frac{1}{z_n^{(i)} - z_n^{(j)}}} \quad (1 \le i \le m).$$

これをデュラン・ケルナーの 3 次法といい，$p(z)$ が重根を持たなければ近似解は局所的に 3 次収束することが知られている．

○ アバースの初期値

デュラン・ケルナーの 2 次法や 3 次法は，解の近くでは十分な収束性を有しているが，解から遠く離れた場所を初期値に選んでしまうと，2 次収束や 3 次収束を示す領域に達するまでに多くの反復回数が必要になるため，良い初期値の選び方は大変重要である．

アバースの初期値は，解 $\alpha_1, \alpha_2, \ldots, \alpha_m$ の重心

$$b := \frac{1}{m}\sum_{i=1}^{m}\alpha_i = \frac{-a_1}{m} \tag{5.29}$$

を中心とした全ての根を含む複素平面上の半径 r の円板を考え，その円周上に次のように初期値を等間隔に置く方法である．

$$z_0^{(k)} = b + r\exp\left[\sqrt{-1}\left(\frac{2(k-1)\pi}{m} + \frac{\pi}{2m}\right)\right] \quad (1 \leq k \leq m). \tag{5.30}$$

半径 r は次のようにして定められる．

式 (5.22) において，重心 (5.29) を用いて $z = w + b$ とおき変形すると w の多項式を得る．

$$q(w) := p(w+b) = w^m + c_2 w^{m-2} + \cdots + c_m = 0.$$

ここで w^{m-1} の係数は $mb + a_1$ より定義 (5.29) から 0 であるので，この項を省略した．このとき，全ての c_i $(2 \leq i \leq m)$ が 0 になる場合を除いて

$$\tilde{q}(w) := w^m - |c_2|w^{m-2} - \cdots - |c_m|$$

は唯一の正の実根 $r_0 > 0$ を持ち，中心を b，半径を r_0 とした円板は $p(z)$ の全ての根を含むため，r_0 以上の値を式 (5.30) の r に用いる．なお，r_0 は係数 $c_2, \ldots, c_m$ の中で非零の個数を m^* とすると

$$r_0 \leq r^* := \max_{2 \leq k \leq m} (m^*|c_k|)^{1/k} \tag{5.31}$$

が知られているので，r^* を初期値としたニュートン法を $\tilde{q}(w)$ に適用し，r_0 を

求めるとよい．

❍ 誤差の評価

得られた近似解の精度は，次の**スミスの定理**によって評価できる．

定理 5.3.2（スミスの定理）　$z^{(1)}, z^{(2)}, \ldots, z^{(m)}$ を相異なる複素数とする．このとき $p(z)$ の全ての根は中心を $z^{(k)}$，半径を $r^{(k)}$ とした複素平面上の円板

$$C_k : |z - z^{(k)}| \leq r^{(k)} := m\left|p(z^{(k)})/\prod_{j\neq k}(z^{(k)} - z^{(j)})\right| \ (1 \leq k \leq m) \qquad (5.32)$$

の合併 $\bigcup_{i=1}^{m} C_i$ に含まれる．さらに，合併を構成する連結成分の 1 つが k 個の円板から構成されているならば，その連結成分内の根の数も k 個である．

スミスの定理から m 個全ての円板 C_k が連結せず独立して存在していれば，各根の誤差の見積もりは式 (5.32) で与えられることが分かる．

❍ 数値例

数値例として次の 7 次方程式

$$x^7 + 3x^6 + 5x^5 + 9x^4 + 12x^3 - 2x^2 + 32x + 40 = 0$$

を考える．この方程式の根は $-1, 1 \pm i, -2 \pm i, \pm 2i$ の 7 個である．

この方程式に対してデュラン・ケルナーの 2 次法 (5.28) を適用した結果を図 5.4 に示す．ここで，初期値はアバースの初期値 (5.30) を用い，7 個の初期値を置くための円板の半径を $r = 10$ とした[†2]．

図 5.4 において，プロット点 $*$（アスタリスク）は初期値 $z_0^{(k)} (1 \leq k \leq 7)$ を，プロット点 $\circ$（小さい円）は近似解を，プロット点 $\cdot$ は方程式の根を意味する．

図 5.4 は，デュラン・ケルナーの 2 次法を 10 反復まで行った結果を示しており，各初期値から反復を進めるにしたがい，近似解が各根に向かって収束していく様子が分かる．この例では，10 反復までは近似解は根に向かって 1 次収束するが，根の近くである 10 反復以降では 2 次収束性を示す．

[†2] 式 (5.31) の r_0 は $r_0 \approx 2.35$ であり，これよりも甘い見積もりを半径として与えている．

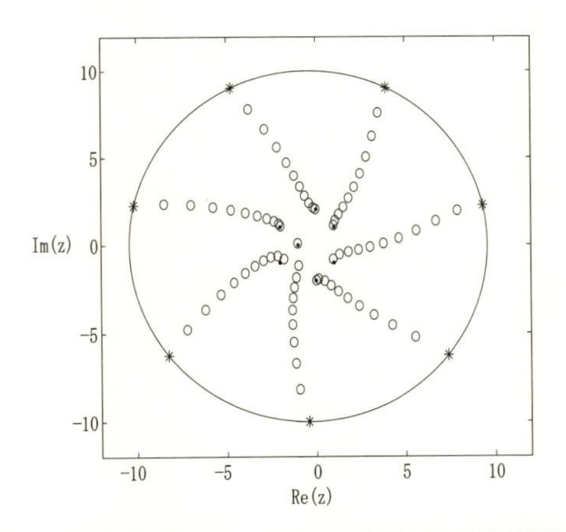

図 5.4 デュラン・ケルナーの 2 次法による計算結果

第6章

関数近似

曽我部　知広

本章では，関数の近似式を求めるための方法として最良近似を，与えられた点を通る関数を生成する方法として補間法を述べる．

6.1　最良近似

関数 $f(x)$ が与えられたとき，多項式や有理式の集合の中から，その良い近似となるものを見つけるという問題意識は自然であろう．この問題を定式化するにあたり，良い近似とは何かを定義する必要がある．そのために，閉区間 $[a,b]$ 上の関数 $f(x)$ の大きさを測る尺度として，**最大値ノルム**（一様ノルムとも呼ばれる）

$$\|f(x)\|_\infty = \sup_{x\in[a,b]} |f(x)|$$

を用いると，2つの関数 $f(x)$, $g(x)$ の違いの大きさ（近似誤差）は $\|f(x)-g(x)\|_\infty$ で知ることができる．そこで，$f(x)$ をある関数族 $\mathcal{G}$ の中で最もよく近似するということを，近似誤差の下限

$$\inf_{g(x)\in\mathcal{G}} \|f(x)-g(x)\|_\infty = \inf_{g(x)\in\mathcal{G}} \left(\sup_{x\in[a,b]} |f(x)-g(x)| \right)$$

を達成する近似式 $g^*(x)\in\mathcal{G}$ を見つけることとし，$g^*(x)$ を $f(x)$ の $\mathcal{G}$ に関する**最良近似**という．直観的には，区間 $[a,b]$ で $f(x)$ との誤差が一様に小さくなる近似関数を関数族 $\mathcal{G}$ の中から選ぶことに対応する．

特に関数族 $\mathcal{G}$ が n 次多項式

$$g(x) = c_0 + c_1 x + \cdots + c_n x^n$$

全体の集合のとき，対応する $g^*(x)$ を n 次**最良近似多項式**といい，関数族 $\mathcal{G}$ が以下の有理式

$$g(x) = \frac{a_0 + a_1 x + \cdots + a_m x^m}{b_0 + b_1 x + \cdots + b_n x^n}$$

全体の集合のとき，対応する $g^*(x)$ を (m, n) 型**最良近似有理式**という．

6.1.1 一意性

まず，最良近似は存在するかという素朴な疑問が生じる．これに関しては，被近似関数 $f(x)$ が連続関数であれば，最良近似多項式および最良近似有理式は存在し，かつ，一意的であることが知られている．

一般に，最良近似解が一意的に存在するための条件がハール (A. Harr) により導入されており，以下にその概要を述べよう．以下では，C$[a,b]$（閉区間 $[a,b]$ で連続な関数全体の集合）とし，$f(x) \in$C$[a,b]$ をある $g_0(x), g_1(x), \ldots, g_n(x) \in$C$[a,b]$ の線形結合で近似する問題を考える．すなわち

$$\mathcal{G} = \{c_0 g_0(x) + c_1 g_1(x) + \cdots + c_n g_n(x) | c_0, c_1, \ldots, c_n \in \mathbb{R}\} \tag{6.1}$$

として $\inf_{g(x)\in\mathcal{G}} \|f(x) - g(x)\|_\infty$ を満たす，$g(x)$ を求めること問題を考える．この最良近似の存在性，一意性について以下のことが知られている．

定理 6.1.1 $\mathcal{G}$ を式 (6.1) で与えられた関数族とする．このとき，任意の $f(x) \in$ C$[a,b]$ に対して，$\inf_{g(x)\in\mathcal{G}} \|f(x) - g(x)\|_\infty$ を満たす関数が $\mathcal{G}$ の中に一意的に存在するための必要十分条件は，任意の相異なる $x_0, x_1, \ldots, x_n \in [a,b]$ に対して

$$\det \begin{pmatrix} g_0(x_0) & g_1(x_0) & \cdots & g_n(x_0) \\ g_0(x_1) & g_1(x_1) & \cdots & g_n(x_1) \\ \vdots & \vdots & \ddots & \vdots \\ g_0(x_n) & g_1(x_n) & \cdots & g_n(x_n) \end{pmatrix} \neq 0 \tag{6.2}$$

が成り立つことである.

式 (6.2) は**ハール条件**と呼ばれ，ハール条件を満たす関数の集合 $\{g_0(x), g_1(x), \ldots, g_n(x)\}$ は**チェビシェフ系**と呼ばれる.

6.1.2 最良近似（関数）の特徴

連続関数 $f(x)$ に対して与えられた次数の多項式や有理式が最良近似であるかどうかは次のチェビシェフの定理によって判定できる.

定理 6.1.2（チェビシェフの定理（多項式の場合）） 区間 $[a,b]$ 上の連続関数 $f(x)$ に対して n 次多項式 $P_n(x)$ が最良近似であるための必要十分条件は以下を満たすことである.

(1) 区間 $[a,b]$ の中で相異なる $n+2$ 個の点 $\xi_0 < \xi_1 < \cdots < \xi_{n+1}$ において

$$|f(\xi_k) - P_n(\xi_k)| = h \quad (k = 0, 1, \ldots, n+1)$$

が成り立つ．ただし，$h = \|f(x) - P_n(x)\|_\infty$ とする.

(2) $f(\xi_k) - P_n(\xi_k)$ $(k = 0, 1, \ldots, n+1)$ の値の符号が交互に変わる.

定理 6.1.2 の (1) を満たす点 ξ_k を**偏差点**という．偏差点の例を図 6.1 に示す.

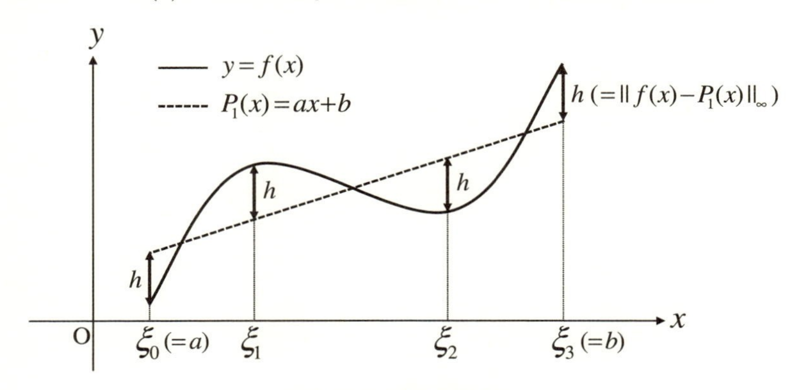

図 6.1 偏差点の例

図 6.1 において，偏差点は 4 点 $(\xi_0, \xi_1, \xi_2, \xi_3)$ ある．さらに，$f(\xi_k) - P_1(\xi_k)$

の符号は $k = 0, 1, 2, 3$ の順に負→正→負→正となっており，定理 6.1.2 の (2) も満たしているため，図中の $P_1(x)$ は $f(x)$ の最良近似であることが分かる[†1]．なお，$P_1(x)$ の傾きや切片を少しでも変えると誤差は図中の h より大きくなる（つまり最良近似でなくなる）ことが直観的にも理解できる．

次に，有理式の場合の最良近似の判定法を述べる．

定理 6.1.3（チェビシェフの定理（有理式の場合））　区間 $[a, b]$ 上の連続関数 $f(x)$ に対して有理式 $g(x) = P(x)/Q(x)$（$P(x)$ と $Q(x)$ は，たかだか m, n 次の多項式で互いに素とする）が最良近似であるための必要十分条件は以下を満たすことである．

$N = 2 + \max(n + \deg P, m + \deg Q)$ を用いて以下の (1), (2) が成り立つ．

(1) 区間 $[a, b]$ の中で相異なる N 個の点 $\xi_0 < \xi_1 < \cdots < \xi_{N-1}$ において

$$|f(\xi_k) - g(\xi_k)| = h \quad (k = 0, 1, \ldots, N-1)$$

が成り立つ．ただし，$h = \|f(x) - g(x)\|_\infty$ とする．

(2) $f(\xi_k) - g(\xi_k)$ $(k = 0, 1, \ldots, N-1)$ の値の符号が交互に変わる．

6.1.3　最良近似（関数）の数値計算法

最良近似多項式（有理式）の数値計算法として**ルメの第 2 算法**について述べる．

$f(x)$ を n 次多項式 $P_n(x)$ で近似することを考えよう．n 次多項式 $P_n(x)$ 全体の集合を $\mathcal{P}_n$ とする．区間 $[a, b]$ の中で相異なる $n+2$ 個の点 $\xi_0 < \xi_1 < \cdots < \xi_{n+1}$ における近似誤差 $(\max_{0 \le i \le n+1} |f(\xi_i) - P_n(\xi_i)|)$ の下限

$$\inf_{P_n \in \mathcal{P}_n} \max_{0 \le i \le n+1} |f(\xi_i) - P_n(\xi_i)| \tag{6.3}$$

を達成する n 次多項式を $\hat{P}_n(x)$ とし，これを標本点 $\xi_0, \ldots, \xi_{n+1}$ に関する n 次最良近似多項式という．

[†1] $P_1(x)$ は 1 次多項式のため 3 点で定理 6.1.2 の条件 (1), (2) が満たされていればよいが，この例では 4 点で条件が満たされている．

ルメの第2算法は，標本点 $\xi_0, \ldots, \xi_{n+1}$ および標本点に関する n 次最良近似多項式 $\hat{P}_n$ を更新しながら，$\hat{P}_n$ を当初の目的である n 次最良近似多項式に近づけていく方法である．

この実現には，定理 6.1.2 の (2) が有用である．具体的に標本点に関する n 次最良近似多項式を求めるには，標本点上で定理 6.1.2 の (2) を満たす，つまり

$$f(\xi_i) - P_n(\xi_i) = (-1)^i \delta \quad (i = 0, 1, \ldots, n+1) \tag{6.4}$$

が成立する必要があることを利用する[†2]．$\hat{P}_n(x) = a_0 + a_1 x + \cdots + a_n x^n$ とすると，式 (6.4) より以下の連立 1 次方程式

$$\begin{pmatrix} (-1)^0 & 1 & \xi_0 & \xi_0^2 & \cdots & \xi_0^n \\ (-1)^1 & 1 & \xi_1 & \xi_1^2 & \cdots & \xi_1^n \\ \vdots & \vdots & \vdots & \vdots & \ddots & \vdots \\ (-1)^{n+1} & 1 & \xi_{n+1} & \xi_{n+1}^2 & \cdots & \xi_{n+1}^n \end{pmatrix} \begin{pmatrix} \delta \\ a_0 \\ \vdots \\ a_n \end{pmatrix} = \begin{pmatrix} f(\xi_0) \\ f(\xi_1) \\ \vdots \\ f(\xi_{n+1}) \end{pmatrix} \tag{6.5}$$

を解くことで，標本点に関する n 次最良近似多項式 $\hat{P}_n(x)$ の係数 $a_0, a_1, \ldots, a_n$ および δ が得られる．δ の絶対値は近似誤差の下限 (6.3) に対応するため，$\|f(x) - \hat{P}_n(x)\|_\infty$ と $|\delta|$ が十分に近ければ，$\hat{P}_n(x)$ は $f(x)$ の最良近似多項式の良い近似になるため，収束判定条件として使用できる．

次に，標本点の更新方法について述べる．これには，標本点の一つを入れ替える**1 点入れ替え法**および標本点の全てを入れ替える**全点同時入れ替え法**[†3]があるが，ここでは 1 点入れ替え法を紹介する．

1 点入れ替え法の基本的な考え方は次の通りである．まず $|f(\xi) - \hat{P}_n(\xi)| = \|f(x) - \hat{P}_n(x)\|_\infty$ を満たす ξ を求める[†4]．次に標本点 $\xi_0 < \xi_1 < \cdots < \xi_{n+1}$ の

[†2] 定理 6.1.2 は区間 $[a, b]$ 上の最良近似に関する定理であるが，標本点 $\xi_0, \ldots, \xi_{n+1}$ 上での最良近似に関しても，式 (6.4) は必要条件となっている．

[†3] 例えば，文献 [30] を参照されたい．

[†4] $g(x) = f(x) - \hat{P}_n(x)$ とおくと，$g(x)$ が最大または最小となる x を求める問題であるが実際は厳密に求めることは難しい．そこで，近似的に求める単純な方法として，区間 $[a, b]$ を N 等分し，その分点上 $x_0(= a), x_1, x_2, \ldots, x_{N-1}, x_N(= b)$ で $|g(x)|$ が最大となる x_i を初期値として，ニュートン法などを用いて極大または極小となる点（つまり $g'(x) = 0$ の解 x）を ξ とする．

一つと ξ を入れ替える．入れ替えの指針としては，入れ替え後の標本点が再び昇順に並ぶように入れ替えること（例えば $\xi_i < \xi < \xi_{i+1}$ ならば ξ_i と ξ_{i+1} が入れ替えの候補になる），および定理 6.1.2 の (2) の条件に基づき，1 点を入れ替えて得られた新しい標本点に関して $f(\xi_k) - \hat{P}_n(\xi_k)(k = 0, 1, \ldots, n+1)$ の符号が交互に変わるようにすることである．1 点入れ替え法のアルゴリズムをアルゴリズム 6.1 に示す．

❖ アルゴリズム 6.1：1 点入れ替え法❖

⟨1⟩ $|f(\xi) - \hat{P}_n(\xi)| = \|f(x) - \hat{P}_n(x)\|_\infty$ を満たす ξ を求める．
⟨2⟩ 標本点 $\xi_0 < \xi_1 < \cdots < \xi_{n+1}$ の一つと ξ を以下の基準で入れ替える．
⟨3⟩ $e(x) = f(x) - \hat{P}_n(x)$ とする．
⟨4⟩ $\xi < \xi_0$ のとき，
⟨5⟩ 　・$e(\xi)$ と $e(\xi_0)$ が同符号なら ξ と ξ_0 を入れ替える．
⟨6⟩ 　・$e(\xi)$ と $e(\xi_0)$ が異符号なら ξ と ξ_{n+1} を入れ替える．
⟨7⟩ $\xi_i < \xi < \xi_{i+1}$ $(1 \leq i \leq n)$ のとき，
⟨8⟩ 　・$e(\xi)$ と $e(\xi_i)$ が同符号なら ξ と ξ_i を入れ替える．
⟨9⟩ 　・$e(\xi)$ と $e(\xi_i)$ が異符号なら ξ と ξ_{i+1} を入れ替える．
⟨10⟩ $\xi_{n+1} < \xi$ のとき，
⟨11⟩ 　・$e(\xi)$ と $e(\xi_{n+1})$ が同符号なら ξ と ξ_{n+1} を入れ替える．
⟨12⟩ 　・$e(\xi)$ と $e(\xi_{n+1})$ が異符号なら ξ と ξ_0 を入れ替える．

n 次最良多項式を求めるためのルメの第 2 算法（1 点入れ替え法を使用）をアルゴリズム 6.2 に示す．

❖ アルゴリズム 6.2: ルメの第 2 算法❖

⟨1⟩ 区間 $[a, b]$ 内に初期の標本点 $\xi_0 < \xi_1 < \cdots < \xi_{n+1}$ を適当におく．
⟨2⟩ 式 (6.5) を解き，$\hat{P}_n(x) = a_0 + a_1x + \cdots + a_nx^n$ と δ を求める．
⟨3⟩ $\|f(x) - \hat{P}_n(x)\|_\infty$ と $|\delta|$ が十分に近ければ終了する．
⟨4⟩ アルゴリズム 6.1 に従って標本点を更新し，⟨2⟩ に戻る．

ルメの第 2 算法の ⟨1⟩ において，初期の標本点は何でもよいが，$n+1$ 次チェ

ビシェフ多項式が極値をとる点，すなわち $\xi_k = \cos(\pi(n+1-k)/(n+1))$ $(k=0,1,\ldots,n+1)$ とすることが多い．

6.2 多項式による補間

本節では，実験データの解析などに有用な多項式による補間を扱う．まず，測定データに関数をフィッティングする問題が連立 1 次方程式に帰着されることを示す．さらに，基底関数を変えることにより連立 1 次方程式を解く必要がなくなる便利な方法を 2 つ紹介する．また，標本点での微分値も考慮する必要があるときに有用な公式であるエルミート補間公式を紹介する．

閉区間 $[a,b]$ での n 個の相異なる標本点 $x_1, x_2, \ldots, x_n$ において，関数 $f(x)$ の関数値 $f(x_1), f(x_2), \ldots, f(x_n)$（あるいはそれらの観測値 $f_1, f_2, \ldots, f_n$）が与えられたとし，$n-1$ 次多項式 $P_{n-1}(x) = a_1 + a_2 x + \cdots + a_n x^{n-1}$ の係数 $a_1, a_2, \ldots, a_n$ を補間条件

$$P_{n-1}(x_i) = f(x_i), \quad i = 1, 2, \ldots, n \tag{6.6}$$

のもとで求めることを**多項式補間**という．

補間条件 (6.6) を書き直すと，つぎの連立 1 次方程式

$$\begin{cases} a_1 + a_2 x_1 + \cdots + a_{n-1} x_1^{n-2} + a_n x_1^{n-1} = f(x_1), \\ \qquad \vdots \\ a_1 + a_2 x_i + \cdots + a_{n-1} x_i^{n-2} + a_n x_i^{n-1} = f(x_i), \\ \qquad \vdots \\ a_1 + a_2 x_n + \cdots + a_{n-1} x_n^{n-2} + a_n x_n^{n-1} = f(x_n) \end{cases}$$

を解けばよいことが分かる．この係数行列は n 次**ヴァンデルモンド行列**と呼ばれ，

$$V_n(x_1,\ldots,x_i,\ldots,x_n)=\begin{bmatrix}1 & x_1 & \cdots & x_1^{n-2} & x_1^{n-1}\\ \vdots & \vdots & \ddots & \vdots & \vdots\\ 1 & x_i & \cdots & x_i^{n-2} & x_i^{n-1}\\ \vdots & \vdots & \ddots & \vdots & \vdots\\ 1 & x_n & \cdots & x_n^{n-2} & x_n^{n-1}\end{bmatrix}$$

と記す．$x_1,x_2,\ldots,x_n$ が相異なるとき，ヴァンデルモンド行列は，その行列式 $\prod_{j>i}(x_j-x_i)$ が0にならないため，正則になる．この方法では多項式の表現として，$1,x,x^2,\ldots,x^{n-1}$ を基底関数に用いた．本質は変わらないが，適切に基底関数を変えれば補間公式が変化し，計算が簡単になる．

基底関数の係数が最もシンプルな形をとるのは**ラグランジュ補間公式**である．そのときの基底関数を $L_1^{n-1}(x),L_2^{n-1}(x),\ldots,L_n^{n-1}(x)$ としたとき，ラグランジュ補間公式は以下の通りである．

$$P_{n-1}(x)=\sum_{i=1}^{n}f(x_i)L_i^{n-1}(x). \tag{6.7}$$

基底関数が決まれば，係数の計算が省ける．

補間条件 (6.6) から，すべての基底関数 $L_i^{n-1}(x)(i=1,2,\ldots,n)$ が次の条件

$$L_i^{n-1}(x_j)=\delta_{ij},\quad j=1,2,\ldots,n \tag{6.8}$$

を満たせば，ラグランジュ補間公式 (6.7) が成り立つことが分かる．すなわち，$L_i^{n-1}(x)$ は $f(x_j)=\delta_{ij}(j=1,2,\ldots,n)$ のときの補間公式で，次のようになる．

$$L_i^{n-1}(x)=\frac{\prod_{j\neq i}(x-x_j)}{\prod_{j\neq i}(x_i-x_j)}.$$

ここで，

$$T_n(x)=\prod_{i=1}^{n}(x-x_i) \tag{6.9}$$

を導入すれば，

$$L_i^{n-1}(x)=\frac{T_n(x)}{(x-x_i)T_n'(x_i)}.$$

とも書ける．ただし，$T'(x)$ は $T(x)$ の微分を意味する．

標本点を増やす必要があるとき，ラグランジュ補間公式では基底関数を構築し直す必要があるため不便である．このようなときにはニュートン補間公式が便利である．$x_1, x_2, \ldots, x_n$ を標本点にもつ補間多項式を $P_{n-1}(x)$ とし，新しい標本点 $x_{n+1}(\neq x_i, i = 1, 2, \ldots, n)$ とそれに対応する $f(x_{n+1})$ を追加したときの補間多項式 $P_n(x)$ の構築を考える．n 次多項式 $P_n(x) - P_{n-1}(x)$ が

$$P_n(x_i) - P_{n-1}(x_i) = 0, \quad i = 1, 2, \ldots, n \tag{6.10}$$

を満たすので，式 (6.9) の $T_n(x)$ を用いると

$$P_n(x) - P_{n-1}(x) = w_n T_n(x). \tag{6.11}$$

と書ける．$P_n(x_{n+1}) = f(x_{n+1})$ より，$w_n = \frac{f(x_{n+1}) - P_{n-1}(x_{n+1})}{T_n(x_{n+1})}$．すなわち，新しい補間公式 $P_n(x)$ は古い $P_{n-1}(x)$ を再利用して以下のように構築される．

$$P_n(x) = P_{n-1}(x) + \frac{f(x_{n+1}) - P_{n-1}(x_{n+1})}{T_n(x_{n+1})} T_n(x). \tag{6.12}$$

このように，$T_0(x)(\equiv 1), T_1(x), T_2(x), \ldots, T_n(x)$ を基底関数にとり，

$$P_n(x) = \sum_{i=0}^{n} w_i T_i(x) \tag{6.13}$$

と構築するアプローチは**ニュートン補間公式**と呼ばれる．この係数 w_i は次に説明する差分商を用いると効率よく逐次的に計算できる．

まず，点 x_i における 0 次差分商 $f[x_i]$ は $f[x_i] = f(x_i)$ とする．つぎに，点 x_i, x_{i+1} における 1 次差分商 $f[x_i, x_{i+1}]$ は

$$f[x_i, x_{i+1}] = \frac{f[x_i] - f[x_{i+1}]}{x_i - x_{i+1}}$$

で定義する．このように繰り返して，点 $x_i, x_{i+1}, \ldots, x_{i+k-1}, x_{i+k}$ における k 次差分商 $f[x_i, x_{i+1}, \ldots, x_{i+k-1}, x_{i+k}]$ は

$$f[x_i, x_{i+1}, \ldots, x_{i+k-1}, x_{i+k}] = \frac{f[x_i, \ldots, x_{i+k-1}] - f[x_{i+1}, \ldots, x_{i+k}]}{x_i - x_{i+k}}$$

と２つの $k-1$ 次差分商で定義される．差分商の関係は次のように見ると分かりやすい．

$$
\begin{array}{c|ccccc}
x_1 & f[x_1] & & & & \\
 & & f[x_1,x_2] & & & \\
x_2 & f[x_2] & & \ddots & & \\
 & & \vdots & & f[x_1,x_2,\ldots,x_n] & \\
\vdots & \vdots & & \vdots & & f[x_1,x_2,\ldots,x_n,x_{n+1}] \\
 & & \vdots & & f[x_2,\ldots,x_n,x_{n+1}] & \\
x_n & f[x_n] & & \cdot^{\cdot^{\cdot}} & & \\
 & & f[x_n,x_{n+1}] & & & \\
x_{n+1} & f[x_{n+1}] & & & &
\end{array}
$$

具体的には，式 (6.13) に $x=x_1$ を代入すると，$w_0=f[x_1]$ になる．次に，式 (6.13) に $x=x_2$ を代入すると，$f[x_2]=f[x_1]+w_1(x_2-x_1)$ が成り立ち，$w_1=f[x_1,x_2]$ になる．

以上から，一般的には $w_n=f[x_1,x_2,\ldots,x_n,x_{n+1}]$，すなわち，

$$
P_n(x)=\sum_{i=0}^{n} f[x_1,x_2,\ldots,x_i,x_{i+1}]T_i(x) \tag{6.14}
$$

となる．

6.2.1　エルミート補間公式

本項では，関数値だけではなく導関数の値も一致する多項式を考える．非負の整数列 $m_1,m_2,\ldots,m_n$ に対して，

$$
\frac{d^kP(x_i)}{dx^k}=\frac{d^kf(x_i)}{dx^k},\quad i=1,2,\ldots,n;\ k=0,1,\ldots,m_i \tag{6.15}
$$

を満たす多項式 $P(x)$ を $f(x)$ の接触多項式という．$m_i=1, i=1,2,\ldots,n$ とした場合の $2n-1$ 次接触多項式 $H_{2n-1}(x)$ は**エルミート多項式**といい，標本点において関数値と微分値の両方を補間する．エルミート多項式の存在性はラグランジュ多項式のときと同様に連立１次方程式に帰着させるが，その係数行列は

$2n$ 次**合流型ヴァンデルモンド行列**と呼ばれ，

$$V_n^{(2)}(x_1,\ldots,x_i,\ldots,x_n)=\begin{bmatrix}1 & x_1 & x_1^2 & \cdots & x_1^{2n-1}\\ 0 & 1 & 2x_1 & \cdots & (2n-1)x_1^{2n-2}\\ \vdots & \vdots & \ddots & \vdots & \vdots\\ 1 & x_i & x_i^2 & \cdots & x_i^{2n-1}\\ 0 & 1 & 2x_i & \cdots & (2n-1)x_i^{2n-2}\\ \vdots & \vdots & \ddots & \vdots & \vdots\\ 1 & x_n & x_n^2 & \cdots & x_n^{2n-1}\\ 0 & 1 & 2x_n & \cdots & (2n-1)x_n^{2n-2}\end{bmatrix}$$

と記す．その行列式 $\prod_{j>i}(x_j-x_i)^4$ が 0 にならないため，正則になる．

$L_i^{n-1}(x)$ を用いて，新しい $2n-1$ 次多項式

$$U_i(x)=\left\{1-2\left(\frac{\mathrm{d}}{\mathrm{d}x}L_i^{n-1}(x_i)\right)(x-x_i)\right\}(L_i^{n-1}(x))^2,$$
$$V_i(x)=(x-x_i)(L_i^{n-1}(x))^2$$

を用いると，**エルミート補間多項式**は以下で与えられる．

$$H_{2n-1}(x)=\sum_{i=1}^{n}f(x_i)U_i(x)+\sum_{i=1}^{n}f'(x_i)V_i(x). \tag{6.16}$$

例として $n=2$ とし，区間 $[x_1,x_2]$ におけるエルミート補間多項式は

$$\begin{aligned}H_3(x)=f(x_1)&\frac{(x-x_2)^2\{2(x-x_1)+h_2\}}{{h_2}^3}\\&+f(x_2)\frac{(x-x_1)^2\{2(x_2-x)+h_2\}}{{h_2}^3}\\&+f'(x_1)\frac{(x-x_2)^2(x-x_1)}{{h_2}^2}+f'(x_2)\frac{(x-x_1)^2(x-x_2)}{{h_2}^2}\end{aligned} \tag{6.17}$$

となる．ここで，$h_2=x_2-x_1$ とおいた．$H_3(x)$ は 3 次多項式であることと，$H_3(x_1)=f(x_1), H_3(x_2)=f(x_2), H_3'(x_1)=f'(x_1), H_3'(x_2)=f'(x_2)$ が成り立っていることは容易に確認できる．

6.3　有理近似

前節では関数を多項式で近似していたが，本節では関数を有理関数で近似することを考える．まず，簡単な例として目的の関数 $f(x)$ が

$$f(x) = c_0 + c_1 x + c_2 x^2 + \cdots$$

のように級数展開できるとし，$f(x)$ を以下の有理関数

$$\frac{P_3(x)}{Q_4(x)} = \frac{a_0 + a_1 x + a_2 x^2 + a_3 x^3}{1 + b_1 x + b_2 x^2 + b_3 x^3 + b_4 x^4}$$

で近似することを考えよう．$f(x)$ と P_3/Q_4 との差

$$f(x) - \frac{P_3(x)}{Q_4(x)} = \frac{Q_4(x)f(x) - P_3(x)}{Q_4(x)}$$

の絶対値が小さくなるように決めればよい．この式から，$Q_4(x)f(x) - P_3(x)$ の絶対値が小さくなるように P_3 と Q_4 の係数を決めればよいことが分かる．具体的には

$$\begin{aligned}
&Q_4 f(x) - P_3 \\
&\quad = (c_0 - a_0) + (c_1 + c_0 b_1 - a_1)x + (c_2 + c_1 b_1 + c_0 b_2 - a_2)x^2 \\
&\qquad + (c_3 + c_2 b_1 + c_1 b_2 + c_0 b_3 - a_3)x^3 + (c_4 + c_3 b_1 + c_2 b_2 + c_1 b_3 + c_0 b_4)x^4 \\
&\qquad + (c_5 + c_4 b_1 + c_3 b_2 + c_2 b_3 + c_1 b_4)x^5 + (c_6 + c_5 b_1 + c_4 b_2 + c_3 b_3 + c_2 b_4)x^6 \\
&\qquad + (c_7 + c_6 b_1 + c_5 b_2 + c_4 b_3 + c_3 b_4)x^7 + \cdots
\end{aligned}$$

となるため，以下の計算を行うことで $1, x, x^2, \ldots, x^7$ の係数を 0 にできる．

1) 以下の連立1次方程式を解き，b_1, b_2, b_3, b_4 を求める．(x^4, x^5, x^6, x^7 の係数が 0 になる．)

$$\begin{pmatrix} c_0 & c_1 & c_2 & c_3 \\ c_1 & c_2 & c_3 & c_4 \\ c_2 & c_3 & c_4 & c_5 \\ c_3 & c_4 & c_5 & c_6 \end{pmatrix} \begin{pmatrix} b_4 \\ b_3 \\ b_2 \\ b_1 \end{pmatrix} = - \begin{pmatrix} c_4 \\ c_5 \\ c_6 \\ c_7 \end{pmatrix}.$$

2) 以下の行列・ベクトル積から a_0, a_1, a_2, a_3 を求める．（x^0, x^1, x^2, x^3 の係数が 0 になる．）

$$\begin{pmatrix} a_0 \\ a_1 \\ a_2 \\ a_3 \end{pmatrix} = \begin{pmatrix} c_0 & & & \\ c_1 & c_0 & & \\ c_2 & c_1 & c_0 & \\ c_3 & c_2 & c_1 & c_0 \end{pmatrix} \begin{pmatrix} 1 \\ b_1 \\ b_2 \\ b_3 \end{pmatrix}.$$

以上の議論を踏まえて，以下に一般の場合を述べよう．以下の有理関数

$$\frac{P_m(x)}{Q_n(x)} = \frac{a_0 + a_1 x + a_2 x^2 + \cdots + a_m x^m}{1 + b_1 x + b_2 x^2 + b_3 x^3 + \cdots + b_n x^n}$$

を考える．ただし，$P_m(x)$ と $Q_n(x)$ が互いに素（互いに共通因子を持たない）とする．この有理関数が以下の性質

$$Q_n(x) f(x) - P_m(x) = O(x^{m+n+1})$$

を満たすとき，有理関数 $P_m(x)/Q_n(x)$ を $f(x)$ の**パデ近似**という．ここで $O(x^{m+n+1})$ は x^{m+n+1} 以上の項を表す．

特に $m = n - 1$ のときのパデ近似は以下の手順で求まる．

1) 以下の連立 1 次方程式を解き，$b_1, b_2, \ldots, b_n$ を求める．

$$\begin{pmatrix} c_0 & c_1 & \cdots & c_{n-1} \\ c_1 & c_2 & \cdots & c_n \\ \vdots & \vdots & \ddots & \vdots \\ c_{n-1} & c_n & \cdots & c_{2n-2} \end{pmatrix} \begin{pmatrix} b_n \\ b_{n-1} \\ \vdots \\ b_1 \end{pmatrix} = - \begin{pmatrix} c_n \\ c_{n+1} \\ \vdots \\ c_{2n-1} \end{pmatrix}.$$

この連立 1 次方程式の係数行列は，**ハンケル行列**と呼ばれる．

2) 以下の行列・ベクトル積から $a_0, a_1, \ldots, a_{n-1}$ を求める．

$$\begin{pmatrix} a_0 \\ a_1 \\ a_2 \\ \vdots \\ a_{n-1} \end{pmatrix} = \begin{pmatrix} c_0 & & & & \\ c_1 & \ddots & & & \\ \vdots & \ddots & \ddots & & \\ c_{n-2} & \ddots & \ddots & \ddots & \\ c_{n-1} & c_{n-2} & \cdots & c_1 & c_0 \end{pmatrix} \begin{pmatrix} 1 \\ b_1 \\ b_2 \\ \vdots \\ b_{n-1} \end{pmatrix}.$$

なお，パデ近似を行うにあたり必要になる $f(x)$ の級数展開

$$f(x) = c_0 + c_1 x + c_2 x^2 + \cdots$$

の係数 c_k は，マクローリン展開の係数 $c_k = f^{(k)}(0)/k!$（ただし，$c_0 = f(0)$）とすればよい．なお，微分の使用が困難な場合は，$f(x)$ を原点の周りを反時計回りに1周する単一閉曲線 Γ の内部および Γ 上で正則とするとき，コーシーの積分定理 $f^{(k)}(0) = \frac{k!}{2\pi i}\int_\Gamma \frac{f(z)}{z^{k+1}}\,dz$ から

$$c_k = \frac{f^{(k)}(0)}{k!} = \frac{1}{2\pi i}\int_\Gamma \frac{f(z)}{z^{k+1}}\,dz$$

となる．つまり，この式の右辺を数値積分することで c_k を近似的に求められる．

パデ近似の例を一つ示しておこう．

$$\mathrm{e}^x \approx \frac{1 + \frac{2}{5}x + \frac{1}{20}x^2}{1 - \frac{3}{5}x + \frac{3}{20}x^2 - \frac{1}{60}x^3}.$$

6.4　スプライン補間

$f(x)$ を区間 $[x_0, x_n]$ で近似する際，ラグランジュ補間やエルミート補間は1つの多項式で $f(x)$ を近似していた．一方で，小区間 $[x_{k-1}, x_k]$ ごとに別々の多項式を考えることも可能である．この際，元の関数が滑らかであれば，隣接する2つの小区間の間で整合性（連続性や滑らかさ）を考慮する必要がある．この整合性を達成する補間方法として，**スプライン補間**があり，本節では特に応用上最も重要な3次の自然スプライン補間について述べる．

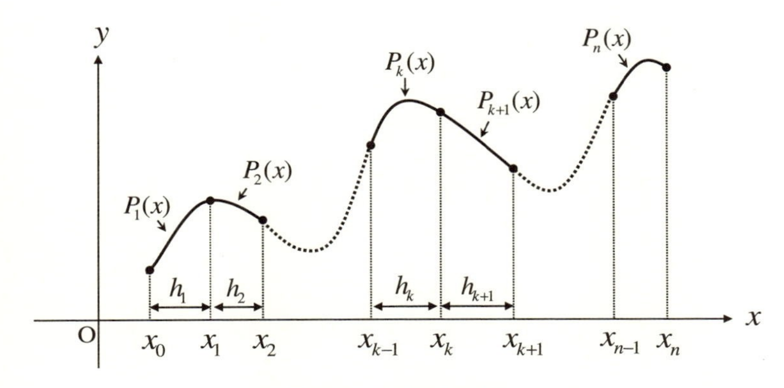

図 6.2 スプライン補間

まず，用語の定義を述べておく．各小区間上で m 次多項式であるような関数を区分的 m 次多項式という．$m-1$ 階までの導関数が全域 $[x_0, x_n]$ で連続な区分的 m 次多項式を m **次スプライン**という．特に $m=1$ のときは，連続な折れ線である．

以下では，3 次の自然スプライン補間について述べる．図 6.2 のように補間点を $x_0, x_1, \ldots, x_n$ として各小区間 $[x_{k-1}, x_k]$ の関数 $P_k(x)$ $(k=1,2,\ldots,n)$ を以下の 3 次関数

$$P_k(x) = a_k + b_k(x - x_{k-1}) + c_k(x - x_{k-1})^2 + d_k(x - x_{k-1})^3 \tag{6.18}$$

とする．

このとき，各補間点での $P(x)$ の連続性および 2 階の微分係数までの一致等を考慮に入れて a_k, b_k, c_k, d_k を決定する．具体的には以下の条件を満たすように $P_k(x)$ を構成する．（図 6.2 を参照しながら以下の条件を見ると理解の助けになるであろう．）

条件 1（各点での連続性）： $P_k(x)$ は (x_{k-1}, y_{k-1}), (x_k, y_k) を補間する．つまり $k=1,2,\ldots,n$ に対して

$$\begin{cases} P_k(x_{k-1}) = y_{k-1} \\ P_k(x_k) = y_k \end{cases} \tag{6.19}$$

が成り立つ.

条件 2（各点での2階までの導関数の連続性）：点 $x_1, x_2, \ldots, x_{n-1}$ に着目し，$k = 1, 2, \ldots, n-1$ に対して

$$\begin{cases} P'_k(x_k) = P'_{k+1}(x_k) \\ P''_k(x_k) = P''_{k+1}(x_k) \end{cases} \tag{6.20}$$

が成り立つ.

条件 3（端点 x_0, x_n の扱い）： 端点 x_0, x_n では曲率が 0，すなわち

$$\begin{cases} P''_1(x_0) = 0 \\ P''_n(x_n) = 0 \end{cases} \tag{6.21}$$

が成り立つ.

条件 1〜条件 3 の条件式の総数は $4n$ であり，式 (6.18) の未知数と同じであるため，式 (6.18) の係数が定まる．原理的にはこの方程式を解けばよいが，エルミート補間の例 (6.17) を用いると便利である．すなわち，$P_k(x)$ を以下で定義する.

$$\begin{aligned} P_k(x) = y_{k-1}&\frac{(x-x_k)^2\{2(x-x_{k-1})+h_k\}}{{h_k}^3} \\ &+ y_k\frac{(x-x_{k-1})^2\{2(x_k-x)+h_k\}}{{h_k}^3} \\ &+ c_{k-1}\frac{(x-x_k)^2(x-x_{k-1})}{{h_k}^2} + c_k\frac{(x-x_{k-1})^2(x-x_k)}{{h_k}^2}. \end{aligned} \tag{6.22}$$

ここで c_{k-1} と c_k は未定であり，エルミート補間の構成から c_{k-1} と c_k はそれぞれ $P'_{k-1}(x_k)$ と $P'_k(x_k)$ に対応する．このように定義すると条件 1 および条件 2 の上段が成り立つことが容易に確かめられる.

次に条件 2 の下段 $P''_k(x_k) = P''_{k+1}(x_k)$ が成り立つよう c_k を決定する.

$$\begin{aligned} P''_k(x_k) &= \frac{6(y_{k-1}-y_k)}{{h_k}^2} + \frac{2c_{k-1}}{h_k} + \frac{4c_k}{h_k}, \\ P''_{k+1}(x_k) &= \frac{6(y_{k+1}-y_k)}{{h_{k+1}}^2} - \frac{4c_k}{h_{k+1}} - \frac{2c_{k+1}}{h_{k+1}} \end{aligned}$$

より，$P_k''(x_k) = P_{k+1}''(x_k)$ は以下の方程式

$$\gamma_k c_{k-1} + \alpha_k c_k + \beta_k c_{k+1} = b_k, \quad k = 1, 2, \ldots, n-1 \tag{6.23}$$

に対応する．ここで

$$\gamma_k = \frac{1}{h_k}, \quad \alpha_k = 2\left(\frac{1}{h_k} + \frac{1}{h_{k+1}}\right), \quad \beta_k = \frac{1}{h_{k+1}}$$
$$b_k = 3\left(\frac{y_k - y_{k-1}}{{h_k}^2} + \frac{y_{k+1} - y_k}{{h_{k+1}}^2}\right)$$

とおいた．

最後に条件 3 を考える．

$$P_1''(x_0) = \frac{6(y_1 - y_0)}{{h_1}^2} - \frac{4c_0}{h_1} - \frac{2c_1}{h_1} = 0,$$
$$P_n''(x_n) = \frac{6(y_{n-1} - y_n)}{{h_n}^2} + \frac{2c_{n-1}}{h_n} + \frac{4c_n}{h_n} = 0$$

より

$$\begin{cases} \alpha_0 c_0 + \beta_0 c_1 = b_0 \\ \gamma_n c_{n-1} + \alpha_n c_n = b_n \end{cases} \tag{6.24}$$

となる．ここで

$$\alpha_0 = \frac{2}{h_1}, \quad \beta_0 = \frac{1}{h_1}, \quad b_0 = \frac{3(y_1 - y_0)}{{h_1}^2},$$
$$\gamma_n = \frac{1}{h_n}, \quad \alpha_n = \frac{2}{h_n}, \quad b_n = \frac{3(y_n - y_{n-1})}{{h_n}^2}$$

とおいた．したがって，式 (6.23) と式 (6.24) より，以下の連立 1 次方程式

$$\begin{pmatrix} \alpha_0 & \beta_0 & & & \\ \gamma_1 & \alpha_1 & \beta_1 & & \\ & \ddots & \ddots & \ddots & \\ & & \gamma_{n-1} & \alpha_{n-1} & \beta_{n-1} \\ & & & \gamma_n & \alpha_n \end{pmatrix} \begin{pmatrix} c_0 \\ c_1 \\ c_2 \\ \vdots \\ c_n \end{pmatrix} = \begin{pmatrix} b_0 \\ b_1 \\ \vdots \\ b_{n-1} \\ b_n \end{pmatrix}$$

を解くことで $c_0, c_1, \ldots, c_n$ が得られる．ここで導いた連立1次方程式の係数行列は，対角成分が正で対称かつ既約優対角行列なので[†5]正定値対称である．

$c_0, c_1, \ldots, c_n$ を式 (6.22) に代入することで条件 1,2,3 全てを満たす区分的3次多項式の組 $P_1(x), P_2(x), \ldots, P_n(x)$ が得られる．つまり $k = 1, 2, \ldots, n$ に対して，区間 $[x_{k-1}, x_k]$ で得られた $P_k(x)$ を用いることにより，滑らかな補間関数

$$P(x) = \begin{cases} P_1(x) & (x \in [x_0, x_1] \text{ のとき}) \\ P_2(x) & (x \in [x_1, x_2] \text{ のとき}) \\ \vdots & \quad \vdots \\ P_n(x) & (x \in [x_{n-1}, x_n] \text{ のとき}) \end{cases}$$

が得られる．

[†5] 対角成分が正で対称な既約優対角行列の全ての固有値は正であることが知られている．

第7章

数値微分法と加速法

山本　有作

ニュートン法で非線形方程式を解く場合をはじめとして，数値計算では関数 $f(x)$ の微分 $f'(x)$ の計算が必要な場合が多い．$f(x)$ が簡単な場合には手計算で微分できるが，複雑な関数の場合に近似的に微分を計算する方法として数値微分がある．数値微分の方法は大きく分けて，元の関数に対して補間による近似を行ってから補間関数を微分する方法と，テイラー展開に基づく差分法とがある．本章では，これらの方法を学んだ後，差分法の計算精度を高める手法としてリチャードソン加速法を学ぶ．本章で学ぶ数値微分法は，後の章で扱う常微分方程式，偏微分方程式の数値解法の基礎ともなる．本章の末尾では，数式処理による微分と高速自動微分についても簡単に触れる．

7.1　補間による数値微分

関数 $f(x)$ の点 x における微分 $f'(x)$ の値を求めることを考える．いま，x を含む区間 $[x_0, x_n]$ 内の相異なる $n+1$ 個の点 $x_0 < x_1 < \cdots < x_n$ において関数値 $y_i = f(x_i)$ が与えられたとすると，点 $(x_0, y_0), (x_1, y_1), \ldots, (x_n, y_n)$ をすべて通る適当な補間関数 $f_n(x)$ を求め，それを微分することで，$f'(x)$ の近似値 ${f_n}'(x)$ が求められる．具体的な補間方法としては，多項式補間，スプライン補間，複素指数関数による補間などが考えられる．

7.1.1　多項式補間に基づく数値微分

多項式補間の計算法としては，ラグランジュ補間とニュートン補間がある．$n+1$ 点のラグランジュ補間の場合，補間式は $n+1$ 個の n 次式の和で表されるが，これを微分すると，各項が n 個の項の和になるため，項の数が全体で $O(n^2)$ となり，評価の計算量が大きい．

一方，ニュートン補間では，式 (6.13) からわかるように，補間関数が

$$f_n(x) = a_0 + a_1(x - x_0) + a_2(x - x_0)(x - x_1) + \cdots + a_n(x - x_0)\cdots(x - x_{n-1}) \tag{7.1}$$

の形で表現され，任意の点 x における関数値は，漸化式

$$\begin{cases} z_n = a_n \\ z_i = a_i + (x - x_i)z_{i+1} \quad (i = n-1, n-2, \ldots, 0) \end{cases} \tag{7.2}$$

を用いて $f_n(x) = z_0$ と計算される．そこで，$f_n'(x)$ を計算するには，この漸化式を微分した漸化式

$$\begin{cases} {z_n}' = 0 \\ {z_i}' = (x - x_i) \cdot {z_{i+1}}' + z_{i+1} \quad (i = n-1, n-2, \ldots, 0) \end{cases} \tag{7.3}$$

を求め，これを漸化式 (7.2) と併用することにより，${f_n}'(x) = {z_0}'$ を求めればよい．係数 $a_0, a_1, \ldots, a_n$ が求まっている場合，この演算量は $O(n)$ である．式 (7.3) をさらに微分すれば，2 階あるいはそれ以上の微分をこの方法で求めることもできる．

後ほど 7.2.3 項で述べるように，多項式補間に基づく数値微分は，実は差分近似に基づく数値微分と等価である．このことと，7.2.1 項における誤差解析の結果から，点 $x_0, x_1, \ldots, x_n$ が等間隔 h で並んでいる場合，$n+1$ 点での多項式補間を使った k 階の数値微分の精度は，一般に $O(h^{n+1-k})$ であることがわかる．

7.1.2　スプライン補間に基づく数値微分

多項式補間では，等間隔の標本点を使った場合，ルンゲの現象と呼ばれる問題のため，次数 n を上げても精度が向上せず，かえって悪化する場合がある．このような場合，関数の微分値も精度の良い計算が期待できない．そこで，より頑健な方式として，スプライン補間を使うことが考えられる．具体的には，点

$(x_0, y_0), (x_1, y_1), \ldots, (x_n, y_n)$ の座標から，各区間 $[x_{i-1}, x_i]$ $(1 \leq i \leq n)$ における補間式 $P_i(x)$ を求め，それを微分すればよい．3次の自然スプライン（→ 6.4節）の場合，区間 $[x_0, x_n]$ で2階までの微係数が連続となるように構成しているので，この方法で2階までの微分の近似値を計算できる．

点 $x_0, x_1, \ldots, x_n$ が等間隔 h で並んでいる場合，$n+1$ 点でのスプライン補間を使った1階導関数の数値微分の精度は，$f'(x_0)$, $f'(x_n)$ が与えられている場合に $O(h^3)$，与えられていない場合に $O(h)$ となることが知られている．

7.1.3　複素指数関数による補間に基づく数値微分

平面波基底による電子状態計算やスペクトル法（→ 10.4節）による流体計算では，波動関数や流速などの物理量をフーリエ変換により実空間から波数空間に移して計算を行う．これは，複素指数関数 $\exp(i\boldsymbol{k} \cdot \boldsymbol{x})$ を基底関数とする補間を行っていると見なせる．電子状態計算でも流体力学でも $\nabla^2 = \frac{\partial^2}{\partial x^2} + \frac{\partial^2}{\partial y^2} + \frac{\partial^2}{\partial z^2}$ という微分演算子が重要であるが，複素指数関数はその固有関数であり，この補間では各基底関数に対する微分が正確に計算できるという利点がある．また，波数空間への変換は，FFT（高速フーリエ変換）を用いて高速に実行できる．ただし，FFT は分散メモリ型並列計算機では効率的に実行することが難しいため，最近は，実空間のみで計算を行う方法も重要となっている．この場合，数値微分の方法としては，次節に述べる差分法が使われる．

7.1.4　その他の基底関数に基づく数値微分

有限要素法（→ 10.2節）による偏微分方程式の解法では，元の偏微分方程式を弱形式に変換した上で，求める関数 $f(x_1, \ldots, x_d)$（d は空間の次元）を区分多項式などの基底関数 $\{\phi_i(x_1, \ldots, x_d)\}_{i=1}^N$ の線形結合により

$$f(x_1, \ldots, x_d) \simeq \sum_{i=1}^{N} c_i \phi(x_1, \ldots, x_d) \tag{7.4}$$

と展開し，リッツ・ガラーキン法などの方法で展開係数 $\{c_i\}$ を定める．その際，展開された関数の微分が必要となるが，それを

$$\frac{\partial f}{\partial x_k} \simeq \sum_{i=1}^{N} c_i \frac{\partial \phi}{\partial x_k} \tag{7.5}$$

のように，基底関数を微分することで計算する．これも，補間による数値微分の一種といえる．

7.2　差分近似による数値微分

7.2.1　差分近似の公式

❍ 1階導関数の差分近似　いま，関数 $f(x)$ の点 x における1階微分 $f'(x)$ の値を求めることを考える．h を微小量とし，$f(x+h)$ を x の周りでテイラー展開すると，

$$\begin{aligned} f(x+h) &= f(x) + hf'(x) + \frac{1}{2}h^2 f''(x) + \frac{1}{3!}h^3 f^{(3)}(x) + \cdots \\ &= f(x) + hf'(x) + O(h^2) \end{aligned} \tag{7.6}$$

したがって，

$$f'(x) = \frac{f(x+h) - f(x)}{h} + O(h) \tag{7.7}$$

と $f'(x)$ を近似できる．これを**前進差分**と呼ぶ．$h \to 0$ のとき右辺は微分の定義となるが，差分近似では有限の h で止めてこれを計算する．このときの誤差は $O(h)$（より正確には $\frac{1}{2}hf''(x) + O(h^2)$）となる．これを**打ち切り誤差**と呼ぶ．一方，$f(x-h)$ をテイラー展開すると，

$$\begin{aligned} f(x-h) &= f(x) - hf'(x) + \frac{1}{2}h^2 f''(x) - \frac{1}{3!}h^3 f^{(3)}(x) + \cdots \\ &= f(x) - hf'(x) + O(h^2) \end{aligned} \tag{7.8}$$

となる．これより，$f'(x)$ は

$$f'(x) = \frac{f(x) - f(x-h)}{h} + O(h) \tag{7.9}$$

のようにも近似できる．これを**後退差分**と呼ぶ．

さらに，式 (7.6) と式 (7.8) より，

$$f'(x) = \frac{f(x+h) - f(x-h)}{2h} + O(h^2) \tag{7.10}$$

のような近似も可能である．これを**中心差分**と呼ぶ．中心差分の誤差は $O(h^2)$ であり，前進差分，後退差分より精度が高い．

❍ 2 階導関数の差分近似　式 (7.6) と式 (7.8) より

$$f(x+h) - 2f(x) + f(x-h) = h^2 f''(x) + \frac{2}{4!} f^{(4)}(x) + \cdots \tag{7.11}$$

が成り立つ．したがって $f''(x)$ は

$$f''(x) = \frac{f(x+h) - 2f(x) + f(x-h)}{h^2} + O(h^2) \tag{7.12}$$

と近似できる．これは 2 階の中心差分と呼ばれる．

❍ 一般の場合　以上の公式の導出では，点 x を中心とした $f(x)$ のテイラー展開を複数の点において考え，それらを足し引きすることで，求める微係数の項（および高次の項）のみを残すという方針で変形を行った．同様の考え方により，より高階の微係数，より精度の高い公式，点の配置が等間隔でない場合の公式なども導出できる．いま，微係数を計算したい点を $\hat{x}$ とし，$n+1$ 個の点 $x_0 < x_1 < \cdots < x_n$ での関数値を用いて差分近似を計算するとする．ただし，$\hat{x} \in [x_0, x_n]$ とする．また，x_i $(0 \le i \le n)$ のどれかが $\hat{x}$ と一致していてもよい．このとき，

$$\begin{aligned} f(x_i) \ = \ & f(\hat{x}) + f'(x)(x_i - \hat{x}) + \frac{1}{2} f''(x)(x_i - \hat{x})^2 + \cdots + \frac{1}{n} f^{(n)}(x_i - \hat{x})^n \\ & + O\left((x_i - \hat{x})^{n+1}\right) \quad (i = 0, 1, \ldots, n). \end{aligned} \tag{7.13}$$

これを行列形式で書き，$f(x_i)$ を y_i と書くと，

$$\begin{pmatrix} y_0 \\ y_1 \\ y_2 \\ \vdots \\ y_n \end{pmatrix} = \begin{pmatrix} 1 & x_0-\hat{x} & (x_0-\hat{x})^2 & \dots & (x_0-\hat{x})^n \\ 1 & x_1-\hat{x} & (x_1-\hat{x})^2 & \dots & (x_1-\hat{x})^n \\ 1 & x_2-\hat{x} & (x_2-\hat{x})^2 & \dots & (x_2-\hat{x})^n \\ \vdots & \vdots & \vdots & \ddots & \vdots \\ 1 & x_n-\hat{x} & (x_n-\hat{x})^2 & \dots & (x_n-\hat{x})^n \end{pmatrix} \begin{pmatrix} f(\hat{x}) \\ f'(\hat{x}) \\ \frac{1}{2}f''(\hat{x}) \\ \vdots \\ \frac{1}{n!}f^{(n)}(\hat{x}) \end{pmatrix} + \boldsymbol{r} \tag{7.14}$$

となる．ただし，$\boldsymbol{r}$ は要素の大きさがすべて $O\left((x_n-x_0)^{n+1}\right)$ のベクトルである．左辺のベクトルを $\boldsymbol{y}$，右辺の行列を $\hat{V}^\top$ と書き，

$$D = \mathrm{diag}\left(\frac{1}{0!}, \frac{1}{1!}, \frac{1}{2!}, \dots, \frac{1}{n!}\right), \tag{7.15}$$

$$\hat{\boldsymbol{f}} = \left(f(\hat{x}), f'(\hat{x}), f''(\hat{x}), \dots, f^{(n)}(\hat{x})\right)^\top \tag{7.16}$$

とすると，この方程式は，

$$\boldsymbol{y} = \hat{V}^\top D\hat{\boldsymbol{f}} + \boldsymbol{r} \tag{7.17}$$

となる．$\hat{V}$ はヴァンデルモンド行列（→ 6.2 節）である．仮定より，$x_i - \hat{x}$ $(1 \le i \le n)$ はすべて異なるが，このとき，ヴァンデルモンド行列 $\hat{V}$ は逆行列を持ち，したがって，

$$\hat{\boldsymbol{f}} = D^{-1}\hat{V}^{-\top}\boldsymbol{y} + D^{-1}\hat{V}^{-\top}\boldsymbol{r} \tag{7.18}$$

となる．この式の第 $k+1$ 行より，$x = \hat{x}$ における k 階の微係数を近似する式が得られる．右辺第1項が近似式，第2項がその誤差である．

誤差の大きさを調べるため，右辺の第2項 $D^{-1}\hat{V}^{-\top}\boldsymbol{r}$ の第 k 行の大きさを評価する．以下，簡単のため，点 $x_0, x_1, \dots, x_n$ が等間隔 h で並んでいるとする．このとき，ヴァンデルモンド行列の行列式に関する公式より，

$$\left|\det \hat{V}^\top\right| = \prod_{0 \le i < j \le n} |x_j - x_i| > h^{\frac{1}{2}n(n+1)}. \tag{7.19}$$

一方，$\hat{V}^\top$ の第 $(j, k+1)$ 余因子は，$\hat{V}^\top$ の第 $1, 2, \dots, k, k+2, \dots, n$ 列から1個ずつ要素をとって作った積の和として計算されるが，指数の計算から容易にわ

かるように，それぞれの積の大きさは $O(h^{\frac{1}{2}n(n+1)-k})$ である．よって，余因子自体の大きさも $O(h^{\frac{1}{2}n(n+1)-k})$ となる．したがって逆行列の公式より，$\hat{V}^{-\top}$ の第 $k+1$ 行の大きさは $O(h^{-k})$ となる．これと，$\boldsymbol{r}$ の要素の大きさが $O(h^{n+1})$ であることより，$f^{(k)}(\hat{x})$ の誤差は $O(h^{n+1-k})$ であることがわかる．

ただし，これは $\hat{x}$ が区間 $[x_0, x_n]$ において一般の位置にある場合の誤差のオーダーであり，$\hat{x}$ が特別な位置に来るようにすれば，より高い精度を達成できる場合がある．実際，本項の最初で述べた 2 階微分に対する中心差分では，$\hat{x}$ が区間中央に来るようにすることにより，h の奇数次のオーダーの誤差を消去し，ここで導いたのよりも 1 次高い精度を達成している．

7.2.2 刻み幅 h の定め方

前項で示したどの差分公式についても，h は 0 に近いほど打ち切り誤差が小さくなる．それでは，h はできる限り小さくとるのがよいのだろうか．実はそうではない．h が小さいと，$f(x)$ と $f(x+h)$ とが非常に近い数になり，引き算において桁落ち（丸め誤差）の影響が大きくなるからである．

いま，倍精度で $f(x)$ を計算したとすると，仮数部は 2 進で 53 桁だから，最大限の精度で計算できたとしても，一般には 54 桁目の大きさ程度の丸め誤差が入る．したがって，$\varepsilon = 2^{-54}$ とすると，$f(x)$ に含まれる誤差は $|f(x)| \cdot \varepsilon$ 程度と見積もることができる．同様に，$f(x+h)$ に含まれる誤差も $|f(x)| \cdot \varepsilon$ 程度であるから，前進差分に含まれる丸め誤差は

$$\frac{|f(x)| \cdot \varepsilon + |f(x)| \cdot \varepsilon}{h} = |f(x)| \cdot \frac{2\varepsilon}{h} \tag{7.20}$$

程度となる．一方，打ち切り誤差は

$$\frac{1}{2}\,|f''(x)| \cdot h \quad (+O(h^2)) \tag{7.21}$$

である．数値微分の誤差は両者の和で，

$$|f(x)| \cdot \frac{2\varepsilon}{h} + \frac{1}{2}\,|f''(x)| \cdot h \tag{7.22}$$

となる．これが最小になるのは相加・相乗平均より

$$h = 2\sqrt{\frac{|f(x)|}{|f''(x)|} \cdot \varepsilon} \tag{7.23}$$

のときとなる．ただし，一般には $f''(x)$ の値はわからない．そこで，大雑把に $|f''(x)| \sim |f(x)|$ と仮定すると

$$h = 2\sqrt{\varepsilon} \tag{7.24}$$

すなわち，倍精度計算では $h \sim 2^{-27}$ 程度に選ぶのがよい．このとき，前進差分の誤差は

$$\frac{1}{2}|f(x)| \cdot h \sim |f(x)| \cdot \sqrt{\varepsilon} \tag{7.25}$$

程度となる．$f(x)$ の誤差が $|f(x)| \cdot \varepsilon$ 程度であることを考えると，数値微分では誤差がかなり大きくなることを覚悟しなくてはならないことがわかる．

同様にして，中心差分において最適な h の値も求められる．また，2 階微分についても求められる．

7.2.3　多項式補間に基づく数値微分と差分近似の等価性

第 7.1.1 項では多項式補間に基づく数値微分の計算法を，第 7.2.1 項では差分近似による数値微分の方法を述べたが，実はこれらは等価である．これを示すため，多項式補間に基づく数値微分の式を行列形式で書いてみる．

まず，点 $(x_0, y_0), (x_1, y_1), \ldots, (x_n, y_n)$ を通る n 次関数を $f_n(x) = \sum_{j=0}^{n} c_j x^j$ と書くと，

$$\begin{pmatrix} y_0 \\ y_1 \\ y_2 \\ \vdots \\ y_n \end{pmatrix} = \begin{pmatrix} 1 & x_0 & x_0^2 & \ldots & x_0^n \\ 1 & x_1 & x_1^2 & \ldots & x_1^n \\ 1 & x_2 & x_2^2 & \ldots & x_2^n \\ \vdots & \vdots & \vdots & \ddots & \vdots \\ 1 & x_n & x_n^2 & \ldots & x_n^n \end{pmatrix} \begin{pmatrix} c_0 \\ c_1 \\ c_2 \\ \vdots \\ c_n \end{pmatrix}. \tag{7.26}$$

右辺の行列とベクトルをそれぞれ $V^\top$, $\boldsymbol{c}$ と書くと，$x_0, x_1, \ldots, x_n$ がすべて異なってヴァンデルモンド行列 V が正則であることより，

$$\boldsymbol{c} = V^{-\top} \boldsymbol{y} \tag{7.27}$$

と書ける．さらに，多項式補間による k 次導関数の式が

$$f_n^{(k)}(x) = \sum_{j=k}^{n} c_j \cdot \frac{j!}{(j-k)!} \cdot x^{j-k} \tag{7.28}$$

と書けることに注意して，

$$\hat{X} = \begin{pmatrix} 1 & \hat{x} & \hat{x}^2 & \dots & \hat{x}^n \\ 0 & 1 & 2\hat{x} & \dots & n\hat{x}^{n-1} \\ 0 & 0 & 2 & \dots & n(n-1)\hat{x}^{n-2} \\ \vdots & \vdots & \vdots & \ddots & \vdots \\ 0 & 0 & 0 & \dots & n! \end{pmatrix}$$

$$\hat{\boldsymbol{f}}_n = \left(f_n(\hat{x}), {f_n}'(\hat{x}), {f_n}''(\hat{x}), \dots, {f_n}^{(n)}(\hat{x})\right)^\top \tag{7.29}$$

とおくと，

$$\hat{\boldsymbol{f}}_n = \hat{X}\boldsymbol{c} = \hat{X}V^{-\top}\boldsymbol{y} \tag{7.30}$$

となる．そこで，式 (7.18) で導いた差分法による近似式 $D^{-1}\hat{V}^{-\top}\boldsymbol{y}$ がこれと一致することを示せばよい．

いま，c_j はラグランジュ補間における x^j の係数であることに注意する．また，$\hat{\boldsymbol{c}} = (\hat{c}_0, \hat{c}_1, \dots, \hat{c}_n)^\top = \hat{V}^{-\top}\boldsymbol{y}$ とおくと，$\hat{c}_j$ は $\left\{(x-\hat{x})^k\right\}_{k=0}^n$ を基底関数とするラグランジュ補間における $(x-\hat{x})^j$ の係数である．そこで，多項式 $\sum_{j=0}^n c_j x^j$ を $\left\{(x-\hat{x})^k\right\}_{k=0}^n$ を基底関数にとって書き換えてみると，

$$\begin{aligned} \sum_{j=0}^{n} c_j x^j &= \sum_{j=0}^{n} c_j \left\{(x-\hat{x}) + \hat{x}\right\}^j \\ &= \sum_{j=0}^{n} c_j \left\{\sum_{k=0}^{j} {}_jC_k \, (x-\hat{x})^k \hat{x}^{j-k}\right\} \\ &= \sum_{k=0}^{n} \left\{\sum_{j=k}^{n} c_j \cdot \frac{j!}{(j-k)!} \cdot \hat{x}^{j-k}\right\} \frac{(x-\hat{x})^k}{k!} \\ &= \sum_{k=0}^{n} \left(D\hat{X}\boldsymbol{c}\right)_{k+1} (x-\hat{x})^k. \end{aligned} \tag{7.31}$$

この第 k 次の係数が $\hat{\boldsymbol{c}}$ の第 $k+1$ 要素であることより，$\hat{\boldsymbol{c}} = D\hat{X}\boldsymbol{c}$ が言える．これと式 (7.30) より，

$$D^{-1}\hat{V}^{-\top}\boldsymbol{y} = D^{-1}\hat{\boldsymbol{c}} = D^{-1}D\hat{X}\boldsymbol{c} = \hat{\boldsymbol{f}}_n. \tag{7.32}$$

以上より，両手法で得られた $f^{(k)}(x)$ $(0 \le k \le n)$ の式が一致することが示された．したがって，特に第 7.2.1 項で導いた誤差解析の結果が，多項式補間に基づく数値微分に対しても適用可能となる．

7.3 加速法の適用

○ 前進差分の場合　前進差分による 1 階微分の近似では，誤差の主要項が $O(h)$ であることがわかっている．このことを利用して，前進差分の結果からより精度の高い微分の近似値を求めることができる．

前進差分による $f'(x)$ の近似値を x と h の関数と見て $f_1(x,h)$ と書くと，

$$f_1(x,h) = f'(x) + \frac{1}{2}hf''(x) + O(h^2) \tag{7.33}$$

$$f_1(x,2h) = f'(x) + \frac{1}{2}\cdot 2hf''(x) + O(h^2) \tag{7.34}$$

したがって，

$$f_1(x,h) - \frac{1}{2}f_1(x,2h) = \left(1 - \frac{1}{2}\right)f'(x) + O(h^2) \tag{7.35}$$

であるから，

$$\frac{f_1(x,h) - \frac{1}{2}f_1(x,2h)}{1 - \frac{1}{2}} = f'(x) + O(h^2) \tag{7.36}$$

となり，2 つの前進差分の値から，より精度の高い微分の近似値を計算できる．

○ 中心差分の場合　同様に，中心差分による $f'(x)$ の近似値を x と h の関数と見て $f_2(x,h)$ と書くと，

$$f_2(x,h) = f'(x) + \frac{1}{3!}h^2f^{(3)}(x) + O(h^4) \tag{7.37}$$

$$f_2(x,2h) = f'(x) + \frac{1}{3!}\cdot(2h)^2f^{(3)}(x) + O(h^4) \tag{7.38}$$

となる（h^3 の項は現れないことに注意）．したがって，

$$f_2(x,h) - \frac{1}{4}f_2(x,2h) = \left(1 - \frac{1}{4}\right) f'(x) + O(h^4) \tag{7.39}$$

であり，

$$\frac{f_2(x,h) - \frac{1}{4}f_2(x,2h)}{1 - \frac{1}{4}} = f'(x) + O(h^4) \tag{7.40}$$

となる．この場合も，2 つの中心差分の値から，より精度の高い微分の値を計算できることがわかる．

❍ 一般の場合の加速法　いま，x と h の関数 $f_1(x,h)$ が

$$f_1(x,h) = c_0(x) + c_1(x)h^n + O(h^{n+1}) \tag{7.41}$$

と書け，$f_1(x,0) = c_0(x)$ が求めたい値であるとする．このとき，上記と同様にして，2 つの異なる h に対する $f_1(x,h)$ の値から h^n の項を消去し，より精度の高い $c_0(x)$ の推定値を求めることができる．これを**リチャードソンの補外法**と呼ぶ．これについては 9.6 節を参照されたい．リチャードソンの補外法は，数値積分におけるロンベルグ積分（→ 8.2 節），常微分方程式の数値解法における誤差の推定（→ 9.6 節）など，数値計算の様々な場面で利用される．

7.4　数式処理による微分と高速自動微分

差分による数値微分では，刻み幅 h が有限であるために，打ち切り誤差が生じる．h を小さくすると打ち切り誤差は小さくなるが，7.2.2 項で述べたように，桁落ちの影響が増大する．そのため，差分により求めた微係数は，一般に関数値自体に比べて精度が低くならざるを得ない．多項式補間に基づく数値微分の場合も，7.2.3 項で述べた多項式補間に基づく数値微分と差分近似の等価性から，事情は同じである．

別の問題として，多変数関数 $f(x_1, x_2, \ldots, x_n)$ の勾配 $\nabla f = \left(\frac{\partial f}{\partial x_1}, \frac{\partial f}{\partial x_2}, \ldots, \frac{\partial f}{\partial x_n}\right)^\top$ を差分により計算する場合，1 つの変数の値のみを h だけ増やした関数値を n 通り計算する必要がある．そのため，関数値のみを計算する場合に比べて，関数評価の回数が $n+1$ 倍になってしまう．

本項では，これらの問題を解決あるいは緩和する微係数計算の方法として，数式処理による微分，複素数を利用した微分，高速自動微分の3種について，それぞれ簡単に説明する．

7.4.1　数式処理による微分

関数 f を REDUCE や Mathematica などの数式処理システムで記述できれば，微分コマンドにより，その（偏）微分を表す式は容易に得られる．高階の微分も計算できる．また，その微分式を FORTRAN などのプログラムとして出力することも可能である．これは f の微分を解析的に計算していることに相当するから，打ち切り誤差や桁落ちの問題は生じず，正確な微分値が得られる．

一方，応用によっては，f が簡単な数式の形で書かれておらず，入力から関数値を計算するプログラムの形でしか与えられていない場合もある．このような場合，数式処理システムの適用は容易でない．また，多変数関数 $f(x_1, x_2, \ldots, x_n)$ の勾配 ∇f を計算する場合，それぞれの偏微分 $\partial f/\partial x_i$ の計算式は f と同程度に複雑になる可能性があることから，最悪の場合，∇f の全要素を計算する式の計算量は f の計算量の n 倍程度に増大する可能性がある．そこで，これらの微分の式から共通項や共通因子を取り出すことにより，計算量を削減する方法も研究されている．

7.4.2　複素数を利用した微分

実数 x を変数とする実関数 $f(x)$ に対し，点 $x = x_0$ での微分値を計算することを考える．いま，複素平面上の x_0 の周りのある開領域 C_0 に $f(x)$ の定義域を拡張し，拡張により得られた関数 $f(z)$ が C_0 上で正則となるようにできるとする．たとえば $f(x)$ が多項式，$x = x_0$ で極を持たない有理関数，$\exp(x)$ などの組合せでできている場合は，このような拡張が可能な例である．

このとき，正則関数 $f(z)$ の $z = x_0$ における微分

$$f'(x_0) = \lim_{e \to 0} \frac{f(x_0 + e) - f(x_0)}{e} \tag{7.42}$$

は，複素平面上で $x_0 + e$ がどの方向から x_0 に近づくかによらずに一意に決まるから，特に $e = ih$（i は虚数単位，$h > 0$）としてよい．そこで，(7.42) の近

似として，h を有限の値として，

$$f'(x_0) \simeq \mathrm{Re}\left[\frac{f(x_0+ih)-f(x_0)}{ih}\right] \tag{7.43}$$

とすることが考えられる．なお，$f(x)$ は実軸上では実関数であるから，真の $f'(x_0)$ は実数のはずであるが，式 (7.43) で h を有限で止めた場合は必ずしも右辺の $[\cdot]$ 内が実数にならないので，実部をとっている．

いま，$f(z)$ の実部・虚部をそれぞれ $f_R(z)$, $f_I(z)$ とすると，仮定より $f_I(x_0)=0$ であるから，式 (7.43) は次のように計算できる．

$$f'(x_0) \simeq \mathrm{Re}\left[\frac{f_R(x_0+ih)+if_I(x_0+ih)-f_R(x_0)}{ih}\right] = \frac{f_I(x_0+ih)}{h}. \tag{7.44}$$

ここで，式 (7.44) の分子は関数値の差の形をしていないから，刻み幅を実数にとった場合と異なり，桁落ちによる精度低下の心配がない[†1]．そのため，h をより小さくとることができ，打ち切り誤差を押さえられる．これは，i を記号として扱い，記号処理を援用して数値微分を計算しているとも解釈できる．

例として，$f(x)=\sin(x)$ のとき，$f(x_0+ih)=\sin(x_0)\cosh(h)+i\cos(x_0)\sinh(h)$ であるから，(7.44) の式で計算すると，

$$f'(x_0) \simeq \cos(x_0)\cdot\frac{\sinh(h)}{h} \tag{7.45}$$

という値が得られる．たとえばFORTRAN で計算する場合，$\sinh(x)$ は組み込み関数であるから，h が小さくても高精度に計算されると考えられ，$\sinh(h)/h \simeq 1$ より，真の微分値 $\cos(x_0)$ に近い値が得られると期待される[†2]．

本手法は，最初に述べたように適用可能な関数に制限はあるが，手軽に利用できる高精度な数値微分の計算法である．ただし，n 変数関数の勾配を計算する場合に $n+1$ 回の関数評価が必要な点は，通常の数値微分と同じである．また，対数関数や平方根などの多価関数を含む関数の微分を計算する場合には，

[†1] ただしこの説明は，h が 0 に近いときの $f_I(x_0+ih)$ が十分精度良く計算されることを前提としている．もしこの値が桁落ちなどにより精度悪化する場合，この説明は成り立たない．

[†2] 桁落ちを考慮せずに，x が 0 に近い場合でも $\sinh(x)$ を $(e^x-e^{-x})/2$ として計算するような処理系では，この説明は成り立たず，本計算法による結果の精度は悪化する．

実軸から微小に離れた点での関数値を計算する際にどの分岐での値が計算されるかに注意が必要である．

7.4.3　高速自動微分

高速自動微分とは，偏微分の連鎖律を繰り返し使うことで，微係数の値を高速に計算する方法である．連鎖律を使うのは数式処理による微分でも同じであるが，高速自動微分では，微分を計算する式を導出するのではなく，与えられた入力変数の値に対する微係数の値のみを計算する点が異なる．

以下では，高速自動微分の高速性が最も発揮される，多変数関数 $f(x_1, x_2, \ldots, x_n)$ の勾配の計算を例にとって説明する．まず，**計算グラフ**を定義する．$x_1, x_2, \ldots, x_n$ から f の値を計算する過程を，加減乗除や平方根，初等関数などの単純な1入力または2入力の計算ステップの組合せとして表し，各計算ステップの結果の中間変数，入力変数 $x_1, x_2, \ldots, x_n$，出力 f，および計算ステップで使う定数をグラフの頂点とする．そして，頂点 v_i が頂点 v_j を計算するステップの入力であるときに，v_i から v_j に向かう有向枝を加える．こうしてできるグラフが関数 f の計算グラフである．2変数関数

$$f(x, y, z) = \frac{2xy}{\sqrt{x^2 + y^2}} \tag{7.46}$$

における計算過程を次に示す．ただし，$v_1 = x$, $v_2 = y$, $v_3 = 2$ とおく．

$$v_4 = v_1 * v_2 \ (= x * y), \tag{7.47}$$

$$v_5 = v_4 * v_3 \ (= v_4 * 2), \tag{7.48}$$

$$v_6 = v_1^2 \ (= x^2), \tag{7.49}$$

$$v_7 = v_2^2 \ (= y^2), \tag{7.50}$$

$$v_8 = v_6 + v_7, \tag{7.51}$$

$$v_9 = \sqrt{v_8}, \tag{7.52}$$

$$f = v_{10} = v_5 / v_9. \tag{7.53}$$

このとき，計算グラフの頂点は $v_1 \sim v_{10}$ であり，各式の右辺に現れる変数（頂点）から左辺に現れる変数（頂点）に向かう有向枝が存在する．

さて，計算グラフ中のある頂点 v_i について，v_i から出る枝の終点の集合を $\Gamma^+ v_i$ とすると，f は中間変数の集合 $\{v_j | v_j \in \Gamma^+ v_i\}$ を経由して v_i に依存するから，偏微分の連鎖律より，次の式が成り立つ[†3].

$$\frac{\partial f}{\partial v_i} = \sum_{v_j \in \Gamma^+ v_i} \frac{\partial f}{\partial v_j} \frac{\partial v_j}{\partial v_i}. \tag{7.54}$$

ここで，$\partial v_j / \partial v_i$ を計算ステップ i の**要素的偏導関数**と呼ぶ．要素的偏導関数の値は，その計算ステップの入力変数や出力変数の値（f の計算時に計算済み）を用いて，容易に（高々定数の手間で）計算できる．たとえば，式 (7.47) では $\partial v_4 / \partial v_1 = v_2$, $\partial v_4 / \partial v_2 = v_1$ であり，式 (7.52) では $\partial v_9 / \partial v_8 = 1/(2\sqrt{v_8}) = 1/(2v_9)$ である．そこで，頂点 f における自明な式 $\partial f / \partial f = 1$ から出発して，計算グラフを逆向きに辿りながら，式 (7.54) に従って各頂点における偏導関数値 $\partial f / \partial v_i$ を計算していけば，高々枝の本数に比例する手間，すなわち関数 f 自体の計算量に比例する手間で，全ての頂点における偏導関数値を計算できる．頂点集合の中には，入力変数に対応する頂点も含まれるから，結局，$\nabla f = \left(\frac{\partial f}{\partial x_1}, \frac{\partial f}{\partial x_2}, \ldots, \frac{\partial f}{\partial x_n} \right)^\top$ の全要素を，f の計算量に比例する手間で計算できる．これが高速自動微分法の原理である．高速自動微分法では，厳密に成り立つ式 (7.54) に基づいて計算を行っているため，打ち切り誤差無しに微分を計算できる．

上記の計算法は，最終的な計算値である f から出発して計算グラフを逆向きに辿るため，TD (Top Down) 算法と呼ばれる．一方，BU (Bottom Up) 算法と呼ばれる算法もあり，これはベクトル値関数 $\boldsymbol{f}(x) : \mathbb{R} \to \mathbb{R}^m$ の微分 $\mathrm{d}\boldsymbol{f}/\mathrm{d}x$ を $\boldsymbol{f}$ の計算量の定数倍の手間で計算できる．

TD 算法や BU 算法を利用すると，ある関数を計算するプログラムから，その微分（高階微分を含む）を計算するプログラムを自動生成できる．これを実現する手法としては，プリプロセッサによりプログラムの変換を行う手法と，オペレータ・オーバーロード（演算子の多重定義）を用いる手法とが提案されているが，現在では後者が主流であり，たとえば ADOL-C という C/C++用のライブラリが公開されている．以上を含めた高速自動微分法の詳細については，[31][33] を参照されたい．

---

†3 ただし，ある頂点から他の任意の頂点に向かう枝の本数は高々 1 本とする．この制約のため，式 (7.49), (7.50) は $v_6 = v_1 * v_1$ のような 2 変数関数にせずに，$v_6 = v_1^2$ と 1 変数関数にした．

第8章
数値積分

曽我部　知広

本章では，積分

$$I = \int_a^b f(x)\,\mathrm{d}x \tag{8.1}$$

を数値的に求める問題を取り扱う．被積分関数 $f(x)$ の原始関数 $F(x)$ が既知の場合は，$F(b) - F(a)$ を計算すれば I が得られるため，通常は $f(x)$ の原始関数が初等関数で表せない（か非常に複雑である）場合や，$f(x)$ は未知であるが n 個の関数値 $f(x_1), f(x_2), \ldots, f(x_n)$ は既知である場合などに本章の**数値積分法**が使用される．ただし，本章では説明のために積分値が既知の問題を取り扱う．

式 (8.1) の積分 I の近似値を求める基本形は，n 個の点 $x_1, x_2, \ldots, x_n$ における関数値 $f(x_1), f(x_2), \ldots, f(x_n)$ および n 個の実数値 $w_1, w_2, \ldots, w_n$ を用いて

$$I \approx \sum_{k=1}^{n} w_k f(x_k) \tag{8.2}$$

で表される．$x_1, x_2, \ldots, x_n$ を**分点**，または**標本点**といい，$w_1, w_2, \ldots, w_n$ を**重み**という．式 (8.2) の分点や重みの選び方により，様々な数値積分の公式が得られる．

代表的な数値積分法は，以下の三種類に分類される．

- **加速型**：ロンベルグ（ロンバーグ）積分
- **補間型**：台形公式，ニュートン・コーツ公式，ガウス公式
- **変数変換型**：IMT 公式，二重指数関数型公式（DE 公式）

次節では，数値積分法の中で最も基本的かつ重要な公式である台形公式を述べる．

8.1　台形公式

式 (8.1) において，積分区間 $[a,b]$ を n 等分した各小区間 $[x_k, x_{k+1}]$ $(k =$

$0, 1, \ldots, n-1$) の積分（面積）をそれぞれ台形の面積（(上底+下底) × 高さ ×1/2）で近似すると

$$T_n = \sum_{k=0}^{n-1} \left[(f(x_k) + f(x_{k+1})) \times \frac{b-a}{n} \times \frac{1}{2} \right]$$
$$= \frac{b-a}{n} \left[\frac{1}{2} f(x_0) + \sum_{k=1}^{n-1} f(x_k) + \frac{1}{2} f(x_n) \right]$$

が得られる．ここで $x_0 = a$, $x_n = b$ であり，刻み幅 $h = (b-a)/n$ を導入すると $x_k = a + kh$ $(k = 0, 1, \ldots, n)$ と書けるので

$$T_n = h \left[\frac{1}{2} f(a) + \sum_{k=1}^{n-1} f(a+kh) + \frac{1}{2} f(b) \right] \tag{8.3}$$

が得られる．これを**台形公式**[†1]（台形則）という．

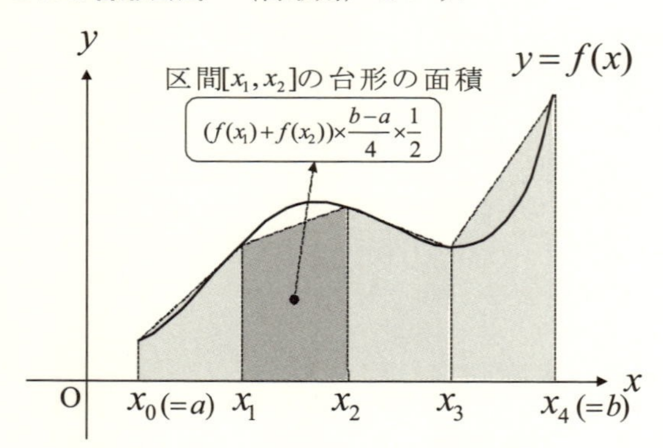

図 8.1　分割数 4 における台形則

次項以降，台形公式の誤差と台形公式の効率的な実装について述べる．これらの話は，台形公式の説明に留まらず，加速型・補間型・変数変換型公式の説明につながるという意味で，実用だけでなく理論的にも重要である．

8.1.1　台形公式の誤差

ここでは，台形公式の誤差について例を踏まえて詳しく見ていこう．台形公

[†1] 複合台形公式ともよばれる．詳細はニュートン・コーツ公式の節（8.3 節）を参照のこと．

式の誤差に関しては以下の定理が重要である．

定理 8.1.1 $f(x) \in \mathrm{C}^{2m+2}[a,b]$（$f(x)$ は区間 $[a,b]$ で $2m+2$ 回連続微分可能）とする．このとき，台形公式 (8.3) により得られた値 T_n と真値 (8.1) との誤差について以下が成り立つ[†2]．

$$T_n - \int_a^b f(x)\,\mathrm{d}x = \sum_{r=1}^{m} \frac{B_{2r}}{(2r)!} \left[f^{(2r-1)}(b) - f^{(2r-1)}(a) \right] h^{2r} + O(h^{2m+2}).$$

ここで，B_r はベルヌイ数であり，$f^{(r)}(x) := \frac{\mathrm{d}^r}{\mathrm{d}x^r} f(x)$ である．

ベルヌイ数は $x/(e^x-1) = \sum_{j=0}^{\infty}(B_j/j!)x^j$（マクローリン級数）の各項 $x^j/j!$ の係数として定義され，例として $B_2 = 1/6,\ B_4 = -1/30,\ B_6 = 1/42$ である．

定理 8.1.1 により台形公式の誤差は h^2 程度（通常は $f'(b) - f'(a) = 0$ にならないため）である．これは，刻み幅 h を半分 $h/2$ にすると誤差は約 1/4 に減少し，$h/4$ であれば約 1/8 に減少，つまり約 1 桁の精度向上が期待される．

【例 8.1】 次の積分

$$\int_0^1 \sin(\pi x)\,\mathrm{d}x$$

に対して台形公式を適用した結果を表 8.1 に示す．

表 8.1 $\int_0^1 \sin(\pi x)\,\mathrm{d}x$ **に対する台形公式の適用結果**

n：分割数	h：刻み幅	T_n：台形公式 (8.3)	誤差
2^0	2^0	0.000000000000	0.63662
2^1	2^{-1}	0.500000000000	0.13661
2^2	2^{-2}	0.603553390593	0.03366
2^3	2^{-3}	0.628417436515	0.00820
2^4	2^{-4}	0.634573149225	0.00204
2^5	2^{-5}	0.636108363280	0.00051
2^6	2^{-6}	0.636491935501	0.00012
2^7	2^{-7}	0.636587814113	0.00003

表 8.1 の誤差から刻み幅を半分にすると誤差は約 1/4 に減少していることが分かる．また，刻み幅を 1/4 にすると概ね正しい桁数が 1 桁増えていることも

[†2] オイラー・マクローリンの和公式により証明される．

読み取れる．なお，この例では定理 8.1.1 において $f(x) = \sin(\pi x) \in \mathrm{C}^{\infty}[0,1]$，$a = 0, b = 1$ であり，$f'(b) - f'(a) = -2\pi \neq 0$ より誤差は $O(h^2)$ 程度になる．

数値積分公式を用いる際に，このように収束の振る舞いを確認することは重要あり，これにより正しくプログラムが書けているかを確認することができる．また，刻み幅を変える以外にも他の数値積分公式を用いて結果を比較することも現実に使用する際には重要である．

【例 8.2】　次の積分（例 8.1 の被積分関数で π を 2π に変更）

$$\int_0^1 \sin(2\pi x)\,\mathrm{d}x$$

に対して台形公式を適用した結果を表 8.2 に示す．

表 8.2　$\int_0^1 \sin(2\pi x)\,\mathrm{d}x$ **に対する台形公式の適用結果**

n：分割数	h：刻み幅	T_n：台形公式 (8.3)	誤差
2^1	2^{-1}	0.0000000000000	0.0000000000000
2^2	2^{-2}	0.0000000000000	0.0000000000000
2^3	2^{-3}	0.0000000000000	0.0000000000000

表 8.2 では，刻み幅が大きいにも関わらずほぼ丸め誤差程度という極めて高い精度で計算ができている．例 8.1 との違いは被積分関数の僅かな違い（$\sin(\pi x)$ と $\sin(2\pi x)$ の違い）だけであるが，収束性の大きな差の原因は何であろうか？

これは，定理 8.1.1 から説明できる．この例では $f(x) = \sin(2\pi x) \in \mathrm{C}^{\infty}[0,1]$ であり，かつ $f'(b) - f'(a) = f^{(3)}(b) - f^{(3)}(b) = f^{(5)}(b) - f^{(5)}(b) = \cdots = 0$ となり，右辺の無限和の任意の次数の項が 0 となるため，非常に正確な積分値を与える．これは，極端な例であるが，$f'(b) - f'(a) = 0$ に非常に近い場合でも台形公式は優れた収束性を有することを次の例で見てみよう．

【例 8.3】　次の積分

$$\int_{-\infty}^{\infty} e^{-x^2}\,\mathrm{d}x$$

を考えよう．積分値は $\sqrt{\pi}$ である．ここでは区間を有限の範囲 $[-5,5]$ として，台形公式を適用した結果を表 8.3 に示す．

表 8.3　$\int_{-\infty}^{\infty} e^{-x^2}\,\mathrm{d}x$ に対する台形公式の適用結果

n：分割数	h：刻み幅	T_n：台形公式 (8.3)	誤差
2^1	10×2^{-1}	5.000000000000	3.227546149094
2^2	10×2^{-2}	2.509652270681	0.737198419775
2^3	10×2^{-3}	1.778856556090	0.006402705185
2^4	10×2^{-4}	1.772453850925	0.000000000020

表 8.3 では，刻み幅を小さくしていくと誤差は急減少することが分かる．以下で，この結果の考察を行おう．まず，有限区間 $[-5,5]$ での打ち切りは，次の積分

$$\int_{-5}^{5} e^{-x^2}\,\mathrm{d}x$$

の近似値を求めることに対応するが，解析的な評価により，この打ち切りによる誤差は高々 2.5×10^{-11} 程度である．このことは，e^{-x^2} は $x \to \pm\infty$ で急速に減衰する関数であることから直観的にも理解しやすい．

注目すべきは，表 8.1 の収束性 $O(h^2)$ とは明らかに異なる台形公式の収束の速さである．表 8.3 の刻み幅 $h = 10 \times 2^{-4} (< 1)$ のとき，定理 8.1.1 において $r = 1$ の項が主要部であり，$f'(\pm 5) \approx \mp 10^{-10}$, $B_2 = 1/6$ であることから誤差（の絶対値）は $|h^2 B_2 (f'(5) - f'(-5))/2!| \approx 10^{-11}$ 程度になり，表 8.3 の誤差と概ね一致することが分かる．なお，刻み幅 $h = 10 \times 2^{-3} (> 1)$ のときは，h^{2r-1} を考えるため主要部が $r = 1$ の項とは限らないことに注意されたい．

例 8.2 や例 8.3 のような関数では台形公式の収束性は優れており，後述する変数変換型公式は台形公式の特長を活用している．ただし，例 8.1 のように一般には台形公式の収束は遅いため次節以降で述べるように種々の改良がある．

8.1.2　台形公式の実装

前節では表 8.1 のように刻み幅を半分にしていくことで台形公式の収束性を確認できることを見た．ここでは，その効率の良い実装に触れる．

n 等分の台形公式で得られる値 T_n を用いて $2n$ 等分（刻み幅は $h/2$）の台形

公式で得られる値 T_{2n} は，中点公式（中点則）

$$M_n = h\left[\sum_{k=1}^{n} f\left(a + \left(k - \frac{1}{2}\right)h\right)\right] \tag{8.4}$$

を用いると，

$$T_{2n} = \frac{T_n + M_n}{2} \tag{8.5}$$

で与えられる．T_n を用いると T_{2n} を求めるために必要な関数値は n 個である．つまり，T_{2n} を求めるために $2n$ 個の関数値を新たに求める必要はないため効率的である．同様に，T_{2n} と M_{2n} の平均から T_{4n} が得られる．

以下に，式 (8.5) を示しておこう．台形公式 (8.3) から，

$$\begin{aligned}
T_{2n} &= \frac{h}{2}\left[\frac{1}{2}f(a) + \sum_{k=1}^{2n-1} f\left(a + k\frac{h}{2}\right) + \frac{1}{2}f(b)\right] \\
&= \frac{1}{2}h\left[\frac{1}{2}f(a) + \sum_{k=1}^{2n-1} f\left(a + \frac{k}{2}h\right) + \frac{1}{2}f(b)\right] \\
&= \frac{1}{2}h\left[\frac{1}{2}f(a) + \sum_{k=1}^{n-1} f\left(a + kh\right) + \frac{1}{2}f(b) + \sum_{k=1}^{n} f\left(a + \left(k - \frac{1}{2}\right)h\right)\right]
\end{aligned}$$

と変形できる．最後の等式は台形公式 (8.3) の値と中点公式 (8.4) の値との平均値 (8.5) になっていることが分かる．

8.2　加速型公式（ロンベルグ積分）

前節では台形公式による値 $T_n, T_{2n}, T_{4n}, \ldots$ が効率良く得られることを見た．$T_n, T_{2n}, T_{4n}, \ldots$ を収束する数列という視点で捉えることにより，収束性が既知である場合，その収束を加速できる．本節では，低精度の値 $T_n, T_{2n}, T_{4n}, \ldots$ を組み合わせて高精度化を図る方法である**ロンベルグ積分**（ロンバーグ積分）について説明する．

8.1.1 項によれば，区間の分割数 n を 2 倍にすると誤差は約 1/4 になるのであった．すなわち真値を I とすると

$$T_{2n} - I \approx \frac{1}{4}(T_n - I)$$

である．ここで誤差がもし厳密に 1/4 になる，すなわち等式が成立するならば $T_{2n} - I = (1/4)(T_n - I)$ を解くことで真値 $I = (4T_{2n} - T_n)/3$ が得られるため，

$$T_{2n}^{(1)} := \frac{4T_{2n} - T_n}{3} \tag{8.6}$$

は T_{2n} や T_n よりも高精度であると期待できる．実際，定理 8.1.1 より

$$T_n - I = c_1 h^2 + c_2 h^4 + \cdots,$$
$$T_{2n} - I = c_1 \left(\frac{h}{2}\right)^2 + c_2 \left(\frac{h}{2}\right)^4 + \cdots = \frac{1}{4} c_1 h^2 + \frac{1}{16} c_2 h^4 + \cdots$$

であるから，$(4T_{2n} - T_n)/3 - I = \tilde{c}_2 h^4 + \cdots$ となる．すなわち (8.6) の誤差は $O(h^4)$ となる．

さらに T_{4n} の情報があると

$$T_{2n}^{(1)} := \frac{4T_{2n} - T_n}{4^1 - 1}, \quad T_{4n}^{(1)} := \frac{4T_{4n} - T_{2n}}{4^1 - 1}$$

を計算し，

$$T_{2n}^{(2)} := \frac{4^2 T_{4n}^{(1)} - T_{2n}^{(1)}}{4^2 - 1}$$

を計算することで誤差 $T_{2n}^{(2)} - I$ は $O(h^6)$ となる．

以上の議論を $n = 2^{i-1}$ として説明しよう．

$$T_{i,1} := T_{2^{i-1}} \quad (i = 1, 2, \dots), \quad T_{i,2} := \frac{4T_{i,1} - T_{i-1,1}}{3} \quad (i = 2, 3, \dots)$$

とおくと各 $i (> 1)$ に対して $T_{i,1}$ よりも $T_{i,2}$ の方が高精度になる．一般に，

$$T_{i,j} = \frac{4^{j-1} T_{i,j-1} - T_{i-1,j-1}}{4^{j-1} - 1}$$

は，i, j（ただし $i \geq j$）が大きくなればなるほど高精度になる．このようにして収束を加速する方法をロンベルグ積分という．これはリチャードソンの補外法（9.6 節）に対応する．式 (8.1) のロンベルグ積分をアルゴリズム 8.1 に示す．

❖ アルゴリズム 8.1: ロンベルグ（ロンバーグ）積分❖

⟨1⟩ **set** number L, 　$h = b - a$,

⟨2⟩ **set** $T_{1,1} = \frac{h}{2}(f(a) + f(b))$,

⟨3⟩ **do** $i = 2, 3, \ldots, L$

⟨4⟩ 　$h = \frac{h}{2}$,

⟨5⟩ 　$T_{i,1} = \frac{1}{2}T_{i-1,1} + h\sum_{k=1}^{2^{i-2}} f(a + (2k-1)h)$,

⟨6⟩ 　**do** $j = 2, 3, \ldots, i$

⟨7⟩ 　　$T_{i,j} = \frac{4^{j-1}T_{i,j-1} - T_{i-1,j-1}}{4^{j-1} - 1}$.

⟨8⟩ 　**end do**

⟨9⟩ **end do**

アルゴリズム 8.1 の ⟨5⟩ は，式 (8.5)（台形公式と中点公式の平均値）に対応することに注意しよう．

例 8.1 の積分に対するアルゴリズム 8.1（例 8.1 より $a = 0, b = 1$ であり，ここでは $L = 5$ と設定）の適用結果を表 8.4 に示す．

表 8.4　例 8.1 の積分に対するアルゴリズム 8.1 の適用結果 $T_{i,j}$

	$j = 1$	$j = 2$	$j = 3$	$j = 4$	$j = 5$
$i = 1$	0.0000000				
$i = 2$	0.5000000	0.6666666			
$i = 3$	0.6035533	0.6380711	0.6361648		
$i = 4$	0.6284174	0.6367054	0.6366144	0.6366215	
$i = 5$	0.6345731	0.6366250	0.6366196	0.6366197	0.6366197

表 8.4 から，$T_{i,j}$ で i, j が大きくなると高精度になることが分かる．演算量に関しては，$T_{L,1}$ を求める程度（$n = 2^{(L-1)}$ とした台形公式の演算量程度）で，$T_{L,L}$ が得られることに注目したい．

8.3　補間型公式

本節では，関数補間に基づく数値積分法である

- ニュートン・コーツ公式
- ガウス公式

を述べる．ニュートン・コーツ公式は，台形公式が被積分関数を折れ線（1 次関数）で近似するという視点に基づき，被積分関数を高次関数で近似することにより得られる公式である．ニュートン・コーツ公式は, n 個の標本点で被積分関数が $n-1$ 次多項式であれば正確に積分できる．一方，ガウス公式は標本点を自由に決められないものの，n 個の標本点で被積分関数が $2n-1$ 次多項式であれば正確に積分できる．

8.3.1 ニュートン・コーツ公式

区間 $[a,b]$ を n 等分すると分点は $x_0(=a), x_1, \ldots, x_n(=b)$ であり，分点上の被積分関数値 $f(x_0), f(x_1), \ldots, f(x_n)$ が得られているとする．このとき，$n+1$ 点 $(x_0, f(x_0)), (x_1, f(x_1)), \ldots, (x_n, f(x_n))$ を通る n 次多項式（多項式補間）を被積分関数の近似とみなし，n 次多項式の積分を求める方法を説明する．

$n+1$ 点を通る n 次多項式 $f_n(x)$ はラグランジュ補間公式を用いて

$$f_n(x) = \sum_{k=0}^{n} \frac{P_n(x)}{(x-x_k)P_n'(x_k)} f(x_k)$$

と表される．ただし，$P_n(x) := (x-x_0)(x-x_1)\cdots(x-x_n)$ である．そこで，式 (8.1) の被積分関数 $f(x)$ を $f_n(x)$ で代用すると以下を得る．

$$\begin{aligned} I &\approx \int_a^b f_n(x)\,\mathrm{d}x \\ &= \int_a^b \sum_{k=0}^{n} \frac{P_n(x)}{(x-x_k)P_n'(x_k)} f(x_k)\,\mathrm{d}x \\ &= \sum_{k=0}^{n} \underbrace{\left(\frac{1}{P_n'(x_k)} \int_a^b \frac{P_n(x)}{x-x_k}\,\mathrm{d}x \right)}_{w_k} f(x_k) = \sum_{k=0}^{n} w_k f(x_k). \end{aligned} \tag{8.7}$$

式 (8.7) を n 次の**ニュートン・コーツ公式**という．

幾つか例をみていこう．まず，$n=1$ のとき式 (8.7) は

$$\int_{x_0}^{x_1} f_1(x)\,\mathrm{d}x = \left(\int_{x_0}^{x_1} \frac{x-x_1}{x_0-x_1}\,\mathrm{d}x \right) f(x_0) + \left(\int_{x_0}^{x_1} \frac{x-x_0}{x_1-x_0}\,\mathrm{d}x \right) f(x_1)$$

$$= \frac{h}{2}(f(x_0) + f(x_1)), \quad h := x_1 - x_0$$

となる．これは台形公式 T_1 に対応する．同様に，$n = 2$ のとき，$h = (x_2 - x_1)/2$ であるから

$$\int_{x_0}^{x_2} f_2(x)\,\mathrm{d}x = \frac{h}{3}(f(x_0) + 4f(x_1) + f(x_2)), \quad h := \frac{x_2 - x_0}{2}$$

が得られる．これは**シンプソンの公式**とよばれる．

実際には全区間 $[a, b]$ にニュートン・コーツ公式を適用するのではなく，台形公式 (8.3) のように小区間に対してニュートン・コーツ公式を適用する．この方法を**ニュートン・コーツの複合公式**という．このため，台形公式 (8.3) を複合台形公式ともいう．

ニュートン・コーツ公式 (8.7) で $n = 1, 2, 3, 4$ とした例を表 8.5 に示す．

表 8.5　ニュートン・コーツ公式の例（$y_i := f(x_i)$ とおいた.）

1 次の公式	$h = \frac{x_1 - x_0}{2}$	$\frac{1}{2}h(y_0 + y_1)$
2 次の公式	$h = \frac{x_2 - x_0}{3}$	$\frac{1}{3}h(y_0 + 4y_1 + y_2)$
3 次の公式	$h = \frac{x_3 - x_0}{4}$	$\frac{3}{8}h(y_0 + 3y_1 + 3y_2 + y_3)$
4 次の公式	$h = \frac{x_4 - x_0}{5}$	$\frac{2}{45}h(7y_0 + 32y_1 + 12y_2 + 32y_3 + 7y_4)$

区間 $[a, b]$ を n 等分し（n は偶数），表 8.5 の 2 次の公式を用いた以下の公式

$$\begin{aligned} S_n &= \frac{h}{3}[(y_0 + 4y_1 + y_2) + (y_2 + 4y_3 + y_4) + \cdots + (y_{n-2} + 4y_{n-1} + y_n)] \\ &= \frac{h}{3}[y_0 + 4y_1 + 2y_2 + 4y_3 + 2y_4 + \cdots + 2y_{n-2} + 4y_{n-1} + y_n] \end{aligned} \tag{8.8}$$

は**複合シンプソン公式**とよばれる．ただし $h := (b-a)/n$ であり，$y_i := f(a+ih)$ とおいた．

例 8.1 の積分に対する複合シンプソン公式 (8.8) の適用結果を表 8.6 に示す．

表 8.1 と表 8.6 から複合シンプソン公式は複合台形公式よりも収束が速いことが分かる．十分小さな刻み幅 h に対して刻み幅を半分にすると複合シンプソン公式の誤差は約 1/16 になっており，一方，複合台形公式の誤差は約 1/4 である．

表 8.6 例 8.1 の積分に対する複合シンプソン公式の適用結果

n：分割数	h：刻み幅	T_n：複合シンプソン公式 (8.8)	誤差
2^1	2^{-1}	0.6666666666666	3.00×10^{-2}
2^2	2^{-2}	0.6380711874576	1.45×10^{-3}
2^3	2^{-3}	0.6367054518232	8.56×10^{-5}
2^4	2^{-4}	0.6366250534621	5.28×10^{-6}
2^5	2^{-5}	0.6366201012992	3.28×10^{-7}
2^6	2^{-6}	0.6366197929081	2.05×10^{-8}
2^7	2^{-7}	0.6366197736510	1.28×10^{-9}

誤差は約 1/16 という結果および複合台形公式の誤差は $O(h^2)$ であったことから，複合シンプソン公式の誤差は $O(h^4)$ と予想される．実際，この予想は正しく，実は複合シンプソン公式はロンベルグ積分 $T_{i,2}$ と等価であることが知られている[†3]．すなわち，複合シンプソン公式は式 (8.6) に対応するため，その誤差は $O(h^4)$ となる．

8.3.2 ガウス公式

ガウス公式は，

$$I = \int_a^b f(x)w(x)\,\mathrm{d}x \tag{8.9}$$

を近似する数値積分公式である．ここで $w(x)$ は密度関数（または重み関数）とよばれ，直交多項式の構成に用いられる内積の重み関数に対応する．

ここでは $w(x) = 1$，すなわち式 (8.1) に対して，$f(x)$ が多項式でよく近似できる場合に優れた性能を有するガウス公式として**ガウス・ルジャンドル公式**を主に説明する．なお，理論的な説明は，ガウス・ルジャンドル公式に限らない一般的な形で行う．

ガウス公式の使用は大変簡単である．まずは実際に適用してみよう．

【使用例】

ガウス公式では，式 (8.2) の分点 x_i と重み w_i をライブラリや数値表で与え

[†3] 表 8.6 の複合シンプソン公式による値と表 8.4 のロンベルグ積分 $T_{i,2}$ の値は一致している．

られた値に設定するだけよい．例えば，ガウス・ルジャンドル公式は

$$\int_{-1}^{1} f(x)\,\mathrm{d}x$$

を $I_n = w_1 f(x_1) + w_2 f(x_2) + \cdots + w_n f(x_n)$ で近似した数値積分公式であり，分点数が3の例を以下に示す．

$$I_3 = w_1 f(x_1) + w_2 f(x_2) + w_3 f(x_3).$$

ここで，

$$\begin{aligned} x_1 &= 0.0000000000000000, & w_1 &= 0.8888888888888888, \\ x_2 &= -0.7745966692414834, & w_2 &= 0.5555555555555555, \\ x_3 &= 0.7745966692414834, & w_3 &= 0.5555555555555555 \end{aligned}$$

である．分点数が5までの分点と重みを表8.7に示しておこう．

表 8.7　ガウス・ルジャンドル公式の分点と重み

分点数 n	分点 x_i	重み w_i
2	$x_1 = -0.5773502691896257$	$w_1 = 1.0000000000000000$
	$x_2 = 0.5773502691896257$	$w_2 = 1.0000000000000000$
3	$x_1 = 0.0000000000000000$	$w_1 = 0.8888888888888888$
	$x_2 = -0.7745966692414834$	$w_2 = 0.5555555555555555$
	$x_3 = 0.7745966692414834$	$w_3 = 0.5555555555555555$
4	$x_1 = -0.3399810435848563$	$w_1 = 0.6521451548625461$
	$x_2 = 0.3399810435848563$	$w_2 = 0.6521451548625461$
	$x_3 = -0.8611363115940526$	$w_3 = 0.3478548451374538$
	$x_4 = 0.8611363115940526$	$w_4 = 0.3478548451374538$
5	$x_1 = 0.0000000000000000$	$w_1 = 0.5688888888888888$
	$x_2 = -0.5384693101056831$	$w_2 = 0.4786286704993665$
	$x_3 = 0.5384693101056831$	$w_3 = 0.4786286704993665$
	$x_4 = -0.9061798459386640$	$w_4 = 0.2369268850561891$
	$x_5 = 0.9061798459386640$	$w_5 = 0.2369268850561891$

一般的な区間 (a, b) に対する積分

$$\int_{a}^{b} f(t)\,\mathrm{d}t$$

に対しては，$t = (b+a)/2 + \{(b-a)/2\}x$ により変数変換すると

$$\int_a^b f(t)\,\mathrm{d}t = \frac{b-a}{2}\int_{-1}^{1} f(t(x))\,\mathrm{d}x \tag{8.10}$$

となるので，右辺の被積分関数 $f(t(x))$ に対してガウス・ルジャンドル公式を適用すればよい．すなわち，以下の計算を行えばよい．

$$\begin{cases} t_i = \dfrac{b+a}{2} + \dfrac{b-a}{2}x_i \quad (i = 1, 2, \ldots, n), \\ I_n = \dfrac{b-a}{2}[w_1 f(t_1) + w_2 f(t_2) + \cdots + w_n f(t_n)]. \end{cases} \tag{8.11}$$

式 (8.11) の x_i と w_i は $n \leq 5$ ならば表 8.7 の値をそのまま用いればよく，一般にはライブラリ等で与えられた x_i と w_i の値を用いるとよい．

例 8.1 の積分に対するガウス・ルジャンドル公式 (8.11) の適用結果を表 8.8 に示す．

表 8.8　例 8.1 の積分に対するガウス・ルジャンドル公式の適用結果

分点数 n	ガウス・ルジャンドル公式 (8.11)	誤差の絶対値
2	0.616190508479558	2.04×10^{-2}
3	0.637061877299981	4.42×10^{-4}
4	0.636614752129754	5.02×10^{-6}
5	0.636619807472219	3.51×10^{-8}

表 8.8 では，わずか 5 点で誤差が約 10^{-8} である．（複合）台形公式では表 8.1 から $2^6 = 64$ 点で誤差が約 10^{-4} であり，複合シンプソン公式では表 8.6 から $2^6 = 64$ 点で誤差が約 10^{-8} であるから，これらと比較すると関数値の評価回数が非常に少ないため，効率がよいことが分かる．

このように，ガウス積分は少ない分点数で高精度の値が得られるが，このことは理論的に裏付けがあり，被積分関数が $2n-1$ 次の多項式で与えられているとき，分点数が n のガウス公式は正確な値を与える．以下で，ガウス公式の一般論とこの収束性の説明を行う．

○ ガウス公式の導出

n 点のガウス公式は, 式 (8.9) の $f(x)$ を k 次の直交多項式 p_k $(k = 0, 1, \ldots, n-1)$

の線形結合，すなわち

$$f_n(x) = c_0 p_0(x) + c_1 p_1(x) + \cdots + c_{n-1} p_{n-1}(x) \tag{8.12}$$

により近似とすることで得られる．ただし，係数 c_k は n 次の直交多項式 $p_n(x)$ の零点 $x_1, x_2, \ldots, x_n$ 上で

$$f(x_k) = f_n(x_k) \quad (k = 1, 2, \ldots, n) \tag{8.13}$$

を満たすよう決定される．すなわち，$f_n(x)$ は $f(x)$ の直交多項式補間（補間点は n 次の直交多項式 $p_n(x)$ の零点）である．

式 (8.12) と条件 (8.13) から係数 c_k を決定する問題は連立 1 次方程式を解く問題になるが，直交多項式の選点直交性という性質を用いると簡単に解ける．

以下では，直交多項式の選点直交性という性質を用いて c_k を導出しておく．まず，直交多項式は，次の直交性を満たすよう構成されている．

$$\int_a^b p_j(x) p_k(x) w(x)\,\mathrm{d}x = \lambda_k \delta_{j,k} \quad (\lambda_k > 0) \tag{8.14}$$

ここで，$\delta_{j,k}$ はクロネッカーのデルタ，すなわち j と k が等しいときは 1 であり，等しくないときは 0 である．

詳細は割愛するが，直交多項式 $p_n(x)$ の零点を $x_1, x_2, \ldots, x_n$ とすると式 (8.14) と似た式

$$\sum_{i=1}^{n} p_j(x_i) p_k(x_i) w_i = \lambda_k \delta_{j,k} \quad (0 \leq j, k \leq n-1)$$

が成り立つことが知られている．これを直交多項式の選点直交性という．ただし，$w_i := \left(\sum_{k=0}^{n-1} \{p_k(x_i)\}^2 / \lambda_k\right)^{-1}$ である．

以下では，この選点直交性の行列表示を示しておこう．$p_n(x)$ の零点 $x_1, x_2, \ldots, x_n$ を用いて

$$P := \begin{bmatrix} p_0(x_1) & \cdots & p_{n-1}(x_1) \\ \vdots & \ddots & \vdots \\ p_0(x_n) & \cdots & p_{n-1}(x_n) \end{bmatrix} \tag{8.15}$$

と定義し，対角行列 W

$$W := \begin{bmatrix} w_1 & & \\ & \ddots & \\ & & w_n \end{bmatrix}, \quad w_i := \left(\sum_{k=0}^{n-1} \frac{\{p_k(x_i)\}^2}{\lambda_k} \right)^{-1} \tag{8.16}$$

および，式 (8.14) の λ_k を対角に並べて得られる対角行列 Λ

$$\Lambda := \begin{bmatrix} \lambda_0 & & \\ & \ddots & \\ & & \lambda_{n-1} \end{bmatrix}$$

を用いると

$$P^\top W P = \Lambda \tag{8.17}$$

を満たす．式 (8.17) は直交多項式の選点直交性の行列表示である．なお，Λ は正則（逆行列が存在）であるため，行列 P も正則である．

準備が整ったので具体的に c_k を導出しよう．条件 (8.13) は，式 (8.12) と式 (8.15) を用いると

$$P \begin{bmatrix} c_0 \\ \vdots \\ c_{n-1} \end{bmatrix} = \begin{bmatrix} f(x_1) \\ \vdots \\ f(x_n) \end{bmatrix} \tag{8.18}$$

と書ける．この連立 1 次方程式を解くことで c_k が得られる．具体的には選点直交性 (8.17) を用いると $P^{-1} = \Lambda^{-1} P^\top W$ となるので

$$\begin{bmatrix} c_0 \\ \vdots \\ c_{n-1} \end{bmatrix} = \underbrace{\Lambda^{-1} P^\top W}_{P^{-1}} \begin{bmatrix} f(x_1) \\ \vdots \\ f(x_n) \end{bmatrix} = \begin{bmatrix} \dfrac{1}{\lambda_0} \displaystyle\sum_{j=1}^{n} w_j p_0(x_j) f(x_j) \\ \vdots \\ \dfrac{1}{\lambda_{n-1}} \displaystyle\sum_{j=1}^{n} w_j p_{n-1}(x_j) f(x_j) \end{bmatrix}$$

となり，c_k が得られる．ガウス公式の導出では特に

$$c_0 = \frac{1}{\lambda_0}\sum_{j=1}^{n} w_j p_0(x_j) f(x_j) = \frac{p_0(x)}{\lambda_0}\sum_{j=1}^{n} w_j f(x_j) \tag{8.19}$$

が重要である．ここで $p_0(x)$ は定数関数，すなわち $p_0(x) = p_0(x_j)$ が成り立つことを用いた．

c_k が得られたので，以降ではガウス公式を導出しよう．式 (8.9) の $f(x)$ を式 (8.12) の $f_n(x)$ で近似し，直交性 (8.14) を用いると

$$\begin{aligned}
\int_a^b f(x)w(x)\,\mathrm{d}x \approx \int_a^b f_n(x)w(x)\,\mathrm{d}x &= \int_a^b \sum_{k=0}^{n-1} c_k p_k(x) w(x)\,\mathrm{d}x \\
&= \sum_{k=0}^{n-1} \frac{c_k}{p_0(x)} \int_a^b p_k(x) p_0(x) w(x)\,\mathrm{d}x \\
&= \frac{c_0}{p_0(x)} \int_a^b p_0(x) p_0(x) w(x)\,\mathrm{d}x \\
&= \frac{c_0}{p_0(x)} \lambda_0
\end{aligned}$$

となる．ここで式 (8.19) を用いると

$$\int_a^b f(x)w(x)\,\mathrm{d}x \approx \int_a^b f_n(x)w(x)\,\mathrm{d}x = \sum_{j=1}^{n} w_j f(x_j) \tag{8.20}$$

を得る．ここで，w_j は式 (8.16) から得られ，x_j は n 次の直交多項式 $p_n(x)$ の零点である．特に密度関数を $w(x) = 1$ とすると，対応する直交多項式はルジャンドル多項式であり，w_j と x_j を具体的に計算した値が表 8.7 に対応する．

❍ ガウス公式の種類

密度関数を変えれば直交多項式も変わるため，それに応じたガウス公式が構成できる．一般にはルジャンドル多項式などの著名な直交多項式を用いた公式がよく使用される．表 8.9 に代表的なガウス公式をまとめておく．

注意として，被積分関数は常に低次の多項式と密度関数との積でよく近似されているとは限らない．このため，ガウス公式を用いる際は分点数を変えて収束性を確認することや，他の数値積分公式の結果と比較するとより安全である．

表 8.9 代表的なガウス公式

	区間	密度関数 $w(x)$
ガウス・ルジャンドル公式	$(-1,1)$	1
ガウス・ラゲール公式	$(0,\infty)$	e^{-x}
ガウス・エルミート公式	$(-\infty,\infty)$	e^{-x^2}

❍ ガウス公式の性質

ニュートン・コーツ公式は分点数が n で被積分関数 $f(x)$ が高々 $n-1$ の多項式のとき，$f_n(x)=f(x)$ となるので正確な積分を与える．一方，ガウス公式は，分点数が n で $f(x)$ が高々 $2n-1$ 次以下の多項式のとき，正確な積分を与えるという特筆すべき性質を有する．この性質を示しておこう．

$f(x)$ は $2n-1$ 次以下の多項式とする．$f(x)$ を n 次の直交多項式 $p_n(x)$ で割ると

$$f(x)=Q(x)p_n(x)+R(x)=\left(\sum_{k=0}^{n-1}\alpha_k p_k(x)\right)p_n(x)+\sum_{k=0}^{n-1}\beta_k p_k(x) \tag{8.21}$$

と書ける．ただし，$Q(x)$ と $R(x)$ は商と余りであり，共に $n-1$ 次以下の多項式であるため，$n-1$ 次以下の直交多項式の線形結合で表されることを用いた．式 (8.21) を式 (8.9) に代入し，直交性 (8.14) を用いると

$$\begin{aligned}\int_a^b f(x)w(x)\,\mathrm{d}x &= \int_a^b\left(p_n(x)\sum_{k=0}^{n-1}\alpha_k p_k(x)+\sum_{k=0}^{n-1}\beta_k p_k(x)\right)w(x)\,\mathrm{d}x\\ &=\sum_{k=0}^{n-1}\beta_k\int_a^b p_k(x)w(x)\,\mathrm{d}x\\ &=\frac{1}{p_0(x)}\sum_{k=0}^{n-1}\beta_k\int_a^b p_k(x)p_0(x)w(x)\,\mathrm{d}x\\ &=\frac{\beta_0}{p_0(x)}\int_a^b p_0(x)p_0(x)w(x)\,\mathrm{d}x\\ &=\frac{\beta_0}{p_0(x)}\lambda_0 \end{aligned} \tag{8.22}$$

となる．すなわち，

$$R(x)=\sum_{k=0}^{n-1}\beta_k p_k(x) \tag{8.23}$$

を満たす β_0 を計算すれば正確な積分値が得られることが分かる．ここで $p_n(x)$ の零点 $x_1, x_2, \ldots, x_n$ を用いると，式 (8.21) から $f(x_k) = R(x_k)$ となるので，ガウス公式の導出と同様に次の連立 1 次方程式

$$P \begin{bmatrix} \beta_0 \\ \vdots \\ \beta_{n-1} \end{bmatrix} = \begin{bmatrix} R(x_1) \\ \vdots \\ R(x_n) \end{bmatrix} \left(= \begin{bmatrix} f(x_1) \\ \vdots \\ f(x_n) \end{bmatrix} \right)$$

を解けば β_k が得られるが，これは式 (8.18) と等価であるため，$\beta_k = c_k$ $(k = 0, 1, \ldots, n-1)$ となる．したがって，式 (8.22)，$\beta_0 = c_0$，および式 (8.19) から

$$\int_a^b f(x)w(x)\,\mathrm{d}x = \frac{\beta_0}{p_0(x)}\lambda_0 = \frac{c_0}{p_0(x)}\lambda_0 = \sum_{j=1}^{n} w_j f(x_j)$$

となり，ガウス公式は正確な積分を与えていることが分かる．

8.4　変数変換型公式

台形公式は，定理 8.1.1 から，$f^{(2r-1)}(b) - f^{(2r-1)}(a)$ $(r = 1, 2, \ldots)$ が 0 に近いときに優れた収束性を有することが分かる．実際，例 8.2 と例 8.3 の被積分関数がその典型的な例である．

このことから，$\int_a^b f(x)\,\mathrm{d}x$ を $x = \phi(t)$ により次の置換積分

$$\int_{\phi^{-1}(a)}^{\phi^{-1}(b)} f(\phi(t))\phi'(t)\,\mathrm{d}t \tag{8.24}$$

を行い，新たな被積分関数 $f(\phi(t))\phi'(t)$ が台形公式により極めて良好な結果をもたらす関数になるよう $\phi(t)$ を定めるという方針が考えられる．この方針に基づく積分公式として **IMT 公式**および**二重指数関数型公式**が著名であり，積分区間の端点に特異性があっても使用可能[†4]であるため，適用範囲が広い万能型の公式である．

[†4] 式変形により桁落ちを避けるように工夫することで高精度な値が得られる．

8.4.1 IMT公式

IMT公式は，1969年に伊理・森口・高澤により提案された数値積分公式であり，ここでは，簡単のため積分区間を $[0,1]$ とする．IMT公式は変数変換を

$$x = \phi(t) = \frac{\int_0^t \exp\left(-\frac{1}{s} - \frac{1}{1-s}\right) \mathrm{d}s}{\int_0^1 \exp\left(-\frac{1}{s} - \frac{1}{1-s}\right) \mathrm{d}s}$$

とし，式 (8.24) に対して台形公式 (8.3)（ただし，$a=0$, $b=1$, $h=1/n$）を適用して得られる．具体的な計算式は以下の通りである．

$$\int_0^1 f(x)\mathrm{d}x = \int_0^1 f(\phi(t))\phi'(t)\,\mathrm{d}t \approx h\sum_{k=1}^{n-1} f(\phi(kh))\phi'(kh).$$

ただし，$f(\phi(0))\phi'(0) = f(\phi(1))\phi'(1) = 0$ より，台形公式の最初と最後の項は0になることを用いた．

詳細は割愛するが $\phi^{(n)}(0) = \phi^{(n)}(1) = 0$ $(n = 1, 2, \ldots)$ より，変換後の被積分関数 $g(t) = f(\phi(t))\phi'(t)$ は $g^{(n)}(0) = g^{(n)}(1) = 0$ $(n = 1, 2, \ldots)$ を満たすため，$g(t)$ が十分に滑らかであれば，この関数に対する台形公式（すなわちIMT公式）は定理8.1.1から優れた収束性を有すると期待できる．実際，IMT公式の数値積分誤差は，適当な条件下で $O(\exp(-c\sqrt{n}))$（c は分点数 n に依存しない正定数）となることが知られている[†5]．

8.4.2 二重指数関数型公式（DE公式）

DE公式は，1974年に高橋・森により提案された数値積分公式であり，積分範囲により変数変換が異なる．変数変換は双曲線関数

$$\sinh(x) = \frac{e^x - e^{-x}}{2}, \quad \cosh(x) = \frac{e^x + e^{-x}}{2}, \quad \tanh(x) = \frac{\sinh(x)}{\cosh(x)}$$

や指数関数で構成されており，それらを表8.10に示す．

[†5] IMT公式の改良として，1982年にIMT公式の変換を再帰的に行う方法 $x = \phi(\phi(t))$ が，室田・伊理により提案され，数値積分誤差が $O(\exp(-cn/(\log n)^2))$ となることが示された．また，2008年に大浦によりガウスの誤差関数 ($\mathrm{erf}(x) = (2/\sqrt{\pi})\int_0^x \exp(-t^2)\,\mathrm{d}t$) を用いて数値積分誤差が漸近的に $O(\exp(-cn/\log n))$ となるIMT公式の改良が提案されている．

表 8.10 DE 公式における変数変換

積分範囲	変数変換 $x=\phi(t)$
$\int_{-1}^{1} f(x)\,\mathrm{d}x$	$x=\tanh\left(\frac{\pi}{2}\sinh(t)\right)$
$\int_{0}^{\infty} f(x)\,\mathrm{d}x$	$x=\exp\left(\frac{\pi}{2}\sinh(t)\right)$
$\int_{0}^{\infty} \underbrace{g(x)\exp(-x)}_{f(x)}\,\mathrm{d}x$	$x=\exp(t-\exp(-t))$
$\int_{-\infty}^{\infty} f(x)\,\mathrm{d}x$	$x=\sinh\left(\frac{\pi}{2}\sinh(t)\right)$

DE 公式の数値積分誤差は，適当な条件下で $O(\exp(-cn/\log n))$（c は分点数 n に依存しない正定数）となることが知られており，分点数 n の増加に伴い誤差が指数関数的に減少することが分かる．

なお，表 8.10 のそれぞれの変換は，変換後の関数 $f(\phi(t))\phi'(t)$ が $t\to\pm\infty$ のときに二重指数関数的，つまり，ある正定数 c を用いて

$$|f(\phi(t))\phi'(t)|\approx\exp(-c\exp(|t|)),\quad |t|\to\infty$$

のように減衰させることを目的として設計されている．さらに関数解析の立場から，二重指数関数的に減衰する関数に対する台形公式はある意味で最適である[†6]ことが 1997 年に杉原により証明されている．このことから変数変換後に台形公式を用いることは自然である．

○ 区間 (a,b) に対する DE 公式

区間 (a,b) の積分 $\int_a^b f(x)\,\mathrm{d}x$ に関しては，式 (8.10) に対して区間 $(-1,1)$ に対する DE 公式を用いればよい．具体的には，まず

$$\int_a^b f(x)\,\mathrm{d}x=\frac{b-a}{2}\int_{-1}^{1} f\left(\frac{b+a}{2}+\frac{b-a}{2}x\right)\mathrm{d}x$$

を考える．次に変数変換は表 8.10 より $x=\phi(t)=\tanh((\pi/2)\sinh t)$ であるこ

[†6] より正確には，被積分関数が実軸を含む複素平面上の帯状領域で正則かつ有界であることが必要である．

とを用いると，式 (8.24) から

$$\frac{\pi(b-a)}{4}\int_{-\infty}^{\infty} f\left(\frac{b+a}{2}+\frac{b-a}{2}\left(\tanh\left(\frac{\pi}{2}\sinh(x)\right)\right)\right)\frac{\cosh(x)}{\cosh^2\left(\frac{\pi}{2}\sinh x\right)}\,\mathrm{d}x$$

が得られる．ここで変数 t を x に書き直した．したがって，

$$g(x) := f\left(\frac{b+a}{2}+\frac{b-a}{2}\left(\tanh\left(\frac{\pi}{2}\sinh(x)\right)\right)\right)\frac{\cosh(x)}{\cosh^2\left(\frac{\pi}{2}\sinh x\right)}$$

と定義すると，$I=\{\pi(b-a)/4\}\int_{-\infty}^{\infty} g(x)\,\mathrm{d}x$ に対して台形公式を適用すればよい．通常，$g(x)$ は $x\to\pm\infty$ のときに著しく減衰するため，適当な正の実数 $\tilde{a}, \tilde{b}$ を設定した区間 $[-\tilde{a}, \tilde{b}]$ で打ち切った

$$\frac{\pi(b-a)}{4}\int_{-\tilde{a}}^{\tilde{b}} g(x)\,\mathrm{d}x \tag{8.25}$$

に対して，台形公式 (8.3) を適用する．

❍ DE 公式の数値例

例 8.1 に対して DE 公式（式 (8.25) に対する台形公式）を適用しよう．ここでは，式 (8.25) において $\tilde{a}=\tilde{b}=3$ とした．すなわち，例 8.1 から $f(x)=\sin(\pi x)$, $a=0$, $b=1$ より次式に対して台形公式を適用した．

$$\frac{\pi}{4}\int_{-3}^{3}\sin\left(\frac{1}{2}\pi+\frac{1}{2}\pi\left(\tanh\left(\frac{\pi}{2}\sinh(x)\right)\right)\right)\frac{\cosh(x)}{\cosh^2\left(\frac{\pi}{2}\sinh x\right)}\,\mathrm{d}x.$$

変数変換前後の関数を図 8.2 に示す．

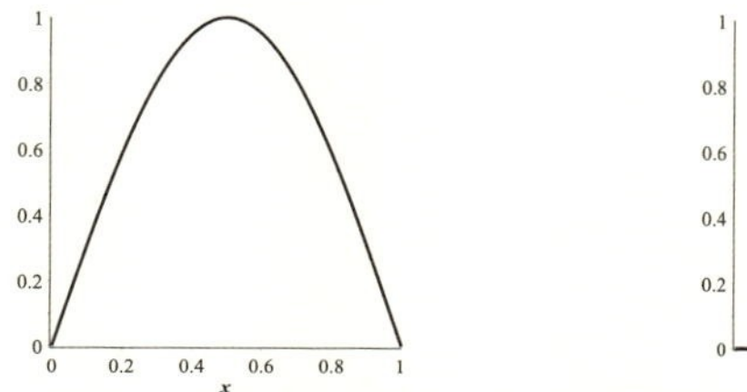

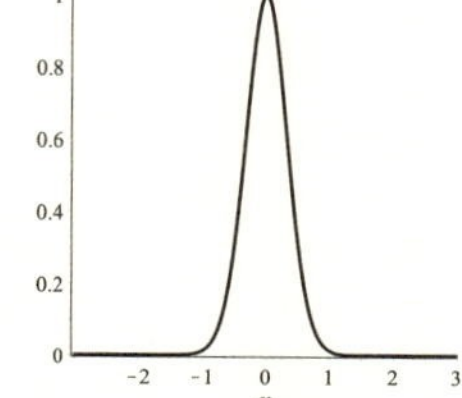

図 8.2 変数変換前（左図）と変数変換後（右図）の被積分関数

図 8.2 から変数変換により被積分関数は（二重）指数関数的な減衰をしていることが確認できる．DE 公式を適用した結果を表 8.11 に示す．表 8.11 では分割

表 8.11　例 8.1 の積分に対する DE 公式の適用結果

n：分割数	h：刻み幅	DE 公式	誤差
2^3	2^{-3}	$\underline{0.6}76253788992$	3.96×10^{-2}
2^4	2^{-4}	$\underline{0.6366}52623386$	3.96×10^{-5}
2^5	2^{-5}	$\underline{0.63661977236}9$	1.54×10^{-12}
2^6	2^{-6}	$\underline{0.636619772367}$	0

数の増加とともに誤差が指数関数的に減少している（この例では分点数を 2 倍にすると正しい桁数が約 2 倍程度になっている）ことが分かる．なお，$n = 2^6$ では誤差の値が 0 と書かれているが，これは倍精度における丸め誤差程度まで誤差が小さくなったため，計算機では 0 と表示されたことを意味する．

第9章

常微分方程式の数値アルゴリズム

曽我部　知広

常微分方程式を数値的に解く対象となる問題は，初期値問題，境界値問題，固有値問題に大別される．初期値問題の数値解法は境界値問題及び固有値問題に応用できるため，本章では初期値問題の数値解法を述べる．

9.1　線形多段階法

ここでは，単独の1階常微分方程式の初期値問題を考えよう．

$$\frac{\mathrm{d}y}{\mathrm{d}x} = f(x,y), \quad a \le x \le b, \quad y(a) = y_0. \tag{9.1}$$

ここで，関数 f は，解 y の一意性が保証される条件を満たすものとする．与えられた初期値問題に対して解が存在するか，また存在するならばそれは一意であるかという議論は重要であるが，これは他の文献に譲る．式 (9.1) を数値的に解くとは，区間 $[a,b]$ の分点 $x_1, x_2, \ldots$ 上で，解 $y(x_1), y(x_2), \ldots$ の近似値を求めることを指す．したがって，式 (9.1) を数値的に解くにはまず分点をどう定義するか，そして定義された分点上で解 $y(x_1), y(x_2), \ldots$ の近似値をどう求めるかが必要である．分点に関しては，ここでは区間 $[a,b]$ を N 等分することを考えよう．

$$x_n = a + nh \ \ (n = 0, 1, \ldots, N), \quad h = (b-a)/N. \tag{9.2}$$

次に，式 (9.1) の分点 x_i での解 $y(x_i)$ の近似値 y_i $(1 \le i \le N)$ を求めるための

公式は一般に次の形で表される．

$$
\begin{aligned}
y_{n+k} &= \alpha_0 y_n + \alpha_1 y_{n+1} + \cdots + \alpha_{k-1} y_{n+k-1} \\
&\qquad + h\Phi(x_n, \ldots, x_{n+k}, y_n, \ldots, y_{n+k}, f_n, \ldots, f_{n+k}, h). \qquad (9.3)
\end{aligned}
$$

ただし，$n \geq 0$ で $f_n = f(x_n, y_n)$ とし，定数 $\alpha_0, \alpha_1, \ldots, \alpha_{k-1}$ の総和は 1 とする．この式は，すでに得られている k 個 の情報 $y_n, y_{n+1}, \ldots, y_{n+k-1}$ を用いて解 $y(x_{n+k})$ を近似し，この量に対して適当な修正量 $h\Phi$ を加えることにより解 $y(x_{n+k})$ の更に良い近似値 y_{n+k} を求めていると理解できる．

特に，定数 $\beta_0, \beta_1, \ldots, \beta_k$ を用いて

$$
\Phi = \beta_0 f_n + \beta_1 f_{n+1} + \cdots + \beta_{k-1} f_{n+k-1} + \beta_k f_{n+k} \qquad (9.4)
$$

とおいた方法を k **段階線形多段階法**といい，重要な解法として知られている．

9.2　オイラー法とその精度

オイラー法は，線形多段階法の観点から式 (9.3) と式 (9.4) で $k = 1$ とし，$\alpha_0 = 1, \beta_0 = 1, \beta_1 = 0$ とした解法であり

$$
y_{n+1} = y_n + hf(x_n, y_n) \qquad (9.5)
$$

と書ける．ただし x_n は，式 (9.2) で計算される．このように既知の量が右辺にあり左辺が容易に求まる方法を**陽解法**という．

後退オイラー法は，線形多段階法の観点から $k = 1$ とし，$\alpha_0 = 1, \beta_0 = 0, \beta_1 = 1$ とした解法

$$
y_{n+1} = y_n + hf(x_{n+1}, y_{n+1}) \qquad (9.6)
$$

である．後退オイラー法はオイラー法と異なり，右辺に求めたい量 y_{n+1} が存在するために方程式を解かなければならない．このような方法を**陰解法**という．なお，k 段階線形多段階法 (9.4) では $\beta_k = 0$ のときは陽解法であり，$\beta_k \neq 0$ のときは陰解法である．

（線形多段階法としての）**中点則**[†1]は，線形多段階法の観点から $k=2$ とし，$\alpha_0=1, \beta_1=2$，その他のパラメータ値 $(\alpha_1, \beta_0, \beta_2)$ を全て 0 とした解法

$$y_{n+2} = y_n + 2hf(x_{n+1}, y_{n+1}) \tag{9.7}$$

である．中点則では，$k=2$ で $\beta_2=0$ より陽解法である．

線形多段階法の定義 (9.4) からオイラー法と後退オイラー法は，$k=1$ なので 1 段階法，中点則は $k=2$ なので 2 段階法である．

さて，これまでオイラー法，後退オイラー法，中点則を見てきたがこれらは直感的に次のように理解できる．すなわち，これらの解法の違いは，それぞれ x_n での微分係数 $\mathrm{d}y/\mathrm{d}x$ の近似の仕方によるものである．

- **前進差分**：$\dfrac{y_{n+1}-y_n}{h}$ （オイラー法で使用），
- **後退差分**：$\dfrac{y_n-y_{n-1}}{h}$ （後退オイラー法で使用），
- **中心差分**：$\dfrac{y_{n+1}-y_{n-1}}{2h}$ （中点則で使用）．

それぞれの差分商を式 (9.1) の微分係数に代入すると対応する解法が得られることを実際に確かめられたい．これらの近似式は，微分の定義から考えると自然であると思われるが，実際に定量的な近似の度合いを見てみよう．近似の度合いを定量化することにより，今後更に高精度の近似式を得るための指針になる．

テイラーの定理を用いると関数 y が m 回微分可能であるならば $\xi \in (x, x+h)$ が存在し

$$\begin{aligned} y(x+h) &= y(x) + hy'(x) + \frac{1}{2}h^2y''(x) + \cdots \\ &\quad + \frac{1}{(m-1)!}h^{m-1}y^{(m-1)}(x) + \frac{1}{m!}h^m y^{(m)}(\xi) \end{aligned} \tag{9.8}$$

となる．

[†1] 中点則は多義語であり，
(a) $y_{n+1} = y_n + hf(x_n + \frac{h}{2}, y_n + \frac{h}{2}f(x_n, y_n))$ と近似する方法（陽的中点則またはホインの矩形公式，9.5 節参照）．
(b) $y_{n+1} = y_n + hf(x_n + \frac{h}{2}, \frac{1}{2}(y_n + y_{n+1}))$ と近似する方法（陰的中点則）．
も中点則と呼ばれることがある．

これを用いて，もし x_n での計算値 y_n は真値 $y(x_n)$ と等しい，即ち $y_n = y(x_n)$ ならば，オイラー法の式 (9.5) で得られた近似解 y_{n+1} と真値 $y(x_{n+1})$ はどの程度離れているか考えよう．$y(x_n + h)$ はテイラーの定理 (9.8) より

$$y(x_n + h) = y(x_n) + hy'(x_n) + \frac{1}{2}h^2 y''(\xi), \quad \xi \in (x_n, x_n + h)$$

と書ける．したがって，真値 $y(x_{n+1})$ とオイラー法で得られた近似解 y_{n+1} の差の絶対値（距離）は，式 (9.5) を用いると

$$|y(x_n + h) - y_{n+1}| = \left| y(x_n) - y_n + hy'(x_n) - hf(x_n, y_n) + \frac{1}{2}h^2 y''(\xi) \right|$$

である．仮定 $y_n = y(x_n)$ から $y(x_n) - y_n = 0$，そして式 (9.1) と仮定から $y'(x_n) = f(x_n, y(x_n)) = f(x_n, y_n)$，即ち $hy'(x_n) - hf(x_n, y_n) = 0$ なので

$$|y(x_n + h) - y_{n+1}| = h^2 \cdot \left| \frac{1}{2} y''(\xi) \right|$$

が得られる．これは，オイラー法を1ステップ進めたときの誤差を表しており，誤差は $O(h^2)$，すなわち h^2 程度の量であり．全ステップに混入する誤差は，1次下がって $O(h)$ である[†2]．一般に誤差が1ステップに混入する誤差が $O(h^{p+1})$ の解法を p **次の方法**であるという．したがってオイラー法は，1次の方法である．後退オイラー法についても，解析を行うと1次の方法であることが分かる．

次に先程と同じ仮定 $y_n = y(x_n)$，および新たな仮定 $y_{n+1} = y(x_{n+1})$ の下で中点則は2次の方法であることを示しておこう．まずテイラーの定理から

$$y(x_{n+1} \pm h) = y(x_{n+1}) \pm hy'(x_{n+1}) + \frac{1}{2}h^2 y''(x_{n+1}) \pm \frac{1}{3!}h^3 y^{(3)}(\xi_\pm)$$

が成り立つ．次に，上式から $y(x_{n+1}+h) - y(x_{n+1}-h)$ を計算すると $y(x_{n+2}) = y(x_{n+1}+h), y(x_n) = y(x_{n+1}-h)$ を用いて

$$y(x_{n+2}) = y(x_n) + 2hy'(x_{n+1}) + \frac{1}{3!}h^3 \left\{ y^{(3)}(\xi_+) + y^{(3)}(\xi_-) \right\}$$

---

†2 計算する区間を $[a, b]$ とし，N 等分して計算とき $h = (b-a)/N$ となる．1ステップの誤差が $O(h^2)$ なので，直観的に言うと，全ステップの誤差は $N \times O(h^2)$ であり，$N = (b-a)/h$ を用いると $(b-a)/h\ O(h^2) = (b-a)O(h)$ より，全ステップの誤差は $O(h)$ となる．

が得られる．ここで，上式の両辺に $-y_{n+2}$ を加え，仮定 $y_n = y(x_n)$，$y_{n+1} = y(x_{n+1})$ と中点則の公式 (9.7) を用いて整理すると

$$|y(x_{n+2}) - y_{n+2}| = h^3 \cdot \left| \frac{1}{3!} \left\{ y^{(3)}(\xi_+) + y^{(3)}(\xi_-) \right\} \right|$$

が得られる．したがって中点則を 1 ステップ進めたときの誤差は $O(h^3)$ なので，（線形多段階法としての）中点則は 2 次の方法である[†3]．

9.3 アダムス法

前節では，微分係数を近似することによって導出される方法を述べたが，本節では常微分方程式の両辺を積分することにより得られる方法を述べる．

常微分方程式 (9.1) の両辺を x_n から x_{n+1} まで積分すると

$$y(x_{n+1}) - y(x_n) = \int_{x_n}^{x_{n+1}} f(x, y(x))\, \mathrm{d}x$$

となる．したがって，真値 $y(x_{n+1})$ の近似値 y_{n+1} を求めるには $y(x_n)$ の近似値 y_n を用いて

$$y_{n+1} = y_n + \int_{x_n}^{x_{n+1}} f(x, y(x))\, \mathrm{d}x \qquad (9.9)$$

を計算すればよいだろうと考えられるが，問題は上式の右辺第 2 項の積分値（面積）をどのように求めるかである．これには区間 $[x_n, x_{n+1}]$ の関数値 $f(x, y(x))$ が必要であるが実際の計算では $y(x)$ が分からない．そこで後方値 $f_n = f(x_n, y_n), f_{n-1} = f(x_{n-1}, y_{n-1}), \ldots, f_{n-k} = f(x_{n-k}, y_{n-k})$ は得られているので，これらの値を利用して区間 $[x_n, x_{n+1}]$ の関数 $f(x, y(x))$ を多項式で近似することが考えられる．この近似により積分計算が可能になり，積分値と公式 (9.9) から得られる解法を**アダムス・バシュフォース法**，略して AB 法という．

例として，f_n のみを利用すると，f_n を通る 0 次多項式 $\phi_0(x) = f_n$ で $f(x, y(x))$ を近似するので $f(x, y(x))$ を $\phi_0(x)$ で置き換えた公式 (9.9) の積分値は，$f_n h$ と

---

†3 ここでは（線形多段階法としての）中点則を誤差解析の例として出したが，実は 9.7 節で述べる安定条件を満たさないため，数値計算法としては薦められない方法である．

なり，

$$y_{n+1} = y_n + hf_n \qquad \textbf{(1 段 1 次 A B 公式)}$$

が得られる．これはオイラー法 (9.5) と同じである．次に，もう一つ後方値を増やして f_{n-1}, f_n を用いることを考えよう．このとき，f_{n-1}, f_n を通る 1 次多項式 $\phi_1(x)$ で $f(x, y(x))$ を近似する必要がある．そこで $\phi_1(x) = a_1x + a_0$ とおき，条件 $f_{n-1} = a_1x_{n-1} + a_0$, $f_n = a_1x_n + a_0$ から係数 a_1, a_0 を決定し，$f(x, y(x))$ を $\phi_1(x)$ で置き換えた公式 (9.9) の積分値を計算すればよい．ただし，この考え方では後に k 個の点 $f_{n-k+1}, \ldots, f_{n-1}, f_n$ を通る k 次多項式を考える際に計算が煩雑になるため，ここではもう少し見通しの良い導出を行う．まず，1 次多項式 $\phi_1(x)$ は x の関数であったが，これを $x = x_n + th$ のようにパラメータ表示する．これにより分点 x_{n-1}, x_n は $t = -1, 0$ に対応することが分かる．このパラメータ表示と後退差分演算子 ∇

$$\nabla f_n = f_n - f_{n-1}$$

を用いると 1 次多項式 $\phi_1(x)$ は

$$\phi_1(x) = \phi_1(x_n + th) = f_n + t\nabla f_n \tag{9.10}$$

で表される．$t = -1, 0$ のときは上式の左辺が f_{n-1}, f_n になるので，確かに $\phi_1(x_n + th)$ は f_{n-1}, f_n を通る t の 1 次多項式である．$f(x, y(x))$ を $\phi_1(x)$ で置き換えた公式 (9.9) の積分値を計算するために，$x = x_n + th$ の関係を用いて置換積分すると

$$y_{n+1} = y_n + h\int_0^1 \phi_1(x_n + th)\ \mathrm{d}t = y_n + h\left(f_n + \frac{1}{2}\nabla f_n\right)$$

となる．$\nabla f_n = f_n - f_{n-1}$ を上式に代入すると

$$y_{n+1} = y_n + \frac{h}{2}(3f_n - f_{n-1}) \qquad \textbf{(2 段 2 次 A B 公式)} \tag{9.11}$$

が得られる．

3点 f_{n-2}, f_{n-1}, f_n を通る2次多項式 $\phi_2(x)$ で $f(x, y(x))$ を近似する場合は，次式を用いる．

$$\phi_2(x_n + th) = f_n + t\nabla f_n + \frac{t(t+1)}{2!}\nabla^2 f_n. \tag{9.12}$$

ここで，$\nabla^2 f_n = \nabla(\nabla f_n) = \nabla(f_n - f_{n-1}) = \nabla f_n - \nabla f_{n-1} = f_n - 2f_{n-1} + f_{n-2}$ であり，上式を用いて積分値を計算すると

$$y_{n+1} = y_n + \frac{h}{12}(23f_n - 16f_{n-1} + 5f_{n-2}) \quad \textbf{(3段3次AB公式)}$$

が得られる．

式 (9.10) と式 (9.12) から容易に推測できるが，一般に $k+1$ 個の点 $f_{n-k}, \ldots, f_n$ を通る k 次多項式は

$$\begin{aligned}\phi_k(x_n + th) = \ & f_n + t\nabla f_n + \frac{t(t+1)}{2!}\nabla^2 f_n + \cdots \\ & + \frac{t(t+1)\cdots(t+k-1)}{k!}\nabla^k f_n\end{aligned} \tag{9.13}$$

で与えられる[†4]．これを $f(x, y(x))$ の近似として，公式 (9.9) の被積分関数に用いると

$$\begin{aligned} y_{n+1} &= y_n + \int_0^1 \phi_k(x_n + th)\,\mathrm{d}t \\ &= y_n + h\sum_{j=0}^{k} c_j \nabla^j f_n \quad \textbf{(}\boldsymbol{k+1}\textbf{ 段 }\boldsymbol{k+1}\textbf{ 次AB公式)}\end{aligned}$$

が得られる．ここで，$\nabla^0 f_n := f_n$ とする．c_j は

$$c_j = \int_0^1 \frac{t(t+1)\cdots(t+j-1)}{j!}\,\mathrm{d}t$$

であり，この積分を直接計算してもよいが，具体的な値は $c_0 = 1$ として以下の漸化式で計算するとよい．

$$c_j = 1 - \frac{1}{2}c_{j-1} - \frac{1}{3}c_{j-2} - \cdots - \frac{1}{k+1}c_0 \quad (j = 1, 2, \ldots, k) \tag{9.14}$$

---

†4 この補間多項式は，ニュートン補間（6.2節）において $x_i = 1 - i$ $(i = 1, 2, \ldots, k+1)$ とした場合に当たる．このとき，$x_1 - x_{i+1} = i$ なので，式 (6.14)（ただし n を k で置き換える）において $f[x_1, x_2, \ldots, x_{i+1}] = \nabla^i f/i!$, $T_i(x) = x(x+1)\cdots(x+i-1)$ となり，式 (9.13) が得られる．

さて，これまではすでに計算して得られている点 $f_{n-k},\dots,f_{n-1},f_n$ を通る k 次多項式を公式 (9.9) の被積分関数 $f(x,y(x))$ の近似としたが，ここでは，計算されていない点 f_{n+1} と計算されている点 $f_{n-k},\dots,f_{n-1},f_n$ を通る多項式を $f(x,y(x))$ の近似とすれば対応する解法が導出され，これを**アダムス・モルトン法**，略して AM 法という．AM 法は，計算されていない量 $f_{n+1}=f(x_{n+1},y_{n+1})$ を含むので陰解法であり，各反復毎に方程式を解く必要がある．

AM 法の公式を導出しよう．多項式 (9.13) の n,t を $n+1,t-1$ で置き換えた

$$\begin{aligned}\psi_k(x_n+th)= \;& f_{n+1}+(t-1)\nabla f_{n+1}+\frac{(t-1)t}{2!}\nabla^2 f_{n+1}+\cdots\\ &+\frac{(t-1)t\cdots(t+k-2)}{k!}\nabla^k f_{n+1}\end{aligned}\tag{9.15}$$

を $f(x,y(x))$ の近似として式 (9.9) に代入すると

$$\begin{aligned}y_{n+1}\; &=y_n+\int_0^1 \phi_k(x_n+th)\,\mathrm{d}t\\ &=y_n+h\sum_{j=0}^{k} d_j\nabla^j f_{n+1}\quad (\boldsymbol{k}\,\textbf{段}\,\boldsymbol{k+1}\,\textbf{次 AM 公式})\end{aligned}$$

が得られる．d_j は式 (9.14) に似た形であり，$d_0=1$ として次の漸化式

$$d_j=-\frac{1}{2}d_{j-1}-\frac{1}{3}d_{j-2}-\cdots-\frac{1}{k+1}d_0\quad (j=1,2,\dots,k)$$

で計算すればよい．$k=1,2,3$ のときの公式を以下に示す．

$$\begin{aligned}y_{n+1}\; &=\; y_n+\frac{h}{2}(f_{n+1}+f_n),\;(\textbf{1 段 2 次 AM 公式，台形則})\\ y_{n+1}\; &=\; y_n+\frac{h}{12}(5f_{n+1}+8f_n-f_{n-1}),\;(\textbf{2 段 3 次 AM 公式})\\ y_{n+1}\; &=\; y_n+\frac{h}{24}(9f_{n+1}+19f_n-5f_{n-1}+f_{n-2}).\;(\textbf{3 段 4 次 AM 公式})\end{aligned}\tag{9.16}$$

9.4　予測子修正子法

これまでに，線形多段階法には陽解法と陰解法があることを見てきた．陽解法は次のステップの数値解を得るための計算が容易であるが，同じ段では陰解法の方が数値解の精度と安定性の面で優れている．しかしながら陰解

法は，1反復毎に方程式 $y_{n+1} = F(y_{n+1})$ を解かなければならない．そこで，陽解法で得られた数値解を初期値 $y_{n+1}^{[0]}$ とし，F が縮小写像ならば反復計算 $y_{n+1}^{[m+1]} = F(y_{n+1}^{[m]})$ $(m = 0, 1, \dots)$ により方程式を数値的に解くことができる（→第5章「非線形方程式の数値アルゴリズム」を参照）．この考え方に基づく解法を**予測子修正子法**という．

具体例として，陽解法である2段2次AB公式 (9.11) と陰解法である1段2次AM公式 (9.16) を用いた予測子修正子法は以下の漸化式で与えられる．

$$y_{n+1}^{[0]} = y_n + \frac{h}{2}(3f_n - f_{n-1}), \tag{9.17}$$

$$y_{n+1}^{[m+1]} = y_n + \frac{h}{2}(f_{n+1}^{[m]} + f_n) \quad (m = 0, 1, \dots). \tag{9.18}$$

ここで，$f_{n+1}^{[m]} := f(x_{n+1}, y_{n+1}^{[m]})$ とした．さて，式 (9.18) の $y_{n+1}^{[m+1]}$ が y_{n+1} に収束するための条件を導出しよう．y_{n+1} と $y_{n+1}^{[m+1]}$ の差の絶対値は，式 (9.16) と式 (9.18) の差の絶対値なので

$$\left| y_{n+1} - y_{n+1}^{[m+1]} \right| = \frac{h}{2} \left| f_{n+1} - f_{n+1}^{[m]} \right|$$

である． ここで，$f_{n+1}^{[m]} = f(x_{n+1}, y_{n+1}^{[m]})$ より平均値の定理を用いると $f_{n+1} - f_{n+1}^{[m]} = f_y(x_{n+1}, \xi)(y_{n+1} - y_{n+1}^{[m]})$ を満たす ξ_m が存在する．したがって，

$$\begin{aligned} \left| y_{n+1} - y_{n+1}^{[m+1]} \right| &= \frac{h}{2} \left| f_y(x_{n+1}, \xi_m) \right| \left| y_{n+1} - y_{n+1}^{[m]} \right| \\ &= \left(\prod_{i=0}^{m} \frac{h}{2} |f_y(x_{n+1}, \xi_i)| \right) \left| y_{n+1} - y_{n+1}^{[0]} \right| \end{aligned} \tag{9.19}$$

より

$$\frac{h}{2} |f_y(x_{n+1}, y)| \leq c < 1 \quad (-\infty < y < \infty) \tag{9.20}$$

であれば，$m \to \infty$ とすると式 (9.19) の右辺は0に収束するため，$y_{n+1}^{[m]}$ は y_{n+1} に収束する．そこで収束させるためには，$|f_y(x_{n+1}, y)|$ が有界であれば，条件 (9.20) から h を十分小さくとればよい．また，実際の計算では計算の効率上 $m = 0, 1$ 程度で終了させる．

予測子修正子法の代表的な組み合わせはAB法とそれと同次数のAM法であ

り，4段4次ＡＢ公式と3段4次のＡＭ公式の組み合わせを以下に示す．

$$y_{n+1}^{[0]} = y_n + \frac{h}{24}(55f_n - 59f_{n-1} + 37f_{n-2} - 9f_{n-3}),$$
$$y_{n+1}^{[m+1]} = y_n + \frac{h}{24}(9f_{n+1}^{[m]} + 19f_n - 5f_{n-1} + f_{n-2}) \quad (m = 0, 1, \ldots).$$

9.5 ルンゲ・クッタ法

本節では，初期値問題 (9.1) を解く公式 (9.3) の中で1段階法

$$y_{n+1} = y_n + h\Phi(x_n, y_n)$$

を取り扱う．$\Phi(x_n, y_n)$ の決め方で様々な解法が導出され，特に $\Phi(x_n, y_n) = f(x_n, y_n)$ としたのがオイラー法 (9.5) であった．1段階法の中で**ルンゲ・クッタ法**，略して **RK 法**は著名な解法であり，一般の RK 法は $\Phi(x_n, y_n) = \sum_{i=1}^{s} b_i k_i$ とした解法

$$\begin{cases} y_{n+1} = y_n + h\sum_{i=1}^{s} b_i k_i, \\ k_i = f(x_n + c_i h, y_n + h\sum_{j=1}^{s} a_{ij} k_j) \quad (i = 1, 2, \ldots, s) \end{cases} \tag{9.21}$$

である．ここで自然数 s は**段数**とよばれ，段数 s とパラメータ $\{a_{ij}\}, \{b_i\}, \{c_i\}$ を決めると一つの解法が定まる．これらのパラメータは，**ブッチャー配列**とよばれる以下の配列で表すと見通しがよい．

$$\begin{array}{c|c} \boldsymbol{c} & A \\ \hline & \boldsymbol{b}^\top \end{array} \quad := \quad \begin{array}{c|cccc} c_1 & a_{11} & a_{12} & \cdots & a_{1s} \\ c_2 & a_{21} & a_{22} & \cdots & a_{2s} \\ \vdots & \vdots & \vdots & \ddots & \vdots \\ c_s & a_{s1} & a_{s2} & \cdots & a_{ss} \\ \hline & b_1 & b_2 & \cdots & b_s \end{array} \tag{9.22}$$

ブッチャー配列の行列 A の形により，ＲＫ法は以下のように**陽的ＲＫ法・半陰的ＲＫ法・陰的ＲＫ法**の3種類に大別される．

1. **陽的 RK 法：** 行列 A が狭義下三角行列，すなわち $j \geq i$ のとき $a_{ij} = 0$ の形をしたＲＫ法．このとき，k_1，$k_2, \ldots, k_s$ の順に値が定まり，ＲＫ法 (9.21) の反復を進めることができる．
2. **半陰的 RK 法：** 行列 A が下三角行列，すなわち $j > i$ のとき $a_{ij} = 0$ の形をしたＲＫ法．この場合も陽的 RK 法と同様に k_1，$k_2, \ldots, k_s$ の順に値が定まるが，公式 (9.21) から分かるように，各 k_i の右辺に k_i 自身が含まれているため各 $i = 1, 2, \ldots, s$ に対して非線形方程式を解く必要がある．
3. **陰的 RK 法**：行列 A の上三角部分に非ゼロの成分が存在する RK 法．この場合は k_1，$k_2, \ldots, k_s$ の順に値を定めることはできず，s 個の連立した非線形方程式を解かなければならない．

陰的ＲＫ法は，陽的ＲＫ法よりも 1 ステップ当たりの計算量は多いが，後述する安定性や表 9.1 に示すようにその s 段公式が達成可能な最大の次数 (到達可能次数) の高さの点で優れている．

表 9.1　段数 s に対する陽的・半陰的・陰的ＲＫ法の最大到達可能次数

段数 s	1	2	3	4	5	6	7	8	9	10	11 以上
陽的ＲＫ法	1	2	3	4	4	5	6	6	7	7	$s-3$ 以下
半陰的ＲＫ法	2	3	4	5	6	7	8	9	10	11	$s+1$
陰的ＲＫ法	2	4	6	8	10	12	14	16	18	20	$2s$

表 9.1 から分かるように，4 段までの陽的ＲＫ法の最大到達可能次数は段数 s と同じであり，$s(\geq 5)$ 段以降の陽的ＲＫ法の最大到達可能次数は s 未満である．この事実と実装が簡単かつ精度も良いことから，4 段で 4 次の陽的ＲＫ法が広く使用されている．なお，一般の s に対する陽的 RK 法の最大到達可能次数は知られていないが，$s-3$ 以下であることがわかっている．(半) 陰的ＲＫ法の最大到達可能次数は，陽的ＲＫ法よりも高く，陽的ＲＫ法と異なり一般の s に対する最大到達可能次数も知られている．

これまではＲＫ法の枠組みについて述べたが，次にパラメータの決め方を述べる．まず主要なＲＫ法は次の条件

$$c_i = \sum_{j=1}^{s} a_{ij} \quad (i = 1, 2, \ldots, s) \tag{9.23}$$

を満たすので，以後断りがなければ条件 (9.23) を仮定する．

次に，ＲＫ法が少なくとも 1 次である条件を考えよう．ＲＫ法の局所離散化誤差とは，n 反復までの計算は正確に行われたと仮定したときの計算値 y_{n+1} と真値 $y(x_{n+1})$ の差であり，これを E_n とおく．仮定より $y(x_n) = y_n$ であるため，ＲＫ法の公式 (9.21) から局所離散化誤差は

$$E_n := y(x_{n+1}) - y_{n+1} = y(x_{n+1}) - y(x_n) - h\sum_{i=1}^{s} b_i k_i$$

である．$y(x_{n+1}) = y(x_n + h)$ と k_i $(i = 1, 2, \ldots, s)$ を x_n のまわりでテイラー展開し，h に関して 1 次の項までを取り出すと

$$\begin{aligned} E_n &= y'(x_n)h - \sum_{i=1}^{s} b_i f(x_n, y(x_n))h + O(h^2) \\ &= h\left(1 - \sum_{i=1}^{s} b_i\right) f(x_n, y(x_n)) + O(h^2) \end{aligned}$$

と書ける．したがって，局所離散化誤差 E_n が $O(h^2)$ になるためには

$$\sum_{i=1}^{s} b_i = 1 \tag{9.24}$$

となるように b_i を定めればよい．

例として $s = 1$ とした陽的 1 段ＲＫ法は陽的なので，公式 (9.21) から $a_{11} = 0$ である． そして，条件 (9.23) と (9.24) から $c_1 = 0$, $b_1 = 1$ より

$$y_{n+1} = y_n + hf(x_n, y_n)$$

が得られる．これはオイラー法 (9.5) に他ならない．

次に， $s = 1$ とした（半）陰的 1 段ＲＫ法を考えよう．a_{11} は自由に決められるが，特に $a_{11} = 1$ とすると $c_1 = 1$，そして条件 (9.24) から $b_1 = 1$ なので

$$y_{n+1} = y_n + hk_1, \tag{9.25}$$

$$k_1 = f(x_n + h, y_n + hk_1) \tag{9.26}$$

が得られる．ここで，式 (9.25) を用いると式 (9.26) の $y_n + hk_1$ は y_{n+1} なので，$k_1 = f(x_{n+1}, y_{n+1})$ となる．したがって，式 (9.25) と式 (9.26) から

$$y_{n+1} = y_n + hf(x_{n+1}, y_{n+1})$$

が得られる．これは後退オイラー法 (9.6) に他ならない．

さて，2段2次陽的ＲＫ法を導出しよう．方針としては式 (9.21) で $s = 2$ とし，局所離散化誤差

$$E_n = y(x_{n+1}) - y_{n+1} = y(x_{n+1}) - y(x_n) - hb_1k_1 - hb_2k_2 \qquad (9.27)$$

が $O(h^3)$ になるようにパラメータ $b_1, b_2, c_1, c_2, a_{11}, a_{12}, a_{21}, a_{22}$ を定めればよい．ここで陽的ＲＫ法なので $a_{11} = a_{12} = a_{22} = 0$，条件 (9.23) から $c_1 = 0, c_2 = a_{21}$，そして条件 (9.24) から $b_1 + b_2 = 1$ なので式 (9.27) の中で２つのパラメータ b_1, a_{21} を定めればよい．そこで，

$$y(x_{n+1}),\ k_2 = f(x_n + c_2h, y_n + ha_{21}k_1)$$

をテイラー展開した結果を式 (9.27) に代入し，局所離散化誤差が $O(h^3)$ になるようにパラメータを決定する．なお，$a_{11} = a_{12} = 0, c_1 = 0$ より $k_1 = f(x_n, y_n)$ である．まず，$y(x_{n+1}) = y(x_n + h)$ を x_n のまわりでテイラー展開すると

$$y(x_{n+1}) = y(x_n) + hy'(x_n) + \cdots + \frac{h^{n-1}}{(n-1)!}y^{(n-1)}(x_n) + R_n \qquad (9.28)$$

である．ここで $R_n = (h^n/n!)y^{(n)}(x_n + \theta h)$，$(0 < \theta < 1)$ であり，$y^{(i)}(x_n)$ は式 (9.1) を用いると

$$\begin{aligned}
y'(x) &= f(x, y(x)),\\
y''(x) &= \frac{\mathrm{d}}{\mathrm{d}x}f(x, y(x))\\
&= \frac{\partial}{\partial x}f(x, y(x)) + \frac{\partial}{\partial y}f(x, y(x)) \cdot \frac{\mathrm{d}}{\mathrm{d}x}y(x)\\
&= f_x(x, y(x)) + f_y(x, y(x)) \cdot f(x, y(x)),\\
&\ \vdots
\end{aligned}$$

であるから

$$
\begin{aligned}
y'(x_n) &= f(x_n, y_n),\\
y''(x_n) &= f_x(x_n, y_n) + f_y(x_n, y_n) \cdot f(x_n, y_n),\\
&\vdots
\end{aligned}
$$

となる．また，2変数関数 $f(x+h, y+k)$ を (x, y) のまわりでテイラー展開すると

$$
\begin{aligned}
f(x+h, y+k) = f(x, y) &+ \frac{1}{1!}\left(h\frac{\partial}{\partial x} + k\frac{\partial}{\partial y}\right) f(x, y)\\
&+ \frac{1}{2!}\left(h\frac{\partial}{\partial x} + k\frac{\partial}{\partial y}\right)^2 f(x, y) + \cdots\\
&+ \frac{1}{(n-1)!}\left(h\frac{\partial}{\partial x} + k\frac{\partial}{\partial y}\right)^{n-1} f(x, y)\\
&+ \frac{1}{n!}\left(h\frac{\partial}{\partial x} + k\frac{\partial}{\partial y}\right)^n f(x+\theta h, y+\theta k)\ (0 < \theta < 1)
\end{aligned}
$$

より $k_2 = f(x_n + c_2 h, y_n + h a_{21} k_1)$ を (x_n, y_n) のまわりでテイラー展開すると

$$
\begin{aligned}
k_2 &= f(x_n, y_n) + \frac{1}{1!}\left(c_2 h\frac{\partial}{\partial x} + h a_{21} k_1 \frac{\partial}{\partial y}\right) f(x_n, y_n) + \cdots\\
&= f(x_n, y_n) + c_2 h f_x(x_n, y_n) + h a_{21} k_1 f_y(x_n, y_n) + \cdots
\end{aligned}
\tag{9.29}
$$

となる．式 (9.28) と式 (9.29) を式 (9.27) に代入して整理すると

$$
\begin{aligned}
E_n = {} & h(1 - b_1 - b_2) f(x_n, y_n) +\\
& h^2\left\{\left(\frac{1}{2} - b_2 c_2\right) f_x(x_n, y_n) + \left(\frac{1}{2} - a_{21} b_2\right) f_y(x_n, y_n) \cdot f(x_n, y_n)\right\}\\
& + O(h^3)
\end{aligned}
$$

となるので，局所離散化誤差を $O(h^3)$ にするには

$$
b_2 = 1 - b_1,\ c_2 = a_{21} = \frac{1}{2b_2}
$$

を満たせばよい．b_1 を決めることにより，残り全てのパラメータ a_{21}, b_2, c_2 が定まる．この中でよく知られている解法は，$b_1 = 0, \frac{1}{2}$ であり，$b_1 = 0$ のときは $b_2 = 1, c_2 = a_{21} = \frac{1}{2}$ なので

$$
\begin{aligned}
k_1 &= f(x_n, y_n), \\
k_2 &= f\left(x_n + \frac{1}{2}h, y_n + \frac{1}{2}hk_1\right), \\
y_{n+1} &= y_n + hk_2
\end{aligned}
$$

となる．これを**ホインの矩形公式**という．次に $b_1 = \frac{1}{2}$ とおくと，$b_2 = \frac{1}{2}, c_2 = a_{21} = 1$ より

$$
\begin{aligned}
k_1 &= f(x_n, y_n), \\
k_2 &= f(x_n + h, y_n + hk_1), \\
y_{n+1} &= y_n + \frac{h}{2}(k_1 + k_2)
\end{aligned}
$$

となる．これは**ホインの台形公式**とよばれる．ホインの矩形公式と台形公式のブッチャー配列を表 9.2 示す．

表 9.2 ホインの矩形公式（左）とホインの台形公式（右）（2 段 2 次公式）

0		
1/2	1/2	
	0	1

0		
1	1	
	1/2	1/2

同様にして 3 段 3 次陽的ＲＫ法が得られ，その中で**ホインの 3 次公式**と**クッタの 3 次公式**のブッチャー配列を表 9.3 に示す．

表 9.3 ホインの 3 次公式（左）とクッタの 3 次公式（右）（3 段 3 次公式）

0			
1/3	1/3		
2/3	0	2/3	
	1/4	0	3/4

0			
1/2	1/2		
1	−1	2	
	1/6	2/3	1/6

4 段 4 次の陽的ＲＫ法の中で，最も著名な公式は**古典的ルンゲ・クッタ法**とよばれ，そのブッチャー配列を表 9.4 に示す．

古典的ルンゲ・クッタ法は，a_{ij} に 0 の要素が多いため，計算が簡単であり実装も容易である．そして精度も良いということから広く用いられている．

表 9.4　古典的ルンゲ・クッタ法（4段4次公式）

0				
1/2	1/2			
1/2	0	1/2		
1	0	0	1	
	1/6	1/3	1/3	1/6

陰的ＲＫ法の公式も示しておこう．陰的ＲＫ法は，式 (9.9) の積分

$$\int_{x_n}^{x_{n+1}} f(x, y(x))\mathrm{d}x$$

をガウス型積分公式で近似的に計算することにより導出される[†5]．具体的には，被積分関数の $f(x, y(x))$ を簡単のため $f(x)$ で表すことにするとガウス型数値積分公式は

$$\int_{x_n}^{x_{n+1}} f(x)\mathrm{d}x \approx h\sum_{i=1}^{s} b_i f(x_n + c_i h)$$

と書ける．ここで b_i は重み係数，$x_n + c_i h$ は積分点である．これからＲＫ法 (9.21) の係数を定めることにより，陰的ＲＫ法の公式を導出することができる．具体的な公式の導出には，以下のそれぞれの多項式[†6]

(1)　$\dfrac{\mathrm{d}^s}{\mathrm{d}x^s}\{x^s(x-1)^s\}$

(2)　$\dfrac{\mathrm{d}^{s-1}}{\mathrm{d}x^{s-1}}\{x^{s-1}(x-1)^s\}$

(3)　$\dfrac{\mathrm{d}^{s-2}}{\mathrm{d}x^{s-2}}\{x^{s-1}(x-1)^{s-1}\}$

の零点を c_i とし，与えられた c_i に対して次数条件と呼ばれる次の方程式

$$\sum_{j=1}^{s} c_j^{k-1} a_{ij} = \frac{c_i^k}{k} \qquad (i, k = 1, 2, \ldots, s),$$
$$\sum_{j=1}^{s} c_j^{k-1} b_j = \frac{1}{k} \qquad (k = 1, 2, \ldots, s)$$

---

†5 以下で述べる導出法は，ベクトル値の常微分方程式に対しても適用できる．

†6 (1) の式はルジャンドル多項式において，x の区間を $[0, 1]$ に変更し，スケーリングを行ったものである．

を解くことにより a_{ij}, b_j を定めればよい．ここで多項式 (1), (2), (3) を用いて得られる陰的ＲＫ法をそれぞれ**ガウス公式**，**ラダウ公式**，**ロバット公式**という．

s 段ガウス公式の到達可能次数は $2s$ 次，ラダウ公式では $2s-1$ 次，ロバット公式では $2s-2$ 次である．これらのブッチャー配列を以下に示す．

表 9.5　ガウス公式の 1 段 2 次公式（左）と 2 段 4 次公式（右）

c	A
$\frac{1}{2}$	$\frac{1}{2}$
	1

c	A	
$\frac{1}{2}-\frac{\sqrt{3}}{6}$	$\frac{1}{4}$	$\frac{1}{4}-\frac{\sqrt{3}}{6}$
$\frac{1}{2}+\frac{\sqrt{3}}{6}$	$\frac{1}{4}+\frac{\sqrt{3}}{6}$	$\frac{1}{4}$
	$\frac{1}{2}$	$\frac{1}{2}$

表 9.6　ラダウ公式の 1 段 1 次公式（左）と 2 段 3 次公式（右）

c	A
1	1
	1

c	A	
$\frac{1}{3}$	$\frac{5}{12}$	$-\frac{1}{12}$
1	$\frac{3}{4}$	$\frac{1}{4}$
	$\frac{3}{4}$	$\frac{1}{4}$

表 9.7　ロバット公式の 2 段 2 次公式（左）と 3 段 4 次公式（右）

c	A	
0	0	0
1	$\frac{1}{2}$	$\frac{1}{2}$
	$\frac{1}{2}$	$\frac{1}{2}$

c	A		
0	0	0	0
$\frac{1}{2}$	$\frac{5}{24}$	$\frac{1}{3}$	$-\frac{1}{24}$
1	$\frac{1}{6}$	$\frac{2}{3}$	$\frac{1}{6}$
	$\frac{1}{6}$	$\frac{2}{3}$	$\frac{1}{6}$

9.6　数値解の誤差の推定とその応用

これまでは，初期値問題 (9.1) の数値解法と局所離散化誤差の次数を中心に述べてきた．高次の方法を使えば良い近似解が得られると期待されるが，実際に得られた数値解の誤差の程度が分からなければ，その数値解は意味をなさない．そこで本節では，誤差の推定法について述べ，さらに推定された誤差がどのように数値解法の性能向上に応用されるかを見ていこう．

近似解の誤差の推定には次の 2 つの手法がよく知られている．

- 同じ数値解法を異なる刻み幅で実行し，それらの結果を利用する手法．

- 異なる数値解法を同じ刻み幅で実行し，それらの結果を利用する手法.

ここでは，前者の例として**リチャードソンの補外法**，後者の例として**埋め込み型ＲＫ法**を順に見ていこう.

(A) リチャードソンの補外法

p 次の方法の局所離散化誤差は $O(h^{p+1})$ なので，n ステップ目までに累積された誤差（大域離散化誤差）は，次数が1つ減り $O(h^p)$ になる†7．したがって p 次の方法の大域離散化誤差は，x_n での真の解を y^* とし刻み幅 h で計算した数値解を $y(h)$ とすると

$$y^* - y(h) = ch^p + O(h^{p+1}) \tag{9.30}$$

であり，h^p の係数 c をどのように推定するかが問題である．そこで同じ解法を半分の刻み幅 $h/2$ で実行すると，大域的離散化誤差は

$$y^* - y\left(\frac{h}{2}\right) = c\left(\frac{h}{2}\right)^p + O(h^{p+1}) = 2^{-p}ch^p + O(h^{p+1}) \tag{9.31}$$

となる．そこで式 (9.30) と式 (9.31) の差をとると

$$y(h) - y\left(\frac{h}{2}\right) = (2^{-p} - 1)ch^p + O(h^{p+1})$$

が得られる．したがって，大域的離散化誤差の主要項は

$$ch^p = \frac{y(h) - y(h/2)}{2^{-p} - 1} + O(h^{p+1}) \tag{9.32}$$

となり，計算値 $y(h), y(h/2)$ を用いて見積られることが分かる.

さて，誤差の見積もりができることが分かったので，これを用いて1次高い次数の近似解が得られる．即ち，式 (9.30) と式 (9.32) から

$$y(h) + \frac{y(h) - y(h/2)}{2^{-p} - 1}$$

の大域的離散化誤差は $O(h^{p+1})$ となる．このようにして誤差を小さくする方法を**リチャードソンの補外法**という.

---

†7 あくまで直観的であるが，大域離散化誤差は「1ステップの局所離散化誤差とこれまでのステップ数 (h の逆数のオーダー) の積で書ける」ことから理解できる.

(B) 埋め込み型ＲＫ法

異なる解法を同じ刻み幅を用いて推定する方法をＲＫ法を用いて説明しよう．ＲＫ法の公式は (9.21) で与えられ，p 次であるとする．また，公式 (9.21) の中で重み b_i $(i = 1, 2, \ldots, s)$ だけを変えて $\tilde{b}_i$ として得られる近似値を $\tilde{y}_{n+1}$ とし，これは $p-1$ 次と仮定する．このとき p 次の公式による計算値 y_{n+1} および $p-1$ 次の公式による計算値 $\tilde{y}_{n+1}$ は

$$y_{n+1} = y_n + h\sum_{i=1}^{s} b_i k_i, \tag{9.33}$$

$$\tilde{y}_{n+1} = y_n + h\sum_{i=1}^{s} \tilde{b}_i k_i, \tag{9.34}$$

$$k_i = f\left(x_n + c_i h, y_n + h\sum_{j=1}^{s} a_{ij}k_j\right) \quad (i = 1, 2, \ldots, s)$$

と書ける．式 (9.34) の右辺第 1 項が $\tilde{y}_n$ ではなく y_n であることに注意されたい．これは式 (9.33) で近似解を求めていき，その各ステップで式 (9.34) を考えているからである．式 (9.33)，式 (9.34) の局所離散化誤差は

$$y(x_{n+1}) - y_{n+1} = c_{p+1}(x_n)h^{p+1} + O(h^{p+2}),$$
$$y(x_{n+1}) - \tilde{y}_{n+1} = c_p(x_n)h^p + O(h^{p+1})$$

と書けるので，上式から厳密解 $y(x_{n+1})$ を消去すると

$$y_{n+1} - \tilde{y}_{n+1} = c_p(x_n)h^p + O(h^{p+1}) \tag{9.35}$$

が得られる． この式の左辺は，式 (9.33) と式 (9.34) の差から

$$y_{n+1} - \tilde{y}_{n+1} = h\sum_{i=1}^{s}(b_i - \tilde{b}_i)k_i$$

となるので，誤差の主要項 $c_p(x_n)h^p$ は

$$c_p(x_n)h^p \approx y_{n+1} - \tilde{y}_{n+1} = h\sum_{i=1}^{s}(b_i - \tilde{b}_i)k_i \tag{9.36}$$

で見積ることができる．即ち，初期値問題 (9.1) を公式 (9.33) で数値的に解く

際に，式 (9.36) の右辺を計算するだけで $\tilde{y}_{n+1}$ の誤差の主要項を簡単に見積ることができる．

ＲＫ法ではこのように重み $b_i, \tilde{b}_i$ を組み合わせることで，誤差の見積もりが手軽にできる．この例では s 段 p 次のＲＫ法に s 段 $p-1$ 次のＲＫ法が埋め込まれているといい，これを**埋め込み型ＲＫ法**という．埋め込み型ＲＫ法の公式は多数提案されているが，代表的な例としてフェールベルグによる公式を表 9.8 に示す．ここで，表 9.8 の最下段は $\tilde{\boldsymbol{b}}^\top$ を表している．この公式は，6 段 5 次のＲＫ公式に 4 次の公式が埋め込まれているので**ＲＫＦ４５公式**と呼ばれている．

表 9.8　ＲＫＦ４５公式

$$
\begin{array}{c|c}
\boldsymbol{c} & A \\ \hline
 & \boldsymbol{b}^\top \\ \hline
 & \tilde{\boldsymbol{b}}^\top
\end{array}
=
\begin{array}{c|cccccc}
0 & & & & & & \\
\frac{1}{4} & \frac{1}{4} & & & & & \\
\frac{3}{8} & \frac{3}{32} & \frac{9}{32} & & & & \\
\frac{12}{13} & \frac{1932}{2197} & -\frac{7200}{2197} & \frac{7296}{2197} & & & \\
1 & \frac{439}{216} & -8 & \frac{3680}{513} & -\frac{845}{4104} & & \\
\frac{1}{2} & -\frac{8}{27} & 2 & -\frac{3544}{2565} & \frac{1859}{4104} & -\frac{11}{40} & \\ \hline
 & \frac{16}{135} & 0 & \frac{6656}{12825} & \frac{28561}{56430} & -\frac{9}{50} & \frac{2}{55} \\ \hline
 & \frac{25}{216} & 0 & \frac{1408}{2565} & \frac{2197}{4104} & -\frac{1}{5} & 0
\end{array}
$$

さて，誤差の見積もりが簡単にできることが分かったので，これを活用すると許容範囲内の誤差で最大の刻み幅を取るといった戦略を取ることができ，全体のステップ数が減るため，全計算量を減少させることが可能になる．これを具体的に以下で述べよう．許容誤差を ϵ とし，第 $n+1$ ステップの誤差を

$$
|y_{n+1} - \tilde{y}_{n+1}| \leq \epsilon
$$

とする．次のステップの刻み幅 $\tilde{h}$ を許容誤差の範囲でできる限り大きくとるために式 (9.35) を参考にすると

$$
|y_{n+2} - \tilde{y}_{n+2}| \approx |c_p(x_{n+1})|\tilde{h}^p = \epsilon
$$

を満たすよう $\tilde{h}$ を定めればよい．そのためには $c_p(x_{n+1})$ を知る必要があるが，刻み幅が小さければ $c_p(x_{n+1}) \approx c_p(x_n)$ と期待されるため，$c_p(x_{n+1})$ の代わり

に $c_p(x_n)$ を代用すると式 (9.36) から

$$\frac{\tilde{h}^p}{h^p} \approx \frac{\epsilon}{|h\sum_{i=1}^{s}(b_i - \tilde{b}_i)k_i|}$$

となるので，次のステップ幅を

$$\tilde{h} = h\left(\frac{\epsilon}{|h\sum_{i=1}^{s}(b_i - \tilde{b}_i)k_i|}\right)^{\frac{1}{p}}$$

として選べばよい．実際には右辺に対して 1 より小さい安全係数 γ を乗じた刻み幅を用いる．

このように誤差の事後推定に基づき，可変的な刻み幅で計算を実行する手法は線形多段階法でも使われており，特に予測子修正子法に対するミルンの工夫がよく知られている．

9.7 数値的安定性

ここでは，方程式の安定性と数値解法の安定性の概念を述べる．

(A) 方程式の安定性

初期値に誤差 ϵ が混入した次の常微分方程式の初期値問題を考えよう．

$$\frac{\mathrm{d}\tilde{y}}{\mathrm{d}x} = \lambda\tilde{y}, \quad \lambda < 0, \quad x \geq 0, \quad \tilde{y}(0) = 1 + \epsilon. \tag{9.37}$$

ここで λ は負であることに注意されたい．この解は具体的に書き下すことができて $\tilde{y} = e^{\lambda x} + \epsilon e^{\lambda x}$ となる．誤差の混入がない，すなわち $\epsilon = 0$ とした方程式の解は $y = e^{\lambda x}$ なので，誤差の混入による解の変動は $x \geq 0$ に対して

$$|y - \tilde{y}| = |\epsilon e^{\lambda x}| \leq |\epsilon|$$

で抑えられる．したがって，この方程式の初期値に誤差が混入しても真の解とのずれが混入した誤差程度であり，x の値の増加に伴い誤差が拡大しない．このとき，**初期値問題は安定**であるという．逆に安定でない例は初期値問題 (9.37) で $\lambda > 0$ のときであり，この場合初期値に混入した誤差が x の増加に伴い指数関数的に増大する．

(B) 数値解法の安定性

初期値問題が安定ならば，これまでに述べたどの数値解法を用いても離散化誤差程度の近似解は得られるのであろうか？　答えは，残念ながら否である．ここでは，数値解法の安定性について考えよう．初期値問題 (9.37) で $\epsilon = 0$ とした

$$\frac{\mathrm{d}y}{\mathrm{d}x} = \lambda y, \quad \lambda < 0, \quad x \geq 0, \quad y(0) = 1$$

を考える．この初期値問題は安定であり，この問題に対してオイラー法 (9.5) を適用すると漸化式は

$$y_{n+1} = y_n + \lambda h y_n \tag{9.38}$$

で与えられる．$\lambda = -10$ とし，2 種類の刻み幅 $h = 0.05, 0.25$ をとって得られた結果を図 9.1 に示す．

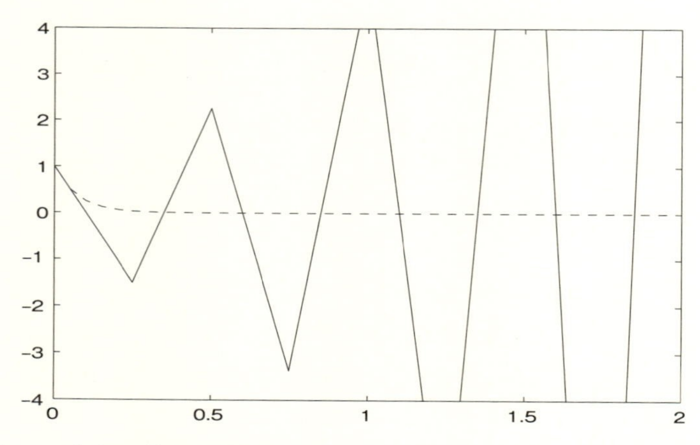

図 9.1　オイラー法による数値解 ($\lambda = -10$)：**破線** ($h = 0.05$)，**実線** ($h = 0.25$)

図 9.1 では，刻み幅 $h = 0.05$ で得られた数値解は解析解 e^{-10x} の振る舞いと似ているが，$h = 0.25$ で得られた数値解は，y_n の値が正負交互の値をとりながら，その振動幅が n の増加と共に拡大している．この初期値問題は安定であるので，これらの違いは数値解法が持つ性質によるものであろう．そこでオイ

ラー法の解析を式 (9.38) を用いて行う．式 (9.38) は差分方程式なので y_n の解を求めると $y(0) = y_0 = 1$ より

$$y_{n+1} = (1 + \lambda h)^{n+1}, \quad n \geq 0 \tag{9.39}$$

になる．数値例では $\lambda = -10$ なので $h = 0.05$ の時は，$0 < 1 + \lambda h < 1$ が成り立つため y_{n+1} は単調に減少していく．一方，$h = 0.25$ の時は，$1 + \lambda h$ は負でその絶対値は 1 より大きいため y_{n+1} は正負交互の値をとりながら振動し，振動幅は n の増加とともに拡大する．この現象は好ましくないため，少なくとも

$$n \to \infty \Rightarrow |y_n| \to 0 \tag{9.40}$$

であって欲しい．この条件を**安定条件**といい，オイラー法の安定条件は式 (9.39) で $z = \lambda h$ とおくと次式で表される．

$$|1 + z| < 1. \tag{9.41}$$

(注意) 数値解法が安定条件を満たすからといって，必ずしも良い数値解を生成するとは限らない．例えば，式 (9.39) で刻み幅を $-1 < 1 + \lambda h < 0$ の範囲からとると安定条件を満たすが，y_n は正負の値を交互にとり，振動しながら n の増加とともに零に収束するため，真の解の単調減少性は失われている．

$z = \lambda h$ に対する数値解が式 (9.40) を満たすとき，その z について**絶対安定**という．また，絶対安定となる z の区間（オイラー法の場合は，式 (9.41) から $(-2, 0)$ となる）を**絶対安定区間**という．絶対安定の概念は，λ が複素数，すなわち z が複素数の場合にも拡張できる．この場合，式 (9.40) が成り立つ z の領域を**絶対安定領域**という．z の絶対安定領域を図 9.2（左の灰色の領域）に示す．

一方，後退オイラー法 (9.6) では

$$y_{n+1} = \frac{1}{(1 - \lambda h)^{n+1}}, \quad n \geq 0$$

なので安定条件 (9.40) を満たす $z = \lambda h$ は $|1 - z| > 1$ であり，その絶対安定領域は図 9.2（右）になる．$\lambda < 0$ に注意すると，後退オイラー法では任意の刻み幅 $h > 0$ で安定条件を満たすことが分かる．

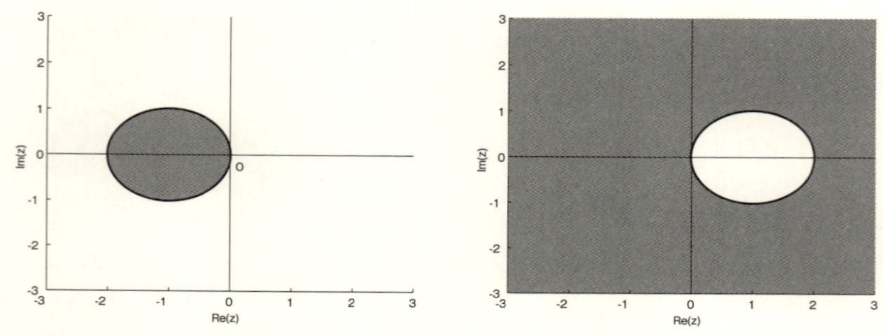

図 9.2　オイラー法（左）と後退オイラー法（右）の絶対安定領域（灰色の領域）

後退オイラー法のように，絶対安定領域 $\mathcal{A}$ が左半複素平面 $C^- = \{z \in \boldsymbol{C} : \mathrm{Re}(z) < 0\}$ を含む，すなわち $\mathcal{A} \cap C^- = C^-$ のとき，その解法は A **安定**であるという．

A 安定性は，かなり強い制約であり次の結果が知られている．

1. A 安定な陽的ＲＫ法は存在しない．
2. A 安定な陽的線形多段階法は存在しない．
3. A 安定な陰的線形多段階法の次数は 2 以下である．

なお，次数が 2 の A 安定な陰的線形多段階法の中で，台形則は局所離散化誤差の最も小さな主係数を持つ．

線形多段階法では，陰的であっても A 安定な解法の次数は 2 なので実際問題に対して十分の精度であるとは言い難い．そこで，安定かつ高精度な数値解法を探す上で次の 2 つの方向性が考えられる．

(I) 陽的ＲＫ法と線形多段階法以外の方法を探す．
(II) A 安定性の定義を緩和する．

方向性 (I) に基づく解法は陰的ＲＫ法であり，本書で述べたガウス公式，ラダウ公式，ロバット公式は全て A 安定である．陰的ＲＫ法は，k 段法で最高で $2k$ 次までの解法が作れることと，A 安定であることが利点であるが，N 元の連立方程式のときは一反復毎に，Nk 元の連立 (非線形) 方程式を解かなければならず，計算量的に得であるとは言い難い．一方，半陰的ＲＫ法ならば N 次の

(非線形) 方程式を k 回解くことになるため，陰的ＲＫ法よりも計算量が軽減される．

方向性 (II) に基づく解法は，k 段階線形多段階法の１つのクラスである**後退微分公式**である．これは式 (9.4) で β_1 以外の β_i を全て零にしたものに対応し，$k=1$ のときは後退オイラー法，$k=2$ のときは**ギアの公式**がよく知られている．$3 \leq k \leq 6$ の後退微分公式は，A 安定ではないものの絶対安定領域が左半複素平面の大部分を含むほぼ A 安定といえる解法である．この後退微分公式は次に述べる硬い方程式に対して有効である．後退微分公式で，2 次（ギアの公式）〜4 次までの公式を示しておこう．

$$
\begin{aligned}
y_{n+1} &= \frac{4}{3}y_n - \frac{1}{3}y_{n-1} + \frac{2}{3}hf_{n+1}, \quad \textbf{(2 次)} \\
y_{n+1} &= \frac{18}{11}y_n - \frac{9}{11}y_{n-1} + \frac{2}{11}y_{n-2} + \frac{6}{11}hf_{n+1}, \quad \textbf{(3 次)} \\
y_{n+1} &= \frac{48}{25}y_n - \frac{36}{25}y_{n-1} + \frac{16}{25}y_{n-2} - \frac{3}{25}y_{n-3} + \frac{12}{25}hf_{n+1}. \quad \textbf{(4 次)}
\end{aligned}
$$

(C) 硬い方程式

ここでは数値的に解きにくい方程式について取り扱う．例として解 $\boldsymbol{y}$ を N 次のベクトルとした連立常微分方程式の初期値問題を考える．

$$
\frac{\mathrm{d}\boldsymbol{y}}{\mathrm{d}x} = A\boldsymbol{y}, \quad x \geq 0, \quad \boldsymbol{y}(0) = \boldsymbol{y}_0.
$$

簡単のため N 次正方行列 A は，対角化可能であるとしよう．行列 A の固有値 λ_i に対応する固有ベクトルを $\boldsymbol{p}_i$ $(i = 1, 2, \ldots, N)$ とすると，初期値問題の解は

$$
\boldsymbol{y}(x) = \sum_{i=1}^{N} c_i e^{\lambda_i x} \boldsymbol{p}_i
$$

で与えられる．ここで，c_i は初期値により決められる定数である．

硬度比：実数部の絶対値が最大と最小の固有値の比

$$
\frac{\max_i |\mathrm{Re}(\lambda_i)|}{\min_i |\mathrm{Re}(\lambda_i)|}
$$

が大きく，全ての固有値の実数部が負 $\mathrm{Re}(\lambda_i) < 0$ としよう．このとき，解 $\boldsymbol{y}(x)$ は x の増加に伴い速く減衰する成分と遅く減衰する成分を持つ．このような解

を持つ方程式を**硬い方程式**という．この方程式を解く場合，速く減衰する成分を捉えるために，始めは刻み幅を小さくとる必要がある．速く減衰する成分を捉えた後は計算量を少なく抑えるために大きな刻み幅で計算したいが，陽解法では安定条件のために大きな刻み幅で計算できず，非効率である．そこで A 安定な，もしくは後退微分公式のように A 安定に近い方法が実用的になる．

第10章
偏微分方程式の数値アルゴリズム

曽我部　知広

物理現象や工学的諸問題の多くは偏微分方程式で記述される．偏微分方程式を解析的に解くことが困難である場合は，計算機を用いて近似解を数値的に求める手法が重要になる．ここでは，物理によく現れる幾つかの 2 階の線形偏微分方程式を例とし，それらの数値解法を述べる．

典型的な 2 階の線形偏微分方程式に，楕円型 (例：ラプラス方程式)・双曲型 (例：波動方程式)・放物型（例：熱伝導方程式）など[†1]がある．それらを数値的に解く手法は幾多もあるが，特に本書では，楕円型の偏微分方程式を中心に一般性と応用性を考慮し，差分法と有限要素法に重点を置く．また，境界要素法や特に流体分野や気象分野で用いられるスペクトル法にも触れる．

10.1　差分法

楕円型偏微分方程式の例として 1 辺の長さが π の正方領域 $[0,\pi]\times[0,\pi]$ において，次のヘルムホルツ方程式（$\sigma=0$ のときはラプラス方程式）の境界値問題を考えよう．

$$\begin{aligned}
&u_{xx}(x,y)+u_{yy}(x,y)+\sigma^2 u(x,y)=0, && (x,y)\in[0,\pi]\times[0,\pi],\\
&u_x(0,y)=id\cos\tfrac{y}{2}, && \text{ノイマン条件 (1)},\\
&u_x(\pi,y)-idu(\pi,y)=0, && \text{放射条件},\\
&u_y(x,0)=0, && \text{ノイマン条件 (2)},\\
&u(x,\pi)=0, && \text{ディリクレ条件}.
\end{aligned}$$

[†1] 3 つの型が入り混じった混合型もある．例えば，トリコミー方程式 $u_{xx}-xu_{yy}=0$ では，判別式は x なので $x>0$ で双曲型，$x<0$ で楕円型である．

ここで，i は虚数単位，$d = \sqrt{\sigma^2 - 0.25}$ であり，この方程式の解析解は $u(x,y) = e^{idx}\cos y/2$ である．このヘルムホルツ方程式の境界値問題を差分法を用いて離散化し連立一次方程式を解く問題に帰着される過程を見ていこう．

差分法は関数の導関数を元の関数で近似する手法であり，近似手法は幾つかあるがここでは関数 u の 2 階導関数 u_{xx}, u_{yy} を次のように中心差分近似する．

$$u_{xx}(x,y) \approx \frac{1}{h^2}\Big\{u(x+h,y) - 2u(x,y) + u(x-h,y)\Big\},$$
$$u_{yy}(x,y) \approx \frac{1}{h^2}\Big\{u(x,y+h) - 2u(x,y) + u(x,y-h)\Big\}.$$

ここで h が無限小のとき，上記の両辺は一致する．便宜上，次の記号 $u_{i,j} := u(x_i, y_j)$ を導入しよう．ただし，$x_i = ih$, $y_i = ih$ である．このとき，次の公式が得られる．

$$u_{xx}(x_i,y_j) + u_{yy}(x_i,y_j) \approx \frac{1}{h^2}(u_{i+1,j} + u_{i-1,j} + u_{i,j+1} + u_{i,j-1} - 4u_{i,j}).$$

境界条件を考慮に入れなければ，ヘルムホルツ方程式から次式

$$-u_{i+1,j} - u_{i-1,j} - u_{i,j+1} - u_{i,j-1} + (4 - h^2\sigma^2)u_{i,j} = 0 \tag{10.1}$$

が成り立つように，u を決めるのが自然であろう．式 (10.1) の係数は，図 10.1 で特徴付けられる．

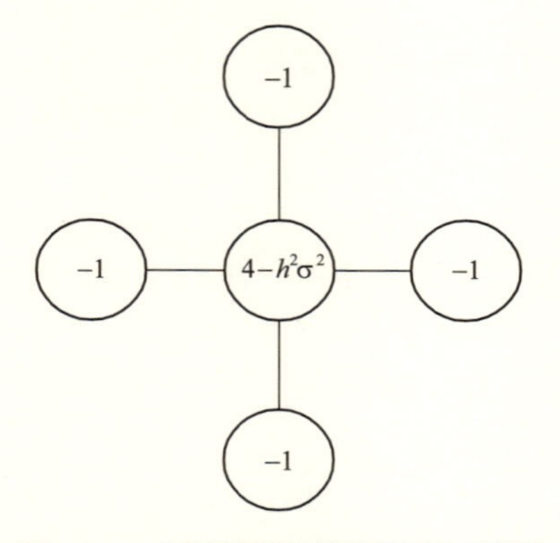

図 10.1　中心差分法の代表値同士の関係

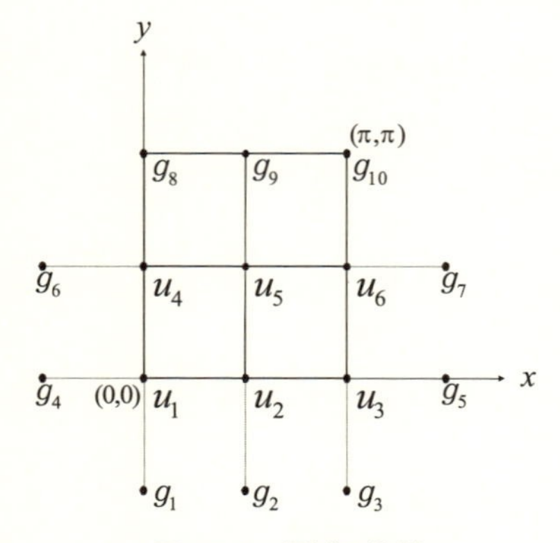

図 10.2　領域の分割

計算する領域は正方領域 $[0, \pi] \times [0, \pi]$ である．ここでは，図 10.2 のように正方領域を x 方向と y 方向に 2 分割（即ち $h = \pi/2$）することを考え，$u_1, \ldots, u_6$ まで番号付けする．すると，各 u_i に対して式 (10.1) から以下の 6 つの方程式が得られる．

$$\begin{aligned}
-u_2 - g_4 - u_4 - g_1 + (4 - h^2\sigma^2)u_1 &= 0, \\
-u_3 - u_1 - u_5 - g_2 + (4 - h^2\sigma^2)u_2 &= 0, \\
-g_5 - u_2 - u_6 - g_3 + (4 - h^2\sigma^2)u_3 &= 0, \\
-u_5 - g_6 - g_8 - u_1 + (4 - h^2\sigma^2)u_4 &= 0, \\
-u_6 - u_4 - g_9 - u_2 + (4 - h^2\sigma^2)u_5 &= 0, \\
-g_7 - u_5 - g_{10} - u_3 + (4 - h^2\sigma^2)u_6 &= 0.
\end{aligned} \tag{10.2}$$

ここで，$u_1 = u_{1,1}$，$u_2 = u_{2,1}$，$u_3 = u_{3,1}$，$u_4 = u_{1,2}$，$u_5 = u_{2,2}$，$u_6 = u_{3,2}$ とした．g_k $(1 \leq k \leq 10)$ は 4 つの境界条件：ノイマン条件 (1), (2)，放射条件，ディリクレ条件から決められる．まず，ノイマン条件 (2) における 1 階微分を中心差分で近似すると，g_1, g_2, g_3 は次の関係

$$\frac{u_4 - g_1}{2h} = \frac{u_5 - g_2}{2h} = \frac{u_6 - g_3}{2h} = 0$$

を満たすので

$$g_1 = u_4, \quad g_2 = u_5, \quad g_3 = u_6$$

となる．次にノイマン条件 (1) から g_4 と g_6 は

$$\frac{u_2 - g_4}{2h} = id\cos\left(\frac{0}{2}\right), \quad \frac{u_5 - g_6}{2h} = id\cos\left(\frac{h}{2}\right)$$

なので

$$g_4 = u_2 - 2idh, \quad g_6 = u_5 - 2idh\cos\left(\frac{h}{2}\right)$$

となる．そして，放射条件から

$$\frac{g_5 - u_2}{2h} - idu_3 = \frac{g_7 - u_5}{2h} - idu_6 = 0$$

なので

$$g_5 = u_2 + 2idhu_3, \quad g_7 = u_5 + 2idhu_6$$

となる．最後にディリクレ条件から $g_8 = g_9 = g_{10} = 0$ より，$g_1, g_2, \ldots, g_{10}$ を式 (10.2) に代入すると次の連立一次方程式が得られる．

$$\begin{pmatrix} a & -2 & 0 & -2 & 0 & 0 \\ -1 & a & -1 & 0 & -2 & 0 \\ 0 & -2 & a-2idh & 0 & 0 & -2 \\ -1 & 0 & 0 & a & -2 & 0 \\ 0 & -1 & 0 & -1 & a & -1 \\ 0 & 0 & -1 & 0 & -2 & a-2idh \end{pmatrix} \begin{pmatrix} u_1 \\ u_2 \\ u_3 \\ u_4 \\ u_5 \\ u_6 \end{pmatrix} = \begin{pmatrix} f_1 \\ 0 \\ 0 \\ f_4 \\ 0 \\ 0 \end{pmatrix}.$$

ここで $a = 4 - h^2\sigma^2$, $f_1 = -2idh$, そして $f_4 = -2idh\cos(h/2)$ である．$h = \pi/2$ であり，σ を具体的な値に設定して上記の連立一次方程式を解くと，節点上の解の近似値 $u_1, u_2, \ldots, u_6$ が求まる．

この連立一次方程式の係数行列は非対称であるので，実際に解くときは次のように各行を適当に定数倍し，複素対称行列（エルミート行列でない）を係数に持つ連立一次方程式

$$\begin{pmatrix} a/4 & -1/2 & 0 & -1/2 & 0 & 0 \\ -1/2 & a/2 & -1/2 & 0 & -1 & 0 \\ 0 & -1/2 & (a-2idh)/4 & 0 & 0 & -1/2 \\ -1/2 & 0 & 0 & a/2 & -1 & 0 \\ 0 & -1 & 0 & -1 & a & -1 \\ 0 & 0 & -1/2 & 0 & -1 & (a-2idh)/2 \end{pmatrix} \begin{pmatrix} u_1 \\ u_2 \\ u_3 \\ u_4 \\ u_5 \\ u_6 \end{pmatrix} = \begin{pmatrix} f_1/4 \\ 0 \\ 0 \\ f_4/2 \\ 0 \\ 0 \end{pmatrix}$$

に同値変形すると，記憶容量の節約や対称行列用の数値解法が適用できるため数値計算上都合が良い．

この例から分かるように，差分法は導関数（微分商）を差分商に置き換えて

近似方程式を作成する手法であり，簡単な形状の領域のときに取り扱いが容易である．しかしながら，複雑な形状の領域に対する境界条件の近似は面倒であることが多い．

10.2 有限要素法

前節の差分法では，与えられた偏微分方程式を差分近似することにより連立一次方程式に帰着させ，その解が分割された節点上の微分方程式の近似解に対応した．一方，**有限要素法**は偏微分方程式を弱形式と呼ばれる積分方程式に変換し，積分領域の分割と各分割領域上で解の近似関数を用いることにより連立一次方程式の問題に帰着させる．この場合も連立一次方程式の解は分割された節点上の偏微分方程式の近似解に対応する．有限要素法は，領域分割の自由度が高いため複雑な形状の領域にも柔軟に対応できる．このことから有限要素法は，現在では偏微分方程式を数値的に解く有力な解法として広く認知されている．

本節では，ポアソン方程式

$$-\Delta u(x,y) = f, \quad (x,y) \in \Omega, \tag{10.3}$$

$$u(x,y) = g, \quad (x,y) \in \Gamma_1, \quad \text{ディリクレ条件}, \tag{10.4}$$

$$\frac{\partial}{\partial n} u(x,y) = 0, \quad (x,y) \in \Gamma_2, \quad \text{ノイマン条件} \tag{10.5}$$

を例として有限要素法の考え方を見ていこう．ただし，$\Delta := \partial^2/\partial x^2 + \partial^2/\partial y^2$ である．また，Γ_1, Γ_2 は領域 Ω の境界であり，$\Gamma_1 \cup \Gamma_2 = \Gamma$（$\Omega$ の全境界）とする．

10.2.1 弱形式の導出

ここでは，ポアソン方程式を弱形式と呼ばれる積分方程式に変換する過程を述べる．

任意の関数 v を式 (10.3) に乗じ，領域 Ω で積分すると

$$-\int_\Omega v \Delta u \, \mathrm{d}\Omega = \int_\Omega v f \, \mathrm{d}\Omega \tag{10.6}$$

を得る．逆に任意の関数 v に対して式 (10.6) を満たす u が見つかれば，それは式 (10.3) を満たす．したがって，式 (10.3) を解く代わりに式 (10.6) を満たす u を求めようというのが有限要素法の視点であり，元の式 (10.3) を対象とする差分法とは異なる視点である．ここで v は**試験関数**や**重み関数**とよばれる．

さて，試験関数 v に一つだけ条件を課すことにより今後の式が簡単になるので v は Γ_1 上で 0 であること以外は任意であるとしよう．このような条件を課しても v はほとんど任意であり，このような任意の v に対して式 (10.6) を満たす u が滑らかであれば式 (10.3) を満たす．この条件下で式 (10.6) の左辺にガウス・グリーンの定理を用いて部分積分を行うと

$$\begin{aligned}\int_\Omega v\Delta u\,\mathrm{d}\Omega &= \int_\Gamma v\frac{\partial u}{\partial n}\,\mathrm{d}\Gamma - \int_\Omega \nabla v\cdot\nabla u\,\mathrm{d}\Omega \quad \text{（ガウス・グリーンの定理）}\\ &= \int_{\Gamma_1} v\frac{\partial u}{\partial n}\,\mathrm{d}\Gamma_1 + \int_{\Gamma_2} v\frac{\partial u}{\partial n}\,\mathrm{d}\Gamma_2 - \int_\Omega \nabla v\cdot\nabla u\,\mathrm{d}\Omega\\ &= -\int_\Omega \nabla v\cdot\nabla u\;\mathrm{d}\Omega \end{aligned} \tag{10.7}$$

となる．ここで境界領域 Γ 上の積分に関して，Γ_1 上では $v=0$ と仮定したこと，そして Γ_2 上ではノイマン条件 (10.5) である $\frac{\partial u}{\partial n}=0$ を用いた．式 (10.7) を式 (10.6) に代入すると

$$\int_\Omega \nabla v\cdot\nabla u\;\mathrm{d}\Omega = \int_\Omega vf\,\mathrm{d}\Omega$$

となるので

$$\iint_\Omega \left(\frac{\partial v}{\partial x}\frac{\partial u}{\partial x}+\frac{\partial v}{\partial y}\frac{\partial u}{\partial y}\right)\mathrm{d}x\mathrm{d}y = \iint_\Omega vf\,\mathrm{d}x\mathrm{d}y \qquad \text{（弱形式）} \tag{10.8}$$

を満たす u を見つければよい．この式は，元の方程式 (10.3) と異なり u の 1 階までの導関数しか現れておらず，u の微分可能性の条件が少なくとも見かけ上は弱くなっているため，式 (10.8) は弱形式と呼ばれる．

さて，弱形式 (10.8) の両辺は全領域 Ω で積分されているので，図 10.3 のように積分領域を n 個の小領域 e_i に分割（すなわち $\Omega=\bigcup_{i=1}^n e_i$）し，各小領域に対して

$$\iint_{e_i} \left(\frac{\partial v}{\partial x}\frac{\partial u}{\partial x}+\frac{\partial v}{\partial y}\frac{\partial u}{\partial y}\right)\mathrm{d}x\mathrm{d}y, \quad \iint_{e_i} vf\,\mathrm{d}x\mathrm{d}y \tag{10.9}$$

の近似を考え，全てを統合することにより最終的に大規模な連立一次方程式を解く問題に帰着されることを次に見ていこう．

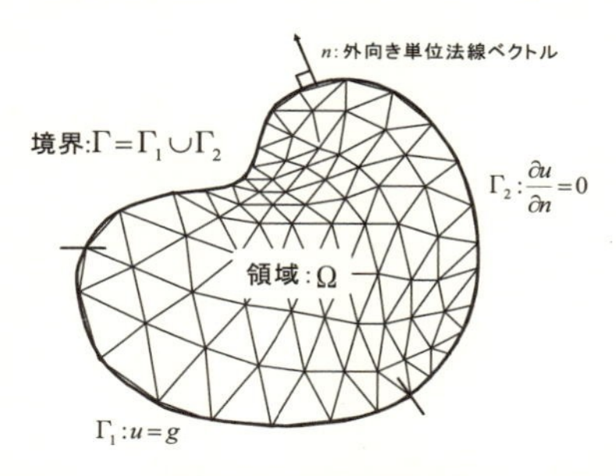

図 10.3　三角形要素による領域 Ω の分割

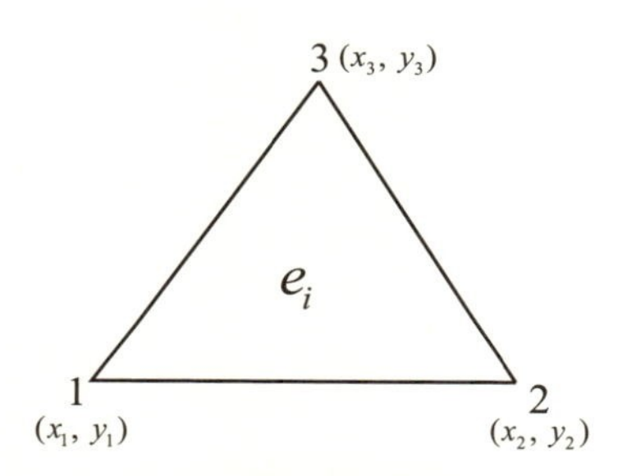

図 10.4　三角形要素の番号付け

10.2.2　連立一次方程式の導出

図 10.3 のように，全領域を三角形の小領域に分割して i 番目の要素に座標をつけて取り出したものを図 10.4 に示す．各節点には他と区別するために異なる番号を付ける必要があるが，その番号の付け方には，図 10.4 のように左回りの番号付けが一般的である．また，番号 1, 2, 3 の節点に対応する座標を (x_i, y_i) $(1 \le i \le 3)$ とする．

さて，次のベクトル値関数

$$\boldsymbol{h}(x,y) = \begin{pmatrix} h_1(x,y) \\ h_2(x,y) \\ h_3(x,y) \end{pmatrix} = \begin{pmatrix} 1 & 1 & 1 \\ x_1 & x_2 & x_3 \\ y_1 & y_2 & y_3 \end{pmatrix}^{-1} \begin{pmatrix} 1 \\ x \\ y \end{pmatrix} \tag{10.10}$$

を導入し，三角形領域内で定義される近似関数 $\widetilde{u}$ を隣接要素間で連続となるように番号 1, 2, 3 の節点上の関数値 u_i $(1 \le i \le 3)$ を通る x, y の一次式とすると

$$\widetilde{u} = \boldsymbol{h}^\top \boldsymbol{u}_e = \begin{pmatrix} 1 & x & y \end{pmatrix} \begin{pmatrix} 1 & 1 & 1 \\ x_1 & x_2 & x_3 \\ y_1 & y_2 & y_3 \end{pmatrix}^{-\top} \begin{pmatrix} u_1 \\ u_2 \\ u_3 \end{pmatrix} \tag{10.11}$$

で表せる．$\widetilde{u}(x_i, y_i) = u_i$，$1 \le i \le 3$ となることを実際に確かめられたい．

近似関数 $\widetilde{u}$ の形が与えられたので，これを式 (10.9) に代入し，さらに試験関数 v も $\widetilde{u}$ と同じ $v = \boldsymbol{h}^\top \boldsymbol{v}_e$，$\boldsymbol{v}_e := (v_1, v_2, v_3)^\top$ に取ると（このような v の取り方はガラーキン法と呼ばれる），式 (10.9) の左辺の被積分関数は，$\boldsymbol{h}^\top \boldsymbol{v}_e = \boldsymbol{v}_e^\top \boldsymbol{h}$ より

$$\begin{aligned}\frac{\partial v}{\partial x}\frac{\partial \widetilde{u}}{\partial x} + \frac{\partial v}{\partial y}\frac{\partial \widetilde{u}}{\partial y} &= \frac{\partial}{\partial x}\boldsymbol{v}_e^\top \boldsymbol{h}\frac{\partial}{\partial x}\boldsymbol{h}^\top \boldsymbol{u}_e + \frac{\partial}{\partial y}\boldsymbol{v}_e^\top \boldsymbol{h}\frac{\partial}{\partial y}\boldsymbol{h}^\top \boldsymbol{u}_e \\ &= \boldsymbol{v}_e^\top \left(\frac{\partial}{\partial x}\boldsymbol{h}\frac{\partial}{\partial x}\boldsymbol{h}^\top + \frac{\partial}{\partial y}\boldsymbol{h}\frac{\partial}{\partial y}\boldsymbol{h}^\top\right)\boldsymbol{u}_e\end{aligned}$$

となる．ここで式 (10.10) から

$$\boldsymbol{h}_x := \frac{\partial \boldsymbol{h}}{\partial x} = \begin{pmatrix} 1 & 1 & 1 \\ x_1 & x_2 & x_3 \\ y_1 & y_2 & y_3 \end{pmatrix}^{-1} \begin{pmatrix} 0 \\ 1 \\ 0 \end{pmatrix} = \frac{1}{D}\begin{pmatrix} y_2 - y_3 \\ y_3 - y_1 \\ y_1 - y_2 \end{pmatrix} =: \begin{pmatrix} b_1 \\ b_2 \\ b_3 \end{pmatrix}, \tag{10.12}$$

$$\boldsymbol{h}_y := \frac{\partial \boldsymbol{h}}{\partial y} = \begin{pmatrix} 1 & 1 & 1 \\ x_1 & x_2 & x_3 \\ y_1 & y_2 & y_3 \end{pmatrix}^{-1} \begin{pmatrix} 0 \\ 0 \\ 1 \end{pmatrix} = \frac{1}{D}\begin{pmatrix} x_3 - x_2 \\ x_1 - x_3 \\ x_2 - x_1 \end{pmatrix} =: \begin{pmatrix} c_1 \\ c_2 \\ c_3 \end{pmatrix} \tag{10.13}$$

が得られる．ただし，D は行列式を用いて

$$D := \det \begin{pmatrix} 1 & 1 & 1 \\ x_1 & x_2 & x_3 \\ y_1 & y_2 & y_3 \end{pmatrix}$$

とした．この D の値は，三角形要素の面積の 2 倍に等しい．$\boldsymbol{h}_x, \boldsymbol{h}_y$ は x, y に依存しないので式 (10.9) の 1 つ目は，

$$\begin{aligned}\iint_{e_i}\left(\frac{\partial v}{\partial x}\frac{\partial \widetilde{u}}{\partial x} + \frac{\partial v}{\partial y}\frac{\partial \widetilde{u}}{\partial y}\right)\mathrm{d}x\mathrm{d}y &= \boldsymbol{v}_e^\top (\boldsymbol{h}_x\boldsymbol{h}_x^\top + \boldsymbol{h}_y\boldsymbol{h}_y^\top)\boldsymbol{u}_e \iint_{e_i}\mathrm{d}x\mathrm{d}y \\ &= \boldsymbol{v}_e^\top \frac{(\boldsymbol{h}_x\boldsymbol{h}_x^\top + \boldsymbol{h}_y\boldsymbol{h}_y^\top)D}{2}\boldsymbol{u}_e \\ &= \boldsymbol{v}_e^\top A_e \boldsymbol{u}_e\end{aligned}$$

となる．ここで $\iint_{e_i} \mathrm{d}x\mathrm{d}y$ は三角形要素の面積，即ち $D/2$ であることを用いた．また，A_e は 3×3 の対称行列であり，その (i,j) 成分 $a_{ij}^{(e)}$ は式 (10.12) と式 (10.13) の b_i, c_i を用いると

$$a_{ij}^{(e)} = \frac{D}{2}(b_i b_j + c_i c_j) \tag{10.14}$$

と書ける．式 (10.9) の 2 つ目は，簡単のため $f(x,y) = f_0$(定数関数) とすると

$$\boldsymbol{f}_e := \begin{pmatrix} f_1^{(e)} \\ f_2^{(e)} \\ f_3^{(e)} \end{pmatrix} = \begin{pmatrix} \iint_{e_i} f_0 h_1 \,\mathrm{d}x\mathrm{d}y \\ \iint_{e_i} f_0 h_2 \,\mathrm{d}x\mathrm{d}y \\ \iint_{e_i} f_0 h_3 \,\mathrm{d}x\mathrm{d}y \end{pmatrix} = \frac{f_0 D}{6} \begin{pmatrix} 1 \\ 1 \\ 1 \end{pmatrix} \tag{10.15}$$

となるのでこれを用いると

$$\iint_{e_i} vf \,\mathrm{d}x\mathrm{d}y = \boldsymbol{v}_e^\top \boldsymbol{f}_e$$

と書ける．ここで，式 (10.15) の右辺の計算に関しては，積分を定義通りに計算してもよいが，被積分関数 h_i $(1 \le i \le 3)$ は底辺が三角形で高さが 1 の三角錐の形をしているので，$\iint_{e_i} h_i \,\mathrm{d}x\mathrm{d}y$ は角錐の体積，すなわち $(D/2) \cdot 1 \cdot 1/3 = D/6$ となることを用いた．

以上をまとめると，式 (10.9) は近似関数 $\widetilde{u}$ と試験関数 v を用いて

$$\boldsymbol{v}_e^\top A_e \boldsymbol{u}_e, \quad \boldsymbol{v}_e^\top \boldsymbol{f}_e \tag{10.16}$$

で近似される．

詳細は具体例で述べるが，これらを統合し境界条件を考慮すると $\boldsymbol{v}^\top A\boldsymbol{u} = \boldsymbol{v}^\top \boldsymbol{f}$ になるが，$\boldsymbol{v}$ は任意であるため，連立一次方程式 $A\boldsymbol{u} = \boldsymbol{f}$ を解く問題に帰着される．この連立一次方程式を解くことにより，各節点上の偏微分方程式の近似解 u_i が得られる．

10.2.3 具体例

ここでは，ポアソン方程式 (10.3) の領域 Ω を図 10.5 のように $[0,1] \times [0,1]$ の正方領域として連立一次方程式が導出される過程を見ていこう．

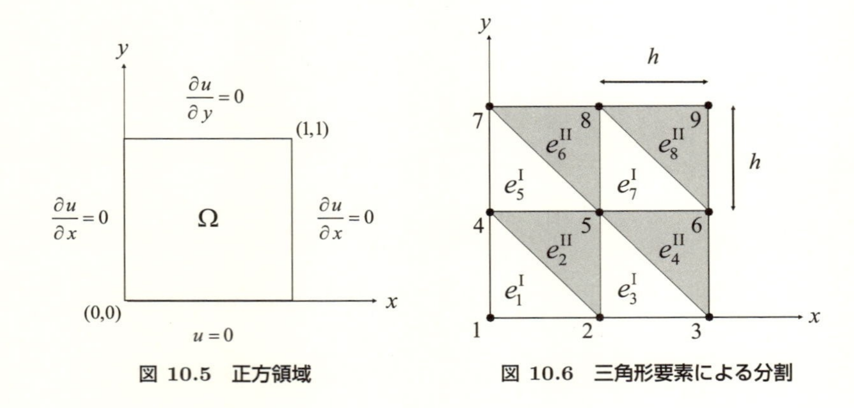

図 10.5 正方領域

図 10.6 三角形要素による分割

まず，領域の分割には任意性があるが，ここでは簡単のため図 10.5 の正方領域を図 10.6 のように三角形要素で分割する．

次に，8 個の三角形要素内でそれぞれ式 (10.16) を計算する．そして最後にこれらを統合し境界条件を課すことにより，最終的に解くべき連立一次方程式を導出する．

8 個の三角形要素内でそれぞれ式 (10.16) を考える際，図 10.6 から分かるように，8 個の三角形は図 10.7 のように 2 種類の三角形要素で構成される．この 2 種類の要素から式 (10.16) に対応する 2 種類の式が得られる．

まず，一つ目である図 10.7 の三角形要素 e^{I} では，式 (10.12) と式 (10.13)，そして D は三角形要素の面積の 2 倍 ($D = h^2$) であることを思い出すと

$$\begin{pmatrix} b_1 \\ b_2 \\ b_3 \end{pmatrix} = \frac{1}{h^2} \begin{pmatrix} -h \\ h \\ 0 \end{pmatrix}, \quad \begin{pmatrix} c_1 \\ c_2 \\ c_3 \end{pmatrix} = \frac{1}{h^2} \begin{pmatrix} -h \\ 0 \\ h \end{pmatrix}$$

である．b_i と c_i が与えられたので，式 (10.14) と式 (10.15) から式 (10.16) に対応する $A_{e^{\mathrm{I}}}$ と $\boldsymbol{f}_{e^{\mathrm{I}}}$ が得られる．

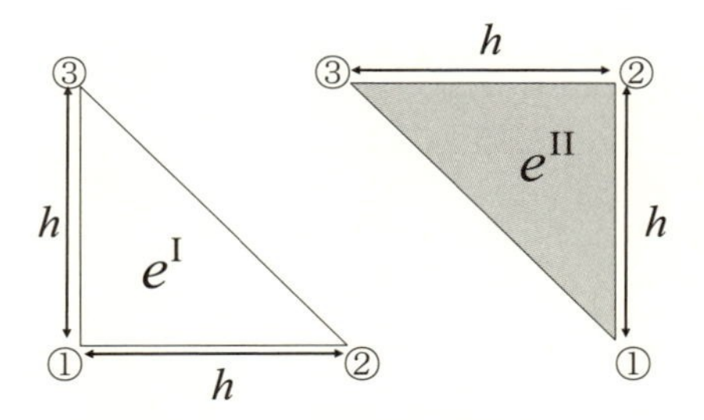

図 10.7 2 種類の三角形要素

$$A_{e^{\mathrm{I}}} = \frac{1}{2}\begin{pmatrix} 2 & -1 & -1 \\ -1 & 1 & 0 \\ -1 & 0 & 1 \end{pmatrix}, \quad \boldsymbol{f}_{e^{\mathrm{I}}} = \frac{f_0 h^2}{6}\begin{pmatrix} 1 \\ 1 \\ 1 \end{pmatrix}. \tag{10.17}$$

次に二つ目の三角形要素 e^{II} に関して，同様に計算すると

$$\begin{pmatrix} b_1 \\ b_2 \\ b_3 \end{pmatrix} = \frac{1}{h^2}\begin{pmatrix} 0 \\ h \\ -h \end{pmatrix}, \quad \begin{pmatrix} c_1 \\ c_2 \\ c_3 \end{pmatrix} = \frac{1}{h^2}\begin{pmatrix} -h \\ h \\ 0 \end{pmatrix}$$

なので

$$A_{e^{\mathrm{II}}} = \frac{1}{2}\begin{pmatrix} 1 & -1 & 0 \\ -1 & 2 & -1 \\ 0 & -1 & 1 \end{pmatrix}, \quad \boldsymbol{f}_{e^{\mathrm{II}}} = \frac{f_0 h^2}{6}\begin{pmatrix} 1 \\ 1 \\ 1 \end{pmatrix} \tag{10.18}$$

が得られる．

各三角形要素に対応する行列とベクトルが得られたので，これらから全体の連立一次方程式を作成する．作成には節点番号 1～9（図 10.6）と三角形要素の節点番号①～③（図 10.7）を対応付ける必要があり，その対応を表 10.1 に示す．

全体の連立一次方程式は，以下のように作成される．まず，要素 e_1^{I} について式 (10.17) と表 10.1 から

表 10.1 三角形要素の節点番号と全節点番号の対応表

要素	e_1^{I}	e_2^{II}	e_3^{I}	e_4^{II}	e_5^{I}	e_6^{II}	e_7^{I}	e_8^{II}
三角形要素の節点番号	全節点番号							
①	1	2	2	3	4	5	5	6
②	2	5	3	6	5	8	6	9
③	4	4	5	5	7	7	8	8

$$
A_{e_1^{\mathrm{I}}} = \frac{1}{2}\begin{pmatrix} 2 & -1 & -1 \\ -1 & 1 & 0 \\ -1 & 0 & 1 \end{pmatrix}\begin{matrix} 1 \\ 2 \\ 4 \end{matrix} \qquad \boldsymbol{f}_{e^{\mathrm{I}}} = \frac{f_0 h^2}{6}\begin{pmatrix} 1 \\ 1 \\ 1 \end{pmatrix}\begin{matrix} 1 \\ 2 \\ 4 \end{matrix}
$$
$$
\begin{matrix} 1 & 2 & 4 \end{matrix}
$$

を用いて次の係数行列と右辺項ベクトルを作ると

$$
\frac{1}{2}\begin{pmatrix}
\mathbf{2} & \mathbf{-1} & 0 & \mathbf{-1} & 0 & 0 & 0 & 0 & 0 \\
\mathbf{-1} & \mathbf{1} & 0 & \mathbf{0} & 0 & 0 & 0 & 0 & 0 \\
0 & 0 & 0 & 0 & 0 & 0 & 0 & 0 & 0 \\
\mathbf{-1} & \mathbf{0} & 0 & \mathbf{1} & 0 & 0 & 0 & 0 & 0 \\
0 & 0 & 0 & 0 & 0 & 0 & 0 & 0 & 0 \\
0 & 0 & 0 & 0 & 0 & 0 & 0 & 0 & 0 \\
0 & 0 & 0 & 0 & 0 & 0 & 0 & 0 & 0 \\
0 & 0 & 0 & 0 & 0 & 0 & 0 & 0 & 0 \\
0 & 0 & 0 & 0 & 0 & 0 & 0 & 0 & 0
\end{pmatrix}\begin{matrix} \mathbf{1} \\ \mathbf{2} \\ 3 \\ \mathbf{4} \\ 5 \\ 6 \\ 7 \\ 8 \\ 9 \end{matrix}
\qquad
\frac{f_0 h^2}{6}\begin{pmatrix} \mathbf{1} \\ \mathbf{1} \\ 0 \\ \mathbf{1} \\ 0 \\ 0 \\ 0 \\ 0 \\ 0 \end{pmatrix}\begin{matrix} \mathbf{1} \\ \mathbf{2} \\ 3 \\ \mathbf{4} \\ 5 \\ 6 \\ 7 \\ 8 \\ 9 \end{matrix}
$$
$$
\begin{matrix} \mathbf{1} & \mathbf{2} & 3 & \mathbf{4} & 5 & 6 & 7 & 8 & 9 \end{matrix}
$$

を得る．次に，要素 e_2^{II} について式 (10.18) と表 10.1 から

$$
A_{e_2^{\mathrm{II}}} = \frac{1}{2}\begin{pmatrix} 1 & -1 & 0 \\ -1 & 2 & -1 \\ 0 & -1 & 1 \end{pmatrix}\begin{matrix} 2 \\ 5 \\ 4 \end{matrix} \qquad \boldsymbol{f}_{e^{\mathrm{II}}} = \frac{f_0 h^2}{6}\begin{pmatrix} 1 \\ 1 \\ 1 \end{pmatrix}\begin{matrix} 2 \\ 5 \\ 4 \end{matrix}
$$
$$
\begin{matrix} 2 & 5 & 4 \end{matrix}
$$

の情報を加えると

$$
\frac{1}{2}\begin{pmatrix}
2 & -1 & 0 & -1 & 0 & 0 & 0 & 0 & 0\\
-1 & \mathbf{2} & 0 & \mathbf{0} & \mathbf{-1} & 0 & 0 & 0 & 0\\
0 & 0 & 0 & 0 & 0 & 0 & 0 & 0 & 0\\
-1 & \mathbf{0} & 0 & \mathbf{2} & \mathbf{-1} & 0 & 0 & 0 & 0\\
0 & \mathbf{-1} & 0 & \mathbf{-1} & \mathbf{2} & 0 & 0 & 0 & 0\\
0 & 0 & 0 & 0 & 0 & 0 & 0 & 0 & 0\\
0 & 0 & 0 & 0 & 0 & 0 & 0 & 0 & 0\\
0 & 0 & 0 & 0 & 0 & 0 & 0 & 0 & 0\\
0 & 0 & 0 & 0 & 0 & 0 & 0 & 0 & 0
\end{pmatrix}
\begin{matrix}1\\ \mathbf{2}\\ 3\\ \mathbf{4}\\ \mathbf{5}\\ 6\\ 7\\ 8\\ 9\end{matrix}
\qquad
\frac{f_0h^2}{6}\begin{pmatrix}1\\ \mathbf{2}\\ 0\\ \mathbf{2}\\ \mathbf{1}\\ 0\\ 0\\ 0\\ 0\end{pmatrix}
\begin{matrix}1\\ \mathbf{2}\\ 3\\ \mathbf{4}\\ \mathbf{5}\\ 6\\ 7\\ 8\\ 9\end{matrix}
$$

$$
\begin{matrix}1 & \mathbf{2} & 3 & \mathbf{4} & \mathbf{5} & 6 & 7 & 8 & 9\end{matrix}
$$

を得る．残りの要素 $e_3^{\mathrm{I}}, e_4^{\mathrm{II}}, \ldots, e_8^{\mathrm{II}}$ に関して同様の操作を行うと最終的に

$$
\frac{1}{2}\begin{pmatrix}
2 & -1 & 0 & -1 & 0 & 0 & 0 & 0 & 0\\
-1 & 4 & -1 & 0 & -2 & 0 & 0 & 0 & 0\\
0 & -1 & 2 & 0 & 0 & -1 & 0 & 0 & 0\\
-1 & 0 & 0 & 4 & -2 & 0 & -1 & 0 & 0\\
0 & -2 & 0 & -2 & 8 & -2 & 0 & -2 & 0\\
0 & 0 & -1 & 0 & -2 & 4 & 0 & 0 & -1\\
0 & 0 & 0 & -1 & 0 & 0 & 2 & -1 & 0\\
0 & 0 & 0 & 0 & -2 & 0 & -1 & 4 & -1\\
0 & 0 & 0 & 0 & 0 & -1 & 0 & -1 & 2
\end{pmatrix}
\begin{pmatrix}u_1\\ u_2\\ u_3\\ u_4\\ u_5\\ u_6\\ u_7\\ u_8\\ u_9\end{pmatrix}
=\frac{f_0h^2}{6}\begin{pmatrix}1\\ 3\\ 2\\ 3\\ 6\\ 3\\ 2\\ 3\\ 1\end{pmatrix}
$$

を得る．この連立一次方程式にはまだディリクレ条件 $(u(x,0)=0, x\in[0,1])$ が考慮されていないことに注意されたい．また，この係数行列は現時点では正則でない．最後にディリクレ条件を考慮する．図 10.5 と図 10.6 より，ディリクレ条件が課される節点は 1, 2, 3 であるから，定義より，$v_1=v_2=v_3=0$ となる．よって，離散化された弱形式 $\boldsymbol{v}^\top A\boldsymbol{u}=\boldsymbol{v}^\top\boldsymbol{f}$ から連立一次方程式 $A\boldsymbol{u}=\boldsymbol{f}$ を導く際に，第 1 行～第 3 行は除いてよい．さらに，$u_1=u_2=u_3=0$ を得られた式に代入すると

$$
\frac{1}{2}\begin{pmatrix} 4 & -2 & 0 & -1 & 0 & 0 \\ -2 & 8 & -2 & 0 & -2 & 0 \\ 0 & -2 & 4 & 0 & 0 & -1 \\ -1 & 0 & 0 & 2 & -1 & 0 \\ 0 & -2 & 0 & -1 & 4 & -1 \\ 0 & 0 & -1 & 0 & -1 & 2 \end{pmatrix}\begin{pmatrix} u_4 \\ u_5 \\ u_6 \\ u_7 \\ u_8 \\ u_9 \end{pmatrix} = \frac{f_0 h^2}{6}\begin{pmatrix} 3 \\ 6 \\ 3 \\ 2 \\ 3 \\ 1 \end{pmatrix} \tag{10.19}
$$

を得る．この係数行列は既約優対角行列なので正則であるため解 $u_4, u_5, \ldots, u_9$ が一意に定まる．真の解との比較をしよう．方程式の真の解は $u(x, y) = f_0 y - \frac{1}{2} f_0 y^2$ であり，$f_0 = 1$ のとき，u_4, u_5, u_6 の真値は 0.375，u_7, u_8, u_9 の真値は 0.5 である．$f_0 = 1$ と $h = \frac{1}{2}$ として，連立一次方程式 (10.19) を解くと，$u_4 \approx 0.381, u_5 \approx 0.375, u_6 \approx 0.369$ と $u_7 \approx 0.524, u_8 \approx 0.500, u_9 \approx 0.476$ が得られる．真値と比較すると，粗い分割の割には良い近似値を与えていることが分かる．

10.3　境界要素法

境界要素法は，偏微分方程式の境界値問題（または初期値・境界値問題）をそれと等価な積分方程式に変換し，積分方程式を離散化して数値的に解くことにより近似解を得る手法である．積分方程式に変換するという点では，前節の有限要素法と似ているが変換方法が異なっており，特にラプラス方程式などソース項（非同次項）のない線形偏微分方程式では，未知量が解析対象領域の境界積分項にのみ含まれる積分方程式が得られる．このため，元の問題より次元が 1 つ下がった問題を扱えばよいことになり，離散化の手間を大きく省けると同時に，未知数の数も差分法や有限要素法に比べて大きく減少する．特に，ラプラス方程式をはじめとする楕円型の方程式では，数値解を求めるために連立一次方程式を解く必要があるため，未知数削減による計算時間短縮の効果は大きい．連立一次方程式の特徴としては，差分法や有限要素法では係数行列は疎行列であるのに対して，境界要素法では密行列になる．

本節では，前節のポアソン方程式で特に $f = 0$ としたラプラス方程式

$$-\Delta u(\boldsymbol{x}) = 0, \quad \boldsymbol{x} \in \Omega, \tag{10.20}$$

$$u(\boldsymbol{x}) = g, \qquad \boldsymbol{x} \in \Gamma_1, \quad \text{ディリクレ条件}, \tag{10.21}$$

$$\frac{\partial}{\partial n} u(\boldsymbol{x}) = h, \quad \boldsymbol{x} \in \Gamma_2, \quad \text{ノイマン条件} \tag{10.22}$$

を例として，境界要素法の考え方を見ていこう．ただし，図 10.8 に示すように解析領域は Ω で，境界は $\Gamma = \Gamma_1 \cup \Gamma_2$ であり，$\Gamma_1 \neq \emptyset$ と仮定する．また，$\boldsymbol{x}$ は空間内の 1 点を表す．境界要素法に入る前に，準備としてラプラス方程式の基本解を次節で述べる．

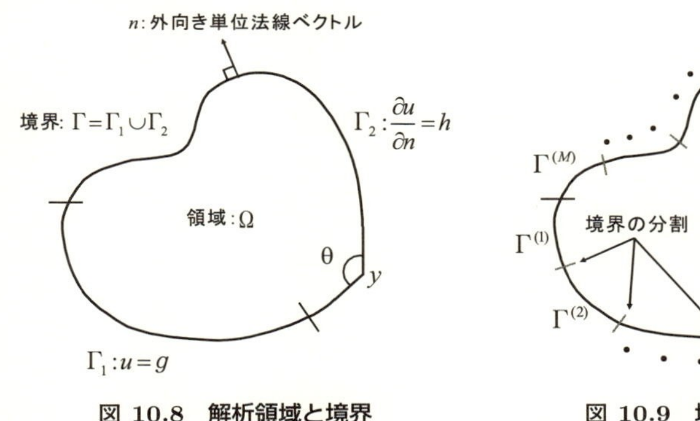

図 10.8 解析領域と境界

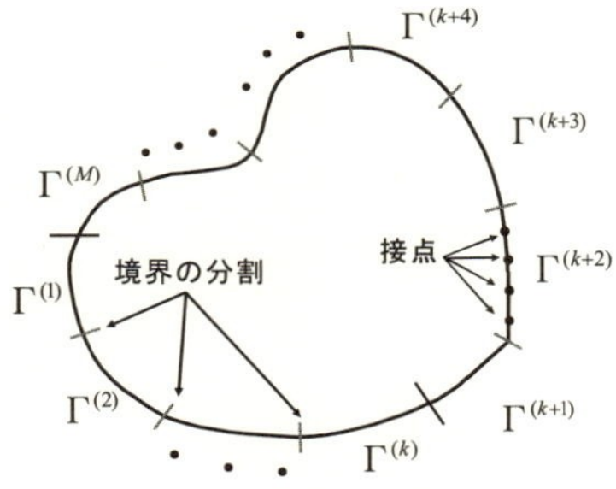

図 10.9 境界の要素分割

10.3.1 ラプラス方程式の基本解

2 次元平面領域の全体を考える．このとき，次式

$$\Delta w(\boldsymbol{x}, \boldsymbol{y}) + \delta(\boldsymbol{x} - \boldsymbol{y}) = 0 \tag{10.23}$$

を満たす関数 $w(\boldsymbol{x}, \boldsymbol{y})$ をラプラス方程式の基本解という．ただし $\delta(\boldsymbol{x} - \boldsymbol{y})$ は**デルタ関数**と呼ばれる超関数であり，$\delta(\boldsymbol{x} - \boldsymbol{y}) = 0$ $(\boldsymbol{x} \neq \boldsymbol{y})$ や性質

$$\int_\Omega f(\boldsymbol{x}) \delta(\boldsymbol{x} - \boldsymbol{y}) \, \mathrm{d}\Omega(\boldsymbol{x}) = f(\boldsymbol{y}), \quad \boldsymbol{y} \in \Omega \tag{10.24}$$

を有する．ここで，Ω は解析領域であり，$\int_\Omega (\ ) \, \mathrm{d}\Omega(\boldsymbol{x})$ は $\boldsymbol{x}$ に関する面積分を意味する．

10.3.2 積分方程式の導出

有限要素法と同様に任意の関数 v を式 (10.20) に乗じ，領域 Ω で積分すると

$$\int_{\Omega} v\Delta u(\boldsymbol{x})\,\mathrm{d}\Omega(\boldsymbol{x}) = 0 \tag{10.25}$$

を得る．これは式 (10.6) で $f=0$ とおいたものである．式 (10.25) の左辺をガウス・グリーンの定理（式 (10.7) の変形過程を参照）を用いて部分積分を行うと

$$\int_{\Gamma} v\frac{\partial u(\boldsymbol{x})}{\partial n}\,\mathrm{d}\Gamma(\boldsymbol{x}) - \int_{\Omega} \nabla v\cdot\nabla u(\boldsymbol{x})\,\mathrm{d}\Omega(\boldsymbol{x}) = 0 \tag{10.26}$$

となる．ここまでは，有限要素法の過程と同じである．境界要素法では，さらに式 (10.26) の左辺第 2 項に対してもう一度ガウス・グリーンの定理を用いて部分積分を行い，式を整理すると次式を得る．

$$\int_{\Gamma}\left[v\frac{\partial u(\boldsymbol{x})}{\partial n} - u(\boldsymbol{x})\frac{\partial v}{\partial n}\right]\mathrm{d}\Gamma(\boldsymbol{x}) = -\int_{\Omega} u(\boldsymbol{x})\Delta v\,\mathrm{d}\Omega(\boldsymbol{x}).$$

ここで，関数 v を式 (10.23) のラプラス方程式の基本解 $w(\boldsymbol{x},\boldsymbol{y})$ に選び，$\boldsymbol{y}$ を領域内の点，即ち $\boldsymbol{y}\in\Omega$ とすると

$$\begin{aligned}\int_{\Gamma}\left[w(\boldsymbol{x},\boldsymbol{y})\frac{\partial u(\boldsymbol{x})}{\partial n} - u(\boldsymbol{x})\frac{\partial w(\boldsymbol{x},\boldsymbol{y})}{\partial n}\right]\mathrm{d}\Gamma(\boldsymbol{x}) &= \int_{\Omega} u(\boldsymbol{x})\delta(\boldsymbol{x}-\boldsymbol{y})\,\mathrm{d}\Omega(\boldsymbol{x}) \\ &= u(\boldsymbol{y}),\quad \boldsymbol{y}\in\Omega \end{aligned} \tag{10.27}$$

を得る．最後の等式は，デルタ関数の性質 (10.24) を用いた．この式は，$u, \frac{\partial u}{\partial n}$ の境界上の値が分かれば，領域内の点 $\boldsymbol{y}$ での解 $u(\boldsymbol{y})$ が境界上の積分により求まることを意味している．$u, \frac{\partial u}{\partial n}$ の境界上の値の一部は境界条件 (10.21), (10.22) から既知であるが，残りの情報（境界条件と共役な境界値という）を求める必要がある．この共役な境界値を求めるために，式 (10.27) の領域内部の点 $\boldsymbol{y}$ を境界 Γ に近づける極限操作を行うと次の**境界積分方程式**を得る†2.

$$\int_{\Gamma}\left[w(\boldsymbol{x},\boldsymbol{y})\frac{\partial u(\boldsymbol{x})}{\partial n} - u(\boldsymbol{x})\frac{\partial w(\boldsymbol{x},\boldsymbol{y})}{\partial n}\right]\mathrm{d}\Gamma(\boldsymbol{x}) = \frac{\theta}{2\pi}u(\boldsymbol{y}),\ \boldsymbol{y}\in\Gamma. \tag{10.28}$$

†2 $\boldsymbol{y}$ を境界に限りなく近づけるとき，$\boldsymbol{x}$ は境界上にあることと，基本解が 2 点 $\boldsymbol{x},\boldsymbol{y}$ 間の距離の逆数を持つため特異積分になる．この特異積分に関しては，コーシーの主値の意味で積分することになるが詳細な説明が必要になるため，ここでは割愛した．

ここで，θ は考えている境界上の点 $\boldsymbol{y}$ に隣接する辺の成す角度（図 10.8 参照）であり，境界が滑らかならば $\theta \approx \pi$ である．この積分方程式を解き，共役な境界値を求めると積分方程式 (10.27) の左辺の被積分関数が既知になるので，積分を行えば関数値 $u(\boldsymbol{y}), \boldsymbol{y} \in \Omega$ が得られる．これが境界要素法の基本的な考え方である．

10.3.3　境界積分方程式の離散化

境界要素法では境界積分方程式 (10.28) を離散化して近似的に解くのでここでは，その手順を述べよう．まず，図 10.9 のように境界 Γ を M 個の要素に分割すると次式を得る．

$$\sum_{e=1}^{M} \int_{\Gamma^{(e)}} \left[w(\boldsymbol{x}, \boldsymbol{y}) \frac{\partial u(\boldsymbol{x})}{\partial n} - u(\boldsymbol{x}) \frac{\partial w(\boldsymbol{x}, \boldsymbol{y})}{\partial n} \right] \mathrm{d}\Gamma(\boldsymbol{x}) = \frac{1}{2} u(\boldsymbol{y}). \tag{10.29}$$

ただし，分割は $\Gamma_1, \ldots, \Gamma_k$ 上での境界条件がディリクレ条件 (10.21), $\Gamma_{k+1}, \ldots, \Gamma_M$ 上での境界条件がノイマン条件 (10.22) となるように行う．また，煩雑さを避けるため $\theta = \pi$ とした．

次に，図 10.9 のように e 番目の要素 $\Gamma^{(e)}$ に節点を m 個配置する．さらに，$\phi_j^{(e)}(\boldsymbol{x})$ $(j = 1, \ldots, m)$ を $\Gamma^{(e)}$ 上に台を持ち，$\Gamma^{(e)}$ の節点 j で値 1，他の節点で値 0 をとる補間関数[†3]として，$u(\boldsymbol{x})$, $\frac{\partial u(\boldsymbol{x})}{\partial n}$ $(\boldsymbol{x} \in \Gamma^{(e)})$ を関数 $\phi_1^{(e)}(\boldsymbol{x})$, $\phi_2^{(e)}(\boldsymbol{x})$, $\ldots, \phi_m^{(e)}(\boldsymbol{x})$ の線形結合で近似する．すなわち，$\boldsymbol{\phi}^{(e)} := (\phi_1^{(e)}, \phi_2^{(e)}, \ldots, \phi_m^{(e)})^\top$, $\boldsymbol{u}_e := (u_1^{(e)}, u_2^{(e)}, \ldots, u_m^{(e)})^\top \in \mathbb{R}^m$, $\boldsymbol{q}_e := (q_1^{(e)}, q_2^{(e)}, \ldots, q_m^{(e)})^\top \in \mathbb{R}^m$ と定義し，

$$u(\boldsymbol{x}) \approx (\boldsymbol{\phi}^{(e)})^\top \boldsymbol{u}_e, \quad \frac{\partial u(\boldsymbol{x})}{\partial n} \approx (\boldsymbol{\phi}^{(e)})^\top \boldsymbol{q}_e, \quad \boldsymbol{x} \in \Gamma^{(e)} \tag{10.30}$$

で近似する．式 (10.30) を式 (10.29) に代入すると境界上の節点 $\boldsymbol{y}_i$ に対して

$$\frac{1}{2} u(\boldsymbol{y}_i) \approx \sum_{e=1}^{M} \int_{\Gamma^{(e)}} \left[w(\boldsymbol{x}, \boldsymbol{y}_i)(\boldsymbol{\phi}^{(e)})^\top \boldsymbol{q}_e - (\boldsymbol{\phi}^{(e)})^\top \boldsymbol{u}_e \frac{\partial w(\boldsymbol{x}, \boldsymbol{y}_i)}{\partial n} \right] \mathrm{d}\Gamma(\boldsymbol{x})$$

[†3] 必ずしも補間関数でなく，$\Gamma^{(e)}$ 上に台を持つ m 個の線形独立な関数でもよいが，その場合，係数 $u_j^{(e)}$，$q_j^{(e)}$ には要素 e の j 番目の節点での関数値という意味はなくなる．その結果，式 (10.31) の左辺の第 i 成分は，$(1/2)\sum_{j=1}^{m} u_j^{(e)} \phi_j^{(e)}(\boldsymbol{x}_i)$（ただし e は節点 i が乗っている要素の番号）という線形結合となる．

$$= \sum_{e=1}^{M} \Bigg[\underbrace{\int_{\Gamma^{(e)}} w(\boldsymbol{x}, \boldsymbol{y}_i)(\boldsymbol{\phi}^{(e)})^\top \, \mathrm{d}\Gamma(\boldsymbol{x})}_{G_{i,e}} \boldsymbol{q}_e - \underbrace{\int_{\Gamma^{(e)}} (\boldsymbol{\phi}^{(e)})^\top \frac{\partial w(\boldsymbol{x}, \boldsymbol{y}_i)}{\partial n} \, \mathrm{d}\Gamma(\boldsymbol{x})}_{H_{i,e}} \boldsymbol{u}_e \Bigg]$$

$$= \sum_{e=1}^{M} [G_{i,e} \boldsymbol{q}_e - H_{i,e} \boldsymbol{u}_e]$$

となる．境界 Γ 上の総節点数は $N(= M \times m)$ なので $i = 1, 2, \ldots, N$ に対して考えると，その行列表現は

$$\frac{1}{2} \begin{pmatrix} \boldsymbol{u}_1 \\ \vdots \\ \boldsymbol{u}_M \end{pmatrix} = \underbrace{\begin{pmatrix} G_{1,1} & \cdots & G_{1,M} \\ \vdots & \ddots & \vdots \\ G_{N,1} & \cdots & G_{N,M} \end{pmatrix}}_{G} \begin{pmatrix} \boldsymbol{q}_1 \\ \vdots \\ \boldsymbol{q}_M \end{pmatrix} - \underbrace{\begin{pmatrix} H_{1,1} & \cdots & H_{1,M} \\ \vdots & \ddots & \vdots \\ H_{N,1} & \cdots & H_{N,M} \end{pmatrix}}_{H} \begin{pmatrix} \boldsymbol{u}_1 \\ \vdots \\ \boldsymbol{u}_M \end{pmatrix} \tag{10.31}$$

である．ここで，$G_{i,j}$ と $H_{i,j}$ は $1 \times m$ の行ベクトルであり，$\boldsymbol{u}_i, \boldsymbol{q}_i$ は式 (10.30) で定義された $m \times 1$ の列ベクトルである．そして，左辺は

$$\frac{1}{2} \begin{pmatrix} \boldsymbol{u}_1 \\ \vdots \\ \boldsymbol{u}_M \end{pmatrix} = \frac{1}{2} \begin{pmatrix} I_m & & \\ & \ddots & \\ & & I_m \end{pmatrix} \begin{pmatrix} \boldsymbol{u}_1 \\ \vdots \\ \boldsymbol{u}_M \end{pmatrix} \quad (I_m : m \text{ 次単位行列})$$

なので，整理すると次式を得る．

$$\widetilde{H} \boldsymbol{u} = G \boldsymbol{q}, \quad \widetilde{H} = H + \frac{1}{2} I \quad (I : N \text{ 次単位行列}). \tag{10.32}$$

10.3.4　連立一次方程式の導出

式 (10.32) から連立一次方程式を導出しよう．式 (10.32) に対してラプラス方程式 (10.20) の境界条件を考慮する．ディリクレ条件 (10.21) から，$\boldsymbol{u}_1, \ldots, \boldsymbol{u}_k$

は既知量 $\boldsymbol{u}_i = \boldsymbol{g}_i$ $(1 \leq i \leq k)$ であり，ノイマン条件 (10.22) から $\boldsymbol{q}_{k+1}, \ldots, \boldsymbol{q}_M$ も既知量 $\boldsymbol{q}_i = \boldsymbol{h}_i$ $(k+1 \leq i \leq M)$ である．そこで，式 (10.32) の成分表示

$$\begin{pmatrix} \widetilde{H}_{1,1} & \cdots & \widetilde{H}_{1,M} \\ \vdots & \cdots & \vdots \\ \vdots & \cdots & \vdots \\ \vdots & \cdots & \vdots \\ \vdots & \cdots & \vdots \\ \widetilde{H}_{N,1} & \cdots & \widetilde{H}_{N,M} \end{pmatrix} \begin{pmatrix} \boldsymbol{g}_1 \\ \vdots \\ \boldsymbol{g}_k \\ \boldsymbol{u}_{k+1} \\ \vdots \\ \boldsymbol{u}_M \end{pmatrix} = \begin{pmatrix} G_{1,1} & \cdots & G_{1,M} \\ \vdots & \cdots & \vdots \\ \vdots & \cdots & \vdots \\ \vdots & \cdots & \vdots \\ \vdots & \cdots & \vdots \\ G_{N,1} & \cdots & G_{N,M} \end{pmatrix} \begin{pmatrix} \boldsymbol{q}_1 \\ \vdots \\ \boldsymbol{q}_k \\ \boldsymbol{h}_{k+1} \\ \vdots \\ \boldsymbol{h}_M \end{pmatrix}$$

を用いて，未知量 $\boldsymbol{q}_1, \ldots, \boldsymbol{q}_k, \boldsymbol{u}_{k+1}, \ldots, \boldsymbol{u}_M$ を左辺に移項し，既知量 $\boldsymbol{g}_1, \ldots, \boldsymbol{g}_k$, $\boldsymbol{h}_{k+1}, \ldots, \boldsymbol{h}_M$ を右辺に移項すると，次の連立一次方程式

$$A\boldsymbol{x} = \boldsymbol{b}$$

を得る．ここで $\boldsymbol{x} := (\boldsymbol{q}_1^\top, \ldots, \boldsymbol{q}_k^\top, \boldsymbol{u}_{k+1}^\top, \ldots, \boldsymbol{u}_M^\top)^\top$ であり，

$$A := \begin{pmatrix} -G_{1,1} & \cdots & -G_{1,k} & \widetilde{H}_{1,k+1} & \cdots & \widetilde{H}_{1,M} \\ \vdots & \ddots & \vdots & \vdots & \ddots & \vdots \\ -G_{N,1} & \cdots & -G_{N,k} & \widetilde{H}_{N,k+1} & \cdots & \widetilde{H}_{N,M} \end{pmatrix},$$

$$\boldsymbol{b} := \begin{pmatrix} -\widetilde{H}_{1,1} & \cdots & -\widetilde{H}_{1,k} & G_{1,k+1} & \cdots & G_{1,M} \\ \vdots & \ddots & \vdots & \vdots & \ddots & \vdots \\ -\widetilde{H}_{N,1} & \cdots & -\widetilde{H}_{N,k} & G_{N,k+1} & \cdots & G_{N,M} \end{pmatrix} \begin{pmatrix} \boldsymbol{g}_1 \\ \vdots \\ \boldsymbol{g}_k \\ \boldsymbol{h}_{k+1} \\ \vdots \\ \boldsymbol{h}_M \end{pmatrix}$$

である．この連立一次方程式を解くと，式 (10.30) から $u, \frac{\partial u}{\partial n}$ の境界節点上の近似関数が求まり，式 (10.27) から解析領域 Ω 内の近似解が求まる．

10.4　スペクトル法

スペクトル法は，境界条件が比較的簡単でかつ高精度が要求される分野（流体分野や気象分野）で使用されており，偏微分方程式の解を有限個の関数 ϕ_i（**試行関数**）の線形結合で近似し，その展開係数を求めることにより近似解を得る手法である．試行関数として通常は直交関数が用いられる．展開係数を求める際に，残差方程式の重み関数 ψ_i（**試験関数**）を決める必要があり，試験関数として以下のような選び方がある†4.

- **ガラーキン法**：試験関数 ψ_i を試行関数 ϕ_i と同種のものを用い，境界条件を満たすように試行関数を設定する.
- **選点法**: 試験関数 ψ_i を，選点とよばれるある特定の点 x_i でのデルタ関数 $\delta(x - x_i)$ とする.

また，試行関数 ϕ_k は以下の 3 つが代表的である.

- 三角多項式： e^{ikx}.
- ルジャンドル多項式： $L_k(x)$.
- チェビシェフ多項式： $T_k(x)$.

試行関数と試験関数の選び方によりスペクトル法の名前が付けられる．例えば試行関数として三角多項式，試験関数としてガラーキン法を選ぶと，このスペクトル法はフーリエ・ガラーキン法と呼ばれる．試行関数の選び方は周期的境界条件のときは三角多項式を，そうでないときはルジャンドル多項式やチェビシェフ多項式というように境界条件に応じて使い分けられることが多い.

本節では，**フーリエ・ガラーキン法**と**チェビシェフ・選点法**を具体例を通して紹介する.

10.4.1　フーリエ・ガラーキン法

次の偏微分方程式を例として，スペクトル法（フーリエ・ガラーキン法）の

†4 タウ法もよく知られているが，ここでは割愛する．例えば [53] を参考にされたい.

考え方を見ていこう．

$$\frac{\partial u}{\partial t} = \frac{\partial u}{\partial x}, \tag{10.33}$$

$$u(x,0) = f(x), \qquad \text{初期条件,} \tag{10.34}$$

$$u(x-\pi,t) = u(x+\pi,t), \quad \text{周期的境界条件.} \tag{10.35}$$

まず，有限個の試行関数 ϕ_i の線形結合で近似解 $\widetilde{u}(x,t)$ を表現すると

$$\widetilde{u}(x,t) = \sum_{k=-N}^{N} a_k(t)\phi_k(x) \tag{10.36}$$

となる．$\widetilde{u}(x,t)$ を式 (10.33) に代入すると，$\widetilde{u}(x,t)$ は厳密解ではないため残差 $R(x,t)$ が生じる．

$$R(x,t) := \frac{\partial \widetilde{u}}{\partial t} - \frac{\partial \widetilde{u}}{\partial x}. \tag{10.37}$$

スペクトル法では，この残差を試験関数（重み関数）ψ_k と適当な内積の下で直交させることにより係数 $a_k(t)$ を定める．ここでは，次の内積

$$(u,v) := \int_{-\pi}^{\pi} u\overline{v}\,\mathrm{d}x \quad (\overline{v}\text{：関数 } v \text{ の複素共役}) \tag{10.38}$$

を用いる．このとき，残差が試験関数と直交するとは次式

$$\int_{-\pi}^{\pi} R(x,t)\overline{\psi_k(x)}\,\mathrm{d}x = 0 \quad (k = -N,\ldots,N) \tag{10.39}$$

を満たすことである．式 (10.39) は，残差を試験関数で張られる空間と直交させることを意味し，粗い言い方をすると残差から試験関数で張られる空間を取り除く操作であるので残差 (ノルム) が小さくなると期待される．この考え方は重み付き残差法として知られ，有限要素法 (10.6) や境界要素法 (10.25) にも使われている[†5]．

フーリエ・ガラーキン法では試行関数を三角多項式，試験関数も同種のものを用いて

[†5] 10.3.3 項で説明した境界積分方程式の離散化は，試験関数として $\delta(\boldsymbol{x}-\boldsymbol{y}_i)$ を使っていることに相当するので，選点法に当たる．

$$\phi_k(x) = e^{ikx}, \quad \psi_k(x) = \frac{1}{2\pi} e^{ikx} \tag{10.40}$$

とする．ここで，試行関数は周期的境界条件 (10.35) と同様の関係 $\phi_k(x-\pi) = \phi_k(x+\pi)$ を満たすことに注意されたい．$\phi_k(x)$ と $\psi_k(x)$ は内積の定義 (10.38) から次の直交性を満たす．

$$(\phi_i, \psi_j) = \delta_{ij}. \tag{10.41}$$

式 (10.36) と試行関数 (10.40) から残差 (10.37) は，

$$R(x,t) = \frac{\partial \widetilde{u}}{\partial t} - \frac{\partial \widetilde{u}}{\partial x} = \sum_{l=-N}^{N} \left(\frac{da_l}{dt} - ila_l \right) e^{ilx}$$

なので直交条件 (10.39) は，残差と試験関数 (10.40) を用いると

$$\frac{1}{2\pi} \int_{-\pi}^{\pi} \left[\sum_{l=-N}^{N} \left(\frac{da_l}{dt} - ila_l \right) e^{ilx} \right] e^{-ikx} \, \mathrm{d}x = 0 \quad (k = -N, \ldots, N)$$

となる．ここで直交性 (10.41) を用いると，次の複数の常微分方程式

$$\frac{\mathrm{d}a_k}{\mathrm{d}t} - ika_k = 0 \quad (k = -N, \ldots, N)$$

が得られ，これらの方程式を解くと $a_k(t) = a_k(0)e^{ikt}$ となる．$a_k(0)$ は初期条件 (10.34) から得られる量であり，式 (10.36) と直交性 (10.41) を用いて（複素）フーリエ級数の展開係数の求め方と同様に計算すればよい．即ち，次式

$$a_k(0) = \int_{-\pi}^{\pi} f(x) \overline{\psi_k(x)} \, \mathrm{d}x \quad (k = -N, \ldots, N)$$

から $a_k(0)$ が得られる．したがって，$a_k(t)$ が既知となるので，式 (10.36) から近似解が得られる．

以上をまとめると，フーリエ・ガラーキン法では，解を有限個の試行関数（三角関数）の線形結合で近似し，その展開係数は，偏微分方程式の残差を試験関数（試行関数と本質的に同じ関数）と直交させることにより常微分方程式の初期値問題に帰着させ，それを解くことにより得られる．

10.4.2 チェビシェフ・選点法

次の偏微分方程式（熱伝導方程式）を例として，チェビシェフ・選点法の考え方を見ていこう．

$$\frac{\partial u}{\partial t} = \frac{\partial^2 u}{\partial x^2}, \qquad x \in (-1,1), \tag{10.42}$$

$$u(x,0) = f(x), \qquad \text{初期条件}, \tag{10.43}$$

$$u(1,t) = u(-1,t) = 0, \quad \text{境界条件}. \tag{10.44}$$

近似解は，試行関数 ϕ_k を（第 1 種）チェビシェフ多項式 $T_k(x) = \cos(k\cos^{-1}x)$ とし，次式で近似解を構成する．

$$\widetilde{u}(x,t) = \sum_{k=0}^{N} a_k(t) T_k(x). \tag{10.45}$$

前項のフーリエ・ガラーキン法と同様に $R := \frac{\partial \widetilde{u}}{\partial t} - \frac{\partial^2 \widetilde{u}}{\partial x^2}$ とした残差方程式

$$\int_{-\pi}^{\pi} R(x,t)\overline{\psi_k(x)}\,\mathrm{d}x = 0 \quad (k = 1,\ldots,N-1) \tag{10.46}$$

を考える．選点法では，試験関数をデルタ関数

$$\psi_k(x) = \delta(x - x_k) \quad (k = 1,\ldots,N-1)$$

とし，これを用いると残差方程式はデルタ関数の性質と式 (10.46) から

$$\int_{-\pi}^{\pi} R(x,t)\delta(x - x_k)\,\mathrm{d}x = R(x_k,t) = 0 \quad (k = 1,\ldots,N-1)$$

となるので

$$\frac{\partial \widetilde{u}}{\partial t} - \frac{\partial^2 \widetilde{u}}{\partial x^2}\bigg|_{x=x_k} = 0 \quad (k = 1,\ldots,N-1) \tag{10.47}$$

を満たせばよい．これは，選点 x_k 上で式 (10.42) を厳密に満たすことを要求しており，この条件，および初期条件 (10.43) と境界条件 (10.44) から

$$\widetilde{u}(x_k,0) = f(x_k) \quad (k = 0,\ldots,N), \tag{10.48}$$

$$\widetilde{u}(1,t) = \widetilde{u}(-1,t) = 0 \tag{10.49}$$

を満たす解を探すことになる．選点は，**ガウス・ロバット選点**

$$x_j = \cos\frac{\pi j}{N}$$

を用いる．この場合，関数値 $\tilde{u}(x_k,t) = \sum_{k=0}^{N} a_k(t)\cos(\pi jk/N)$ はフーリエ級数の形となり，後述する導関数についても同様なので，それらの計算に高速フーリエ変換が使えて，効率が良い．

さて，$\widetilde{u}$ の x に関する導関数の計算法を説明しよう．まず，1 階の導関数 $\frac{\partial\widetilde{u}}{\partial x}$ は x に関する $N-1$ 次の多項式であるから，チェビシェフ多項式を用いて，

$$\frac{\partial\widetilde{u}}{\partial x} = \sum_{k=0}^{N-1} a_k^{(1)}(t)T_k(x) \tag{10.50}$$

と展開できる．ここで，チェビシェフ多項式とその導関数に関する関係式

$$\begin{aligned} T_0(x) &= T_1'(x), \quad T_1(x) = \frac{1}{4}T_2'(x), \\ T_k(x) &= \frac{1}{2(k+1)}T_{k+1}'(x) - \frac{1}{2(k-1)}T_{k-1}'(x) \quad (k \geq 2) \end{aligned}$$

を式 (10.50) の右辺の各項に代入すると，

$$\begin{aligned} \frac{\partial\widetilde{u}}{\partial x} &= a_0^{(1)}(t)T_1'(x) + \frac{a_1^{(1)}(t)}{4}T_2'(x) \\ &\quad + \sum_{k=2}^{N-1} a_k^{(1)}(t)\left\{\frac{1}{2(k+1)}T_{k+1}'(x) - \frac{1}{2(k-1)}T_{k-1}'(x)\right\} \\ &= a_0^{(1)}(t)T_1'(x) + \frac{a_1^{(1)}(t)}{4}T_2'(x) + \sum_{k=3}^{N}\frac{a_{k-1}^{(1)}(t)}{2k}T_k'(x) - \sum_{k=1}^{N-2}\frac{a_{k+1}^{(1)}(t)}{2k}T_k'(x) \\ &= \left\{a_0^{(1)}(t) - \frac{1}{2}a_2^{(1)}(t)\right\}T_1'(x) + \sum_{k=2}^{N}\frac{1}{2k}\left\{a_{k-1}^{(1)}(t) - a_{k+1}^{(1)}(t)\right\}T_k'(x). \end{aligned} \tag{10.51}$$

ただし，

$$a_{N+1}^{(1)}(t) = a_N^{(1)}(t) = 0 \tag{10.52}$$

とおいた．一方，式 (10.45) の両辺を x で微分すると，

$$\frac{\partial \widetilde{u}}{\partial x} = \sum_{k=0}^{N} a_k(t) T_k'(x). \tag{10.53}$$

式 (10.51) と式 (10.53) の両辺を比較し，$\{T_k'(x)\}_{k=1}^{N}$ が 1 次独立であることを用いると[†6]，次の等式が得られる．

$$a_k^{(1)}(t) = a_{k+2}^{(1)}(t) + 2(k+1)a_{k+1}(t) \quad (k = N-1, \ldots, 2, 1), \tag{10.54}$$

$$a_0^{(1)}(t) = \frac{1}{2}a_2^{(1)}(t) + a_0(t). \tag{10.55}$$

これは，$\{a_k(t)\}_{k=0}^{N}$ が与えられたときに，初期条件 (10.52) の下で $a_{N-1}^{(1)}(t)$, $a_{N-2}^{(1)}(t)$, …, $a_0^{(1)}(t)$ を順次求めることのできる漸化式となっている．

2 階の導関数を求めるには，1 階の導関数に対して上記の手続きを再び適用すればよい．すなわち，2 階の導関数を

$$\frac{\partial^2 \widetilde{u}}{\partial x^2} = \sum_{k=0}^{N-2} a_k^{(2)}(t) T_k(x) \tag{10.56}$$

と展開すると，展開係数 $a_{N-2}^{(2)}(t), a_{N-3}^{(2)}(t), \ldots, a_0^{(2)}(t)$ は次の漸化式を満たす．

$$a_N^{(2)}(t) = a_{N-1}^{(2)}(t) = 0 \tag{10.57}$$

$$a_k^{(2)}(t) = a_{k+2}^{(2)}(t) + 2(k+1)a_{k+1}^{(1)}(t) \quad (k = N-2, \ldots, 2, 1), \tag{10.58}$$

$$a_0^{(2)}(t) = \frac{1}{2}a_2^{(2)}(t) + a_0^{(1)}(t). \tag{10.59}$$

展開式 (10.56) を式 (10.47) に代入すると次式を得る．

$$\sum_{k=0}^{N} \frac{\mathrm{d}a_k(t)}{\mathrm{d}t} \cos\frac{\pi jk}{N} = \sum_{k=0}^{N} a_k^{(2)}(t) \cos\frac{\pi jk}{N} \quad (j = 1, 2, \ldots, N-1).$$

ここで，$\{a_k^{(2)}(t)\}_{k=0}^{N}$ は $\{a_k(t)\}_{k=0}^{N}$ より求められるから，これらは境界条件 (10.49) と合わせて，$\{a_k(t)\}_{k=0}^{N}$ に関する $N+1$ 本の方程式を構成する．これらを初期条件 (10.48) の下で解くことにより，係数 $\{a_k(t)\}_{k=0}^{N}$ が求められる．

[†6] 各 $T_k'(x)$ $(k = 1, 2, \ldots, N)$ は最高次の係数が 0 でない $k-1$ 次多項式だから，これらは 1 次独立である．なお，式 (10.53) の右辺には $k = 0$ の項があって式 (10.51) の右辺にはないが，$T_0'(x) = 0$ だから辻褄は合っていることに注意．

参考文献

[第1章：数値計算における誤差]

[1] N. Higham, *Accuracy and Stability of Numerical Algorithms, 2nd Ed.*, SIAM, Philadelphia, 2002.

[2] 杉原正顯・室田一雄, 数値計算法の数理, 岩波書店, 1994.

[3] 杉浦洋, 数値計算の基礎と応用–数値解析学への入門［新訂版］, サイエンス社, 2009.

[4] 山本哲朗, 数値解析入門［増訂版］, サイエンス社, 2003.

[第2章：線形方程式の数値解法]

[5] J. Demmel, *Applied Numerical Linear Algebra*, SIAM, Philadelphia, 1997.

[6] 森正武, 数値解析［第2版］, 共立出版, 2002.

[7] 名取亮, 線形計算, 朝倉書店, 1993.

[8] 杉原正顯・室田一雄, 数値計算法の数理, 岩波書店, 1994.

[9] L. Trefethen and D. Bau, *Numerical Linear Algebra*, SIAM, Philadelphia, 1997.

[10] R. Varga, *Matrix Iterative Analysis, 2nd ed.*, Springer-Verlag, Berlin, 2000.

[11] 山本哲郎, 数値解析入門［増訂版］, サイエンス社, 2003.

[第3章：固有値問題の数値アルゴリズム]

[12] J. Demmel, *Applied Numerical Linear Algebra*, SIAM, Philadelphia, 1997.

[13] 伊理正夫, 一般線形代数, 岩波書店, 2003.

[14] 森正武, 数値解析［第2版］, 共立出版, 2002.

[15] G. Okša, Y. Yamamoto, M. Bečka and M. Vajteršic, Asymptotic quadratic convergence of the parallel block-Jacobi EVD algorithm with dynamic ordering for Hermitian matrices, *Bit Numerical Mathematics*, 58:**4**(2018), pp.1099-1123.

[16] B. Parlett, *The Symmetric Eigenvalue Problem*, SIAM, Philadelphia, 1987.

[17] 杉原正顯・室田一雄, 線形計算の数理, 岩波書店, 2009.

[18] J. Wilkinson, *The Algebraic Eigenvalue Problem*, Oxford University Press, Oxford, 1988.

[19] 山本有作, 密行列固有値解法の最近の発展 (I)：Multiple Relatively Robust Representations アルゴリズム, 日本応用数理学会論文誌, 15:**2**(2004), pp.181-208.

[第4章：線形最小二乗問題]

[20] A. Björck, *Numerical Methods for Least Squares Problems*, SIAM, Philadelphia, 1996.

[21] G. Golub and Charles. Van Loan, *Matrix Computations, 4th Ed.*,Johns Hopkins University Press, Baltimore, 2012.

[22] 中川徹・小柳義夫, 最小二乗法による実験データ解析–プログラム SALS, 東京大学出版会, 1982.

[23] Y. Yamamoto and Y. Hirota, A parallel algorithm for incremental orthogonalization based on the compact *WY* representation, *JSIAM Letters*, 3(2011), pp. 89-92.

[24] 柳井晴夫・竹内啓, 射影行列・一般逆行列・特異値分解, 東京大学出版会, 2018.

[第5章：非線形方程式の数値解法]

[25] O. Aberth, Iteration methods for finding all zeros of a polynomial simultaneously, *Math. Comp.*, **27**(1973), pp.339-344.

[26] 伊理正夫, 数値計算, 朝倉書店, 1981.

[27] 室田一雄, 平野の変形 Newton 法の大域的収束性, 情報処理学会論文誌, 21:**6**(1980), pp. 469-474.

[28] 杉原正顯・室田一雄, 数値計算法の数理, 岩波書店, 1994.

[29] 山本哲朗，数値解析入門［増訂版］，サイエンス社，2003.

[第６章：関数近似]

[30] 杉原正顯・室田一雄，数値計算法の数理，岩波書店，1994.

[第７章：数値微分法と加速法]

[31] 福井義成・野寺隆志・久保田光一・戸川隼人，新 数値計算，共立出版，1999.

[32] 伊理正夫・藤野和建，数値計算の常識，共立出版，1985.

[33] 久保田光一・伊理正夫，アルゴリズムの自動微分と応用，コロナ社，1998.

[34] 齋藤正彦，線型代数入門，東京大学出版会，1966.

[35] 杉原正顯・室田一雄，数値計算法の数理，岩波書店，1994.

[第８章：数値積分]

[36] G. Dahlquist and Å. Björck, *Numerical Methods in Scientific Computing, Volume I*, SIAM, Philadelphia, 2008.

[37] 金子晃，数値計算講義，サイエンス社，2009.

[38] 金谷健一，数値で学ぶ計算と解析，共立出版，2010.

[39] 森正武，数値解析［第２版］，共立出版，2002.

[40] J. Stoer and R. Bulirsch, *Introduction to Numeical Analysis, 3rd ed.*, Springer-Verlag, New York, 2002.

[41] 杉原正顯・室田一雄，数値計算法の数理，岩波書店，1994.

[42] 戸川隼人，UNIX ワークステーションによる科学技術計算ハンドブック—基礎篇 C 言語版，サイエンス社，1998.

[第９章：常微分方程式の数値解法]

[43] M. Allen and E. Isaacson, *Numerical Analysis for Applied Science*, John Wiley & Sons, New York, 1998.

[44] J. Butcher, Implicit Runge-Kutta processes,*Math. Comp.*, **18**(1964), pp. 50-64.

[45] J. Butcher, Numerical methods for ordinary differential equations in the 20th century, J. Comput. *Appl. Math.*, **125**(2000), pp. 1-29.

[46] E. Hairer, S. Nørsett and G. Wanner, *Solving Ordinary Differential Equations I: Nonstiff Problems, 2nd rev. ed.*, Springer-Verlag, Berlin, 2000.

[47] E. Hairer and G. Wanner, *Solving Ordinary Differential Equations II: Stiff and Differential-Algebraic Problems, 2nd rev. ed.*, Springer-Verlag, Berlin, 2002.

[48] 三井斌友，微分方程式の数値解法 I，岩波書店，1993.

[49] 三井斌友 ・小藤俊幸，常微分方程式の解法，共立出版，2000.

[50] A. Quarteroni, R. Sacco and F. Saleri, *Numerical Mathematics*, Springer-Verlag, New-York, 2000.

[51] L. Shampine, *Numerical Solution of Ordinary Differential Equations* , Chapman & Hall, New York, 1994.

[第１０章：偏微分方程式の数値解法]

[52] C. Canuto, M. Hussaini, A. Quarteroni and T. Zang, *Spectral Methods in Fluid Dynamics*, Springer-Verlag, New York, 1988.

[53] 石岡圭一，スペクトル法による数値計算入門，東京大学出版会，2004.

[54] 神谷紀生，演習 境界要素法，サイエンス社，1985.

[55] 神谷紀生・北栄輔，偏微分方程式の数値解法，共立出版，1998.

[56] 菊地文雄，有限要素法概説，サイエンス社，1980.

[57] P. Knabner and L. Angermann, *Numerical Methods for Elliptic and Parabolic Partial Difierential Equations*, Springer-Verlag, New York, 2003.

[58] 田端正久，微分方程式の数値解法 II，岩波書店，1994.

[59] 田中正隆・松本敏郎・中村正行，境界要素法，培風館，1991.

[60] 登坂宣好・大西和榮，偏微分方程式の数値シミュレーション，東京大学出版会，1991.

索　引

■あ行

■か行

■さ行

■た行

■な行

■は行

■ま行

■や行

■ら行

■数字, 欧字

［監修者・編者紹介］

金田 行雄（かねだ　ゆきお）

1976年　東京大学大学院理学系研究科博士課程修了
現　在　名古屋大学名誉教授・理学博士
　　　　同大学多元数理科学研究科特任教授
専　門　流体力学
編著書　『応用数学概論』（共著）朝倉書店（1994）.
　　　　Ten Chapters in Turbulence（共編）Cambridge University Press (2012).

笹井 理生（ささい　まさき）

1985年　京都大学大学院理学研究科博士後期課程　単位取得満期退学
現　在　名古屋大学大学院工学研究科教授・理学博士
専　門　理論生物物理学
著訳書　『蛋白質の柔らかなダイナミクス』培風館（2008）.
　　　　『細胞の物理生物学』（共訳）共立出版（2011）.

張 紹良（チャン　シャオリャン）

1990年　筑波大学工学研究科博士課程修了
現　在　名古屋大学大学院工学研究科教授・工学博士
専　門　数値解析学
著　書　「反復法の数理」朝倉書店（1996）

計算科学講座　第1巻
計算科学のための
基本数理アルゴリズム

Computational Science and Engineering　Vol.1
Basic Mathematical Algorithm for Computational Science.

2019年6月15日　初版1刷発行

検印廃止
NDC 418.1, 007.64
ISBN 978-4-320-12266-6

監修者　金田行雄・笹井理生　© 2019
編　者　張　紹良
発行者　南條光章
発行所　**共立出版株式会社**
〒112-0006
東京都文京区小日向4丁目6番19号
電話　(03) 3947-2511（代表）
振替口座　00110-2-57035
www.kyoritsu-pub.co.jp

印　刷　加藤文明社
製　本　ブロケード

一般社団法人
自然科学書協会
会員

Printed in Japan